KB068417

오래된 기억들의 방

오래된 기억들의 방

우리 내면을 완성하는 기억과 뇌과학의 세계

The Rag and Bone Shop

베로니카 오킨 지음 | 김병화 옮김

들어가는 말

어린 시절의 기억을 파헤친 것으로 유명한 마르셀 프루스트의 책 《잃어버린 시간을 찾아서À la recherche du temps perdu》의 영어 번역판 제목에 관한 사소한 사실 하나가 이 책에서 내가 말하려는 것의 많은 부분을 설명해준다. 그 책은 1954년 《지나간 것들의 기억Remembrance of Things Past》이라는 제목으로 처음 영역되었다가 1992년 《잃어버린 시간을 찾아서In Search of Lost Time》라는 더 정확한 제목으로 바뀌었다. '지나간 것들의 기억'이 숨겨진 고정적 저장고에서 기억을 수동적으로 소환해오는 것을 가리킨다면 '잃어버린 시간을 찾아서'는 상실되어버린 흘러가는 과거에 대한 능동적인 탐구를 암시한다. 두 번역 사이의 시간 동안 신경학은 프루스트를 거의 따라잡았다.

차례

2부 기억은 어떻게 우리를 형성하는가

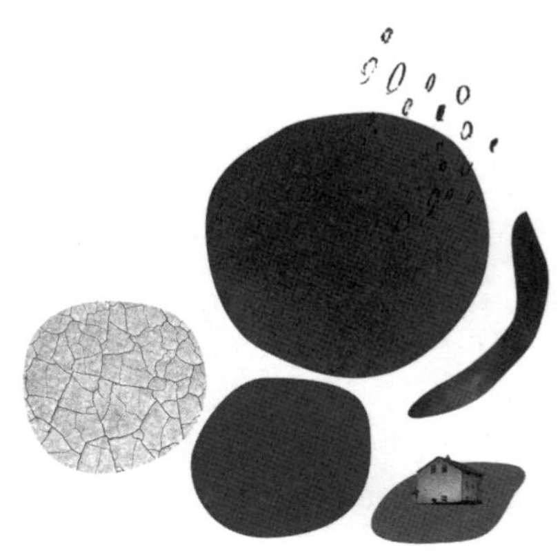

1부 기억은 어떻게 만들어지는가

1장

깨어나기

내 속에 있는 이 심장을 나는 느낄 수 있고, 그것이 존재한다고 믿는다.
이 세계를 만질 수 있고, 또 그런 식으로 그것이 존재한다고 여긴다.
내 지식은 여기서 끝이며, 나머지는 구성이다.

_알베르 카뮈, 《시시포스의 신화》(1955)

살다 보면 어떤 일을 겪으면서 이 일이 언제까지나 기억되리라는 예감이 드는 경우가 있다. 때로는 이 예감이 유달리 강해서 신이 내린 직관까지는 아니더라도 어떤 깨달음의 새로운 차원으로 들어선 것처럼 느껴진다. 이 새로운 깨달음은 지진을 예고하는 유일한 징후라 할 수 있는 선반 위 찻잔의 흔들림처럼 언어 이전의 영역에 속한다. 내게는 2000년대 초반 런던에서 있었던 한 사건이 그랬다. 기억의 진짜 문제를 이해하는 여정을 떠나는 계기가 된 흔들림. 돌이켜보면 그 일화는 소설의 도입부와 같다. 이야기의 모든 구성요소가 대수롭지 않다는 듯 순진무구하게 펼쳐져서, 다시 찬찬히 분석해보면 예언이 되는 그런 장면 말이다. 내 환자 이디스의 사연은 기억에 대해 내가 가졌던 이해를 무너뜨리고 재구축하는 길로 나서게 만들었다. 나는 기억에 대해 자동으로 튀어나오는 지식을 갖고 있었지만, 개인의 경험이 다듬어낸 기억을 지니고 살아가는 감각적인 인간이라는 것의 본질은 포착하지 못하고 있었다.

나는 이디스를 베들렘 로열 병원Bethlem Royal Hospital에서 만났다. 그곳은 세계에서 가장 오래된 정신과 병원이었는데, 지금은 현대적 명성을 누리는 모즐리 병원Maudsley Hospital에 부속되어 있다. 베들렘은 1247년에 베들램Bedlam이라는 이름으로 창설되었는데, 나중에는 이 이름이 곧 혼란과 소동을 가리키는 명사가 되어버렸다. 20세기 초반에 병원 이름이 베들렘 로열로 바뀌었다. 국립 치료 병동들이 마로니에와 개암나무가 흩어져 있는 100에이커 남짓한 병원 대지에 자리잡고 있다. 2000년대 초반에 나는 국립 분만전후 정신과 병동에서 과장으로 5년간 일했는데, 그 병동은 현재까지 국영보건시스템NHS의 규모 축소의 칼날을 피해 갔다. 임신 기간이나 출산 후 조리 기간에 발생하는 출산 전후 정신과 질환을 전문적으로 치료하기 위해 여성 환자들이 영국 전역에서 우리를 찾아왔다.

우리 병동 입구 가까운 땅바닥에 굴을 파고 사는 오소리 가족이 있었다. 나는 걸음을 멈추고 넓은 마당 쪽 부드러운 풀밭 둔덕에 있는 오소리 굴을 바라보곤 했다. 오소리가, 아마 방어적인 야경꾼의 태세를 갖추느라 낮에도 저 혼자서 머리를 불쑥 내밀지 않을까 기대하는 마음이 있었다. 그 시기 나는 더블린과 런던을 오가고 있었다. 더블린에 살던 내 두 아이는 매주 관광하러 오라는 소식을 고대했지만, 봄과 여름에는 삼림지대에서 피는 꽃들의 압화押花로, 늦가을에는 헤이

즐넛과 상수리 열매로 대신해야 했다. 베들렘에서 일하면서 출산 후의 잔혹한 정신이상 증세로 쓰러진 이디스 같은 여성들을 다시 일상생활로 복귀시키던 그 5년이 나는 좋았다. 우리 병동에 들어온 여성 대부분은 거의 설명된 적이 없는 산후 정신병 환자였는데, 영국에서는 매년 1400명 정도가 이 병을 앓는다. 이디스는 아기를 낳고 2, 3주가 지난 뒤 베들렘 병원에 입원했다.

이디스는 34세에 첫아이를 낳기 전까지 정신병을 앓은 적이 없었다. 아기는 모두의 환영 속에 태어났다. 임신 기간 동안 그녀는 건강했고, 초음파로 본 태아는 정상이었다. 난산이 아니었고 건강한 아기가 예정일에 맞게 태어났다. 그런데 아기가 태어난 뒤 이디스는 감정적으로 멍해졌고, 갈수록 당황해하는 듯 보였다. 그녀는 우울해졌고 주의가 산만했지만 무엇 때문에 우울한지는 말하지 않으려 했다. 상태는 급속히 나빠졌고, 입원할 무렵에는 먹지도 않았다. 집에서는 밤낮으로 멍한 상태로 이리저리 돌아다니며 아기에도 주위 세계에도 아무 관심을 보이지 않았다. 주치의는 집에서 그녀를 진찰한 뒤 즉시 우리에게 보냈다. 이디스를 만나보니 아기를 낳은 지 2주도 채 안 되었는데도 비정상적으로 여위었다는 점이 눈에 띄었다. 짧게 깎은 숱이 많은 암갈색 머리와 각진 작은 얼굴에는 아무 감정도 드러나 있지 않았다. 그녀는 벙어리가 아닌가 싶을 정도로 우리가 묻는 말에 반응하지 않았다.

우리는 정신병 병력이 있는 사람들에게서 이런 '갇힌locked-in' 태도를 자주 본다. 산후 정신병을 앓는 여성들은 타인들이 듣지 못하는 소리를 듣고, 바깥세상에서 오는 것이 아닌 냄새—대개 악취인 경우가 많다—를 맡으며, 어떤 물건이나 타인이 유발하지 않은 신체감각을 느끼기도 한다. 청각, 후각, 시각, 촉각(건드리거나 본능적인)의 환각은 정신병의 징후라 불린다. 우리가 정해야 하는 첫 번째 원칙은 징후라 불리는 것이 '진짜real' 감각 경험이라는 점이다. 소리나 인간의 음성을 듣는 것은 바깥세상에서 발생한 것이든 병든 신경의 발화firing에 의해 두뇌 속에서 발생한 것이든 모두 주관적 경험이다. 음성을 듣는 경험은 두 경우에 모두 비슷하다. 감각의 기원은 별도의 고려 사항이다. 병든 신경의 발화 때문에 음성이 들려왔다 해도 그것을 들은 사람은 당연히 말하는 주체가 누구인지 찾고자 할 것이다. 그리고 그 음성이 그 자리에 있거나 숨어 있는 어떤 발언자의 것이라고 여길 것이다. 보통 환청을 경험하는 사람은 혼잣말을 하는 것처럼 보인다. 하지만 그들의 현실에서 그들은 살아 있는 인간의 음성만큼이나 명확하게 귀에 들리고 진짜인 음성에 응답하고 있다.

이로 인해 정신병 환자는 감각 세계 속에 고립되고 갇히게 되는데, 이는 외부 세계를 잘못 해석한 결과다. 그들은 자신이 타인들은 갖지 못하는 수준의 감각 경험, 즉 '육감'을 갖고 있다고 믿기도 한다. 정신병을 앓는 사람은 대부분 타인들이 경험하는 것과 어긋나는 이런 주관적 경험을 설명하기 위해 IT, 유령, 마법, 신 같은 보이지 않는 힘을 끌어대는데, 이디스에게는 그것이 악마였다.

이디스는 자신의 생생한 경험을 이해하는 데 몰두하느라 외부의 감각 자극 세계에 반응할 수 없었다. 그녀는 산후 정신병의 고통으로 신음하는 여성들처럼 세상에서 배제된 듯 보였다. 평가서에서 나는 이디스가 종종 내 눈을 뚫어지게 노려보며, 가끔은 눈을 질끈 감기도 하고, 또 가끔은 어느 팀원을 노려본다고 언급했다. 자신이 듣고 있는 목소리가 들려오는 방향에 무엇이 있든 그쪽을 바라보는 것 같았다. 그녀의 동작은 죽마를 탄 듯 뻣뻣하고 의도가 없었다. 방어적이었고 자신의 혼란과 공포감을 숨기려고 애썼다. 우리에게는 이디스가 외부 세계에서 나오는 것이 아닌 감각 자극에 반응하는 것이 명백히 보였다. 즉 그녀는 산후 정신병을 앓고 있었던 것이다.

이디스는 더 이상 아기를 돌보지 않았다. 그녀는 아기가 자신이 낳은 아기와 겉으로는 똑같아 보였지만 그 아기가 아님을 '알고' 있었다. 자신의 아기에게서 썩는 냄새가 풍길 리 없었다. 그러니 아기가 어떤 식으로든 바뀐 것이었다. 처음에 그녀는 자신이 낳은 아기는 납치를 당하고 똑같이 생긴 대체물이 온 건지, 아니면 아기에게 어떤 사악한 혼령이, 말하자면 악마가 든 건지 확신할 수 없었다. 베들렘 병원으로 가는 길에 그녀는 집 가까이 있어서 익히 알고 있던 묘지를 지나갔다. 묘지의 입구 너머를 보던 그녀의 눈에 살짝 기울어진 작은 묘비 하나가 들어왔다. 그 작은 묘비를 보자마자 그녀는 갑자기 그 아래 자신의 아기가 묻혀 있음을 깨달았다. 오래된 묘비였기 때문에 새로 매장된 무덤이라는 사실을 숨길 수 있었고, 최근에 움직여졌기 때문에 살짝 기울어져 있었다. 이로써 자신이 데리고 있는 아기가 가짜임이 입증되었다. 이디스와 그녀가 낳은 아기의 사악한 격리는 끝이 났고, 이제 그녀는 악령의 집행자들의 손에 갇혀버렸다.

그녀는 입원했을 당시 이 사실을 나뿐만 아니라 다른 누구에게도 털어놓지 않았다. 그렇게 했더라면 게임에서 패했을 것이고 자신을 노출해야만 했을 것이다. 그녀는 우리가 거짓으로 역할 놀이를 하여 자신을 속이고 있음을 모르는 척하면서 스스로를 구할 기회를 갖게 되었다. 그녀는 아무것도 말해주지 않을 수 있었다. 그녀는 우리가 벌이는 게임에 참여하고 있었고 말을 최대한 줄이려고 노력했다.

산후 정신병을 앓고 있는 여성들의 경험으로 자주 관찰되는 것 중 하나는 자신과 가까운 사람들, 특히 갓 태어난 아기들이 복제물, 가짜로 바꿔치기 되었다는 믿음이다. 그 증상을 처음 '분명하게' 설명한 의사의 이름을 따 이를 카그라스 증후군Capgras syndrome이라 부른다. 내가 '분명하게'라고 말한 것은 아기 바꿔치기라는 발상이 우리에게 내려오는 가장 오래된 설화와 동화만큼 오래된 것이기 때문이다. 동화에 대해서는 이 책의 마지막에서 다시 다룰 예정이다.

아기에 대한 문제 외에, 이디스는 자신의 배우자 역시 사기꾼이며 남편과 똑같이 생긴 대체물로서, 자신을 해치려는 음모를 꾸미고 있다고 생각했다. 그녀는 몇 달이 지나 회복된 뒤에야 내게 이 사실을 털어놓았다. 이디스는 악한 힘에 사로잡히는 것이 두려워 병원에서 달아나고 싶어했다. 그녀는 처방된 약을 먹지 않았다. 독약이거나 적어도 음모에 맞서 싸울 힘을 약하게 만드는 약이라고 예상했기 때문이다. 그녀의 추측에 따르면 자신은 새 질서가 확립되기 전에 처리되어야 할 유일한 존재였다. 사기꾼 남편과 주위의 기괴한 생물들은 이제 자신을 과녁으로 삼고 있었다. 사악한 음모꾼들이 행하는 동작은 특정한 의미를 띠는 것으로, 우연이거나 그냥 생긴 일은 하나도 없었다. 겉모습과 똑같은 사람은 아무도 없었고, 사기꾼인 자기 가족은 다른 사람들과 공모하여 자신의 아기를 빼앗아 죽이고 동네 묘지에 서둘러 매장했다.

우리는 이디스가 병동을 떠나면 안전하지 않으리라 판단하고 항정신병 약물 치료를 시작했다. 시간이 흐르면서 그녀는 우울증 증세가 약해지고 우리에게 반응을 보이기 시작했다. 2주가 지난 뒤, 정신이상 증세가 사라졌고 그녀는 이제 자신이 그 아기를 낳았음을 깨닫게 되었다. 또한 아기와 헤어져 있는 상황을 불행하게 느끼며 다시 함께 있고 싶어했다. 이디스의 배우자가 아기를 병동으로 데려오자 그녀는 눈물을 흘리며 기뻐했다. 그녀가 얼마나 심한 감정의 혼란을 겪었는지 나는 상상도 못하지만, 엄마가 된다는 느낌이 그 혼란스러운 감정 가운데 하나였다. 그녀는 점차 회복하여 3주 뒤에 우리 병동을 떠났고, 정신병이 재발하지는 않았지만 자신에게 벌어진 일로 인해 트라우마가 남았다.

그 뒤 몇 달 동안 외래환자로 내 진료실에 다닌 이디스는 내게 정신이상을 겪을 때 어떤 경험을 했는지 말해주었다. 치료가 시작된 이후 목소리는 점차 희미해져 보통의 말소리가 속삭이는 소리로 바뀌었고, 들리는 빈도도 줄어들다가 결국에는 전부 사라졌다. 또 배우자와 아기에 대한 생각이 사라진 목소리 대신 들어앉았고 의료진을 포함한 주위의 모든 사람이 편집증적 음모의 일원이라는 생각도 사라졌다. 그녀는 정신병에 걸렸을 때 자신이 지녔던 확신, 특히 아기에 대한 확신을 떠올리며 수치스러워했고, 그 모든 사건을 잊고 싶어했다. 또 그 때 벌어지고 있다고 생각했던 일들이 알려지면 사람들이 자신을 엄마가 될 자격이 없는 사람으로 여길까봐 걱정했다. 정신병을 앓기 전에 이디스는 그 병에 대해 아는 바가 없었고, 산후 정신병postpartum psychosis이라는 용어도 들어본 적이 없었다. 스스로에 대한 이해가 완전히 뒤집혔다. 나는 그녀에게 그 정신병이 출산 과정에서 호르몬 분비에 급격한 변화가 생겨 두뇌에 영향을 미친 결과 발생한 병이며, 이로 인해 두뇌의 일부분이 발화되었고 외부 세계에서 온 것처럼 보이지만 실제로는 두뇌 속에서 발생한 주관적 경험을 만들어낸 것임을 확인시켜주었다.

주관적 경험은 정신병에 대한 설명의 출발점이다. 목소리든 냄새든 촉각이든 시각 이미지든, '정신병적' 감각이든 '진짜' 감각이든, 외부 세계의 무언가에 의해 자극되었든 아니면 별다른 이유 없이 또는 외부적 감각 없이 두뇌 혼자서 발화하여 생겼든, 모든 감각은 진짜로 경험된다. 이디스와 나는 그녀의 경험이 주관적으로 진짜 경험이라고 인지되었으며 그렇기에 틀림없이 진짜였음을 분명히 했다. 우리는 그 경험이 정신병적인 경험임을 암묵적으로 이해하면서도 진짜 경험이라고 지칭할 것이다.

되풀이되어 떠오르는 광경은 그녀가 퇴원한 뒤에 나누었던 대화 장면이다. 나는 그녀에게 집으로 돌아간 뒤 아기나 배우자에 대한 정신병적인 생각이 잠깐이라도 떠오른 적이 있는지 물어보았다. 이디스는 회복되기 시작한 초반에는 그런 적이 있었지만 시간이 지나면서 줄어들었다고 대답했다. 그녀는 상담받으러 오는 길에, 처음 강제로 베들렘에 입원하러 가던 날 눈길이 스쳤던 동네 묘지를 지나면서 그 작은 묘비를 봤다고 말했다. 자신의 아기가 묻힌 곳임을 즉시 알아보았던 바로 그 묘비였다. 몇 달이 지난 지금 비스듬히 기울어진 그 작은 묘비를 바라보자 그녀는 잠시 처음 병원에 가던 그 순간으로, 가짜 아기와 헤어져 자기 인생의 무대에 거짓 주장을 하는 사람들만 온통 남겨두고 입원하러 가던 순간으로 '돌아가' 있었다. 이런 확신이 공포감과 함께 와락 밀려들었다. 나는 이 두 번째 상황에서 이에 관한 정신병적 생각이 진짜가 아닌 줄 알았는지 물어보았다. 그녀의 대답이 나로 하여금 기억의 본성에 관한 탐구의 긴 여정을 선택하게 했다. 그녀는 나를 똑바로 쳐다보더니 말했다. "알고 있었어요. ……그래도 그 기억들은 진짜예요."

나는 이디스의 기억이 독자적인 유기적 실체로, 경험적 스냅숏, '플래시백'으로 존재하는 것 같다는 사실을 알게 되었다. 플래시백이란 곧 생생하게 체험된 기억이 아니던가? 이디스에게 그 사건과 회상 사이의 시간 간격은 사라졌고, 기억은 또다시 모든 감정적인 타격을 가하는 현재의 살아낸 경험a present lived experience이 되었다. 이 기억의 경험은 기억이 생성된 이후 축적해온 정신병에 대한 모든 추론이나 통찰과 별개였고, 그보다 더 강력했다. 이디스는 자신이 정신병을 앓았음을 알고 있었고, 그 병이 치료되었고 지금은 상태가 나아졌으며, 아기가 집에 있다는 것, 또 아기가 바뀌지 않았고 죽어서 동네 묘지에 묻히지도 않았다는 것을 알고 있었지만, 그 기억을 체험하고 있는 동안은 이 모든 지식이 유보되었다. **그 기억은 진짜였다.**

프루스트와 비슷하게 재구성되지 않은 감각 경험—시각적, 감정적, 시간과 독립된 것처럼 보이는 경험—으로서의 자신의 기억과 소통하는 이디스의 능력을 본 뒤 나는 그때껏 배움을 통해 구축한 것들을 지워가기 시작했다. 이디스와 대화를 나누기 전에는 기억에 대한 이해가 의과대학에서 배운 해부학적 회로, 대학원 수련 과정에서 배우는 심리학 이론, 두뇌 질환에서 발생하고 임상에서 측정되는 기억력 장애, 정신과 의학의 뇌 영상과 분자 연구를 넘어서지 못했다. 기억은 대체로 다양한 지식 저장고에서 끌려 나온 추상적인 구성물이었다. 이디스가 묘비를 보고 정신병에 걸려 병원에 갔던 기억을 상기했고 이를 다시 보면서 플래시백을 겪었다고 말을 하지 않았다면, 나는 아마 계속 기억에 대한 단조로운 이해의 길을 터덜터덜 걸어갔을 것이다.

이디스로부터 배운 첫 번째 교훈은 내가 심리학의 이론적 분류법과 정신병의 의학적 분류법 때문에 주관적 경험에 묶여 있었다는 사실이다. 고통 속에 있는 인간 상태에 대한 탁월한 관찰자이자 지식인들이 사랑하는 작가인 사뮈엘 베케트는 “나는 지식인이 아니다. 오로지 느낌일 뿐이다”라고 썼다. 이 말에 공감한다. 이 책에서 나는 지적 설명에 등을 돌리고 이론, 심지어 기억의 기본 분류법조차 무시한 채 세상의 감각 경험과 내적 느낌에서 시작해 신경 기억의 격자형 구조neural memory lattice로 나아가는 기억의 여정을 따라가고자 했다.[1]

이디스를 만난 이후, 몇 년에 걸쳐 조용히 생활 경험lived experience에 대한 관찰과 과학적 실험을 바탕으로 한 질문 및 가능한 설명 몇 가지를 제시했다. 시각적 이미지는 생활 기억lived memory을 어떻게 촉발하는가? 경험을 통해 어떻게 그것을 재경험하며 느끼는가? 감정을 깃들여 경험된 기억과 느껴진 것이 아닌, 말하자면 '생각된' 기억의 차이는 무엇인가? 이디스는 왜 뒤바뀐 아기라는 생각을 환청을 듣고 악취를 맡는 이상한 감각 경험 탓으로 돌렸는가? 이디스가 낳은 아기를 묻은 장소로서 묘비에 대한 기억 경험이 진짜 기억이라면, 가짜 기억은 무엇으로 구성되는가?

두뇌에서 기억이 지나가는 길을 따라가는 연구는 감정 상태와 느낌 상태가 기억 속에, 또 회상의 경험에 어떻게 내재적으로 연결되어 있는지 보여줄 것이다. 우리는 직업을 통해 얻은 기억과 살아오면서 겪은 기억 가운데 몇 가지를 따라가 보고, 가능하다면 느리게 굽이쳐 흐르는 여러분의 몇몇 기억을 자극해보려 한다. 37년 동안 나는 기분과 정신병적 장애psychotic disorder를 관찰하고 치료하고 연구해왔다. 정신과 의사들이 가진 보따리에는 약학, 신경학, 심리학과 경험으로 얻은 직관 등 다양한 기량이 섞여 들어가 있다. 우리가 정신과 의학 분야에서 독점적으로 갖고 있는 전문성은 경험의 본성에 대한 이해에 관한 것으로 '현상학'이라 불린다. 우리는 어떤 경험을 정상적인 것으로, 다른 것을 비정상적인 것으로, 또 일부 경험을 병적인 것으로 분류한다. 나는 정상과 비정상 경험을 구분하는 경계선에는 관심이 없지만, 경험을 창출하는 신경 메커니즘에 대해서는 항상 큰 호기심을 갖고 있었다. 신경에 입각하여 경험—감각sensation, 인지cognition, 감정emotion—을 설명하는 연구는 어디서 시작하든 결국 언제나 기억으로 이어진다. 기억은 우리가 아는 것과 느끼는 것을 한데 합치고, 현재의 의식적·비의식적 경험을 걸러내는 매체가 된다.

이디스가 내게 가르쳐준 또 다른 근본적인 교훈은 비정상적 경험을 가진 사람들로부터 정상적 경험을 더 쉽게 배울 수 있다는 사실이다. 19세기의 유명한 소설가 헨리 제임스의 형이자 심리학자인 윌리엄 제임스는 "비정상의 연구는 정상을 이해하는 최고의 방법"이라고 했다. 그러므로 나의 출발점은 이디스와 같은 환자다. 그들은 현실 삶에서 경험된 기억의 복잡성과 뒤엉킴을 잘 보여준다. 나는 여러 이유에서 환자들을 기억한다. 어떤 환자는 경이적인 회복력과 수용력이 있어서, 다른 환자는 극적이거나 전형적이지 않은 양상을 보여주었기 때문에, 또 다른 환자는 무엇이 잘못되었는지 내가 알아내지 못했기 때문에 기억한다. 설명되지 않은 표상들이 내 기억 속에 계속 맴돌고, 어떤 경우에는 몇 년씩 이어지기도 하다가 새로운 견해가 서서히 밝혀지면 그것들이 갑자기 다시 등장하고 예전에 던져놓았던 퍼즐이 맞춰진다. 마치 그들이 나를 인도하여 자신들이 겪은 경험의 두뇌 메커니즘을 탐구하고 발견하고 확인하게 해준 것 같다. 덜 유명한 윌리엄 제임스의 동생인 헨리 제임스의 말을 인용하자면, "우리의 의심이 우리의 열정이다."

이디스의 묘비 기억은 은폐되어 있기는 하지만, 마치 한 번도 모습을 보이지 않은 오소리처럼, 완벽하게 보존되어 있었다. 그 오소리 무리와 함께 내 아이들이 어렸을 때의 모습과 다시는 돌아오지 않을 귀중한 시간을 향유할 기회를 잃어버렸다는 느낌이 밀려온다. 내게는 시간이 빠른 속도로 달려가지만, 아이들이 다들 그렇듯 내 아이들에게는 도무지 움직이지 않는 느낌이었음이 틀림없다. 개인적 기억은 이디스의 경우처럼 눈을 멀게 할 만큼 감각적이고 감정적인 것에서부터 내가 이 글을 쓰면서 경험하는 것 같은 감정이 움직이는 기미—희미한

슬픔의 기색, 아주 살짝 밀려오는 사랑, 거의 지각 불가능한 상실이 남긴 옹이, 불현듯 스치는 후회—만 느끼는 정도에 이르기까지 범위가 넓다. 내가 이해하고 있다고 생각했던 기억의 신경 회로, 그것은 인간 경험의 세계에서 무엇을 의미하는가? 본질적으로 이 책에서 탐구하고 싶은 것은 바로 이 질문이다.

2장

감각: 기억의 원재료

사실을 말하자면, 모든 감각은 이미 기억이다.

_앙리 베르그송, 《물질과 기억》(1896)

유명한 단편소설 《누런 벽지》는 샬럿 퍼킨스 길먼의 작품으로 1892년에 출간되었다. 퍼킨스 길먼은 페미니스트였다. 소설은 19세기에 여성이 겪는 삶의 경험을 반영하여 공포 소설처럼 억눌리고 기괴한 분위기를 이어간다. 동시에 출산 후 겪은 정신이상에 대한 매혹적인 1인칭 서술로 읽힐 수도 있다. 그 점잖은 문체를 읽다 보면 그녀가 완벽하게 다정한 남편 존에게 사랑받는 아내라고 생각하게 되지만, 이야기의 전개를 계속 따라가 보면 그녀가 사람이 거의 살지 않은 채로 비어 있던 식민지시대풍 큰 저택 다락에 마련된 육아실에 갇혀 있음을 깨닫게 된다. 그녀는 이곳이 어디인지 말하지 않지만 독자에게 자신이 여름에 이곳으로 옮겨졌고, 육아실에 혼자 있다고 이야기한다. 그 소설을 처음 읽었을 때 나는 그녀가 정신병원에 있는 건지도 모르겠다고 생각했다. 창문마다 빗장이 가로질러 있고, 계단으로 가는 복도는 잠겨 있었으며, 벽에 구속용 쇠사슬이 달려 있고, 침대는 바닥에 못으로 박혀 있었다고 하니 말이다. 그녀는 극도로 "불안한 상태에 있었다. (…) 내가 할 수 있는 소소한 일, 옷을 입고 오락을 즐기고 뭔가를 주문하는 등의 일을 하는 것도 얼마나 힘이 드는지 아무도 믿지 않을 것이다……. 나는 걸핏하면 눈물을 흘리고, 거의 온종일 운다." 하지만 그녀가 만나는 사람은 '평판 좋은 의사'인 남편과 '역시 평판 좋은 의사'인 오빠, 또 살림을 도맡아 하면서 그녀를 돌보는 일도 하는, 그녀가 '언니'라 부르는 남편 존의 누이뿐이다. 내가 볼 때 그녀는 간호사다. '그녀와 함께 있을 수 없는' 아기를 돌보는 일은 고용인 메리의 몫이었다. 그녀는 아기와 함께 있어서는 안 되는가? 아기를 돌볼 능력이 없는가? 정서적으로 아기에게 애착을 갖지 못하는가?

그녀는 완전한 휴식을 취하라는 처방을 받았기 때문에 아무 일도 할 수 없었다. 하지만 몰래 일기를 썼는데, 오늘날 독자들이 읽고 있는 것이 바로 그 일기다. 존도 누이도 그 일기에 대해서는 알지 못한다. 그녀는 복잡한 무늬가 그려진 낡은 누런 벽지에 강박적으로 집착한다. "그 벽지에는 나 외에는 아무도 모르는, 앞으로도 모를 것들이 있다. 겉의 무늬 뒤에 있는 흐릿한 형상들이 날이 갈수록 선명해진다." 그녀는 벽지 아래에서 뭔가가 움직이는 것을 볼 수 있었고, 그것의 움직임을 느낄 수 있었으며, 누런 벽지 뒤에 어떤 여자가 몸을 웅크리고 기어가고 있다는 것을 알아냈다. 웅크린 여자는 밤에는 벽지를 벗어나 마룻바닥을 기어다닌다. 또 낮에 그 여자가 정원을 돌아다니는 것을 본다는 구절도 있다. 벽지는 "내가 맡은 것 중 가장 끈질기게 사라지지 않는 냄새를 풍긴다. (…) 그에 대해 생각할 수 있는 것은 오로지 그것이 벽지의 색깔 같은 냄새라는 것뿐이다. 누런 냄새!" 이 작품을 읽지 않은 이들은 인터넷에서 6000개의 단어로 된 이 소설을 쉽게 찾을 수 있을 것이다.

위대한 문학작품이 모두 그렇듯, 《누런 벽지》 역시 여러 층위로 해석될 수 있는데, 그 해석은 모두 타당하다. 이 책은 벽지 뒤에 붙어 있는 여성에 관한 이야기이자 정신병을 앓는 상태에서 글쓰기를 허락받지 못하고 감금되고 감각 자극을 박탈당하고, 히스테리 환자로 또 지적·도덕적으로 남성보다 열등한 유전적 집단으로 취급되며, 19세기 사회와 의사라는 직업이 강요하는 숨 막힐 듯한 가부장제에 갇힌 여성에 관한 페미니즘 소설이다. 이런 이유로 《누런 벽지》는 페미니스트 연구자들이 많이 찾는 소설이 되었다.

샬럿 퍼킨스 길먼은 아이를 낳은 뒤 정신병을 앓았다. 유명한 의사 사일러스 위어 미첼에게 보낸 편지에서 그녀는 '출산으로 인한 괴로운 심리 상태'에 대해, 자신의 '끔찍한 생각들', '흥분한 시간'에 대해, 잠 못 이루는 나날에 대해, '포학해지고 히스테리를 부리게 되고 가끔은 거의 불한당같이 행동하는' 것에 대해 이야기하며, '기억을 완전히' 잃어버릴지도 모른다는 두려움을 토로하면서 치료해달라고 요청한다.[1]

출산 후 정신이상이 보이는 모든 증상이 이 짧은 소설에 들어 있다. 갓 낳은 아기의 부재, 남편과 오빠로 오인된 의사들, 시누이로 착각한 수녀 혹은 간호사, 온종일 사라지지 않는 특이하고 역겨운 후각적 환각과 시각적·촉각적 환각, 혼란, 자신을 속이려 드는 타인들을 속이기 위한 그녀의 노력, 냄새를 없애기 위해 집을 불태우고 싶다는 언급, 침대 기둥 물어뜯기, 웅크린 여자가 도망치려 하면 묶어두려고 로프 숨기기…… 웅크린 여자가 작가 자신이라는 결말은 정신이상 상태에서 발생하는 자아 감각의 붕괴를 반영한다. 《누런 벽지》는 겉으로는 일관된 방식으로 신비스러워 보이는 이야기를 하면서, 한 여성이 혼란스러운 감각적 환각 경험에 아무리 피상적일지라도 어떤 일관성을 부여하려고 애쓰는 과정에 대한 탁월한 서술이다.

이 이야기에서 그 여성은 자신의 감각을 있는 그대로 묘사한다. 그것은 '미친' 사람의 이야기 같지 않다. 그녀의 경험은 이상하게 들리지만, 세상도 가끔은 이상한 곳이다. 그녀의 감각은 어떠한가? 주인공은 그 여성의 존재를 감지하고, 벽지 뒤에 있는 그녀를 느끼고, 미끄러지듯 움직이는 벽지의 패턴에서 그 형체를 본다. 마지막으로 벽지 뒤에서 기어나온 뒤에는 육신을 가진 그녀를 보고, 신음 소리를 듣고 그 끔찍한 '사라지지 않는 냄새'를 맡는다. 이런 환각적 감각은 진짜 감각으로 경험되며, 그녀의 일기에는 그것들이 실재한다고 쓰여 있다. 《누런 벽지》가 출산 후 정신이상에 대한 묘사로 해석되기는 하지만, 화자의 실제 감각 경험에 대한 분석은 거의 나오지 않는다. 화자의 정신이상 경험은 일반적으로 당시 가혹했던 사회제도에 속박돼 있는 상태에 대한 은유로 분석된다. 그 이야기에서 일차적으로 독자들을 매혹시키고 사로잡는 요소는 그녀의 경험인데도, 구글 검색에서 10억 회 이상의 조회수를 기록한 분석은 거의 전적으로 그녀의 주관적 경험의 본성보다 그 경험의 사회적·정치적 의미라 여겨지는 것에 집중되어 있다. 그녀는 자신의 환각 경험을 우리와 똑같은 방식으로 이해한다. 우리가 뭔가를 아는 것은 그것을 보고, 듣고, 느끼고, 냄새 맡고, 맛을 본 적이 있기 때문이다. 독자는 벽지 뒤에 웅크리고 있는 여자가 존재하지 않는다는 것을 알지만, 그래도 화자가 흔히 말하는 식으로 '미친' 것 같지는 않다고 느낀다. 이 이야기는 하루 종일 방에 갇히고 그 어떤 인정도 받지 못하는 상황에 처한다면 누구든 쉽게 정신병에 걸릴 수 있다는 것을 보여준다. 학자들이 대부분 간과하는 사항 중 하나는 아마 '휴식 치료'라는 고립의 공포를 겪기 전에 이미 그녀의 정신병이 발병했으리라는 점이다. 이어서 우리는 감각을 통해 세계를 어떻게 해석할지, 감각이 어떻게 이해와 기억의 베틀에 공급되는 실이 되는지를 살펴볼 것이다.

감각 없이 기억을 만들 수 없다는 근본적인 사실이 우리에게 너무 익숙하여 오히려 제대로 깨닫지 못한 채 살아갈 수도 있다. 지금은 자명한 사실이지만, 믿기 어렵게도 오감이 두뇌에 정보를 제공하여 우리가 정보를 익히고 분류할 수 있고, 최종적으로 세계에 대한 일관된 이해를 형성한다는 사실을 이해하기까지 수백 년의 세월이 걸렸다. 감각과 기억의 관계에 관한 이야기는 4~5세기 전에 일어난 과학혁명의 시초로 거슬러 올라간다. 정지된 지식의 저장고로서의 기억이 살아 있는 인간 경험의 역동적인 기억으로 변화하는 과정은 심오한 변화이며 많은 논쟁을 불러왔다. 이 변화는 현대의 과학적 사유의 출발점인 16세기와 17세기에 시작되었다. 코페르니쿠스, 이어서 갈릴레이가 지구는 우주의 중심이 아니라 태양 주변을 도는 작은 행성일 뿐이라고 주장했다. 이것이 사실상 교회의 창조론 교리에서 지구를 해방시킨 것이나 마찬가지다.[2] 당시 교회의 신념 체계는 1500년 동안 세상을 지배해오고 있었다.

물리학이라는 학문을 거부한 그 교리는 학습과 기억에 관한 사유의 발전도 방해했다. 인간—여자는 고려 대상에서 제외됐다—이 세계에 대해 배우는 길은 이 세상에서 들어오는 정보를 통해서가 아니었다. 모든 지식은 신이 준 것이며 영혼에 깃들어 있다는 주장이 진실로 간주되었다. 신이 준 영혼과 물질적인 인간 신체가 있었다. 신체와 구별되는 영혼이라는 발상은 철학적 관념에 대한 성찰이 시작된 이래로 항상 존재해왔다. 인간을 신체와 마음과 영혼으로 나누는 플라톤의 인간론은 기원전 4세기에 확립되었고, 그 이후 오랫동안 인간 경험의 범주를 찍어내는 주형鑄型 역할을 했다. 마음, 신체, 영혼이라는 플라톤의 삼분법은 기독교의 삼위일체인 성부, 성자, 성령으로 변형되었고, 그 이후 등장한 여러 시대에 스며들었다. 이는 계속하여 다른 모습으로 살아남아야 했던 영구적인 시대정신이다.

두뇌와 신체의 새로운 구분: 마음과 두뇌

정신적 경험의 원인이 두뇌에 있다는 사실이 발견되면서 두뇌와 신체의 구분은 사라지는 경향을 보였으며, 영혼은 모습을 감췄다. 이에 대한 예시로 뇌매독은 19세기 정신병 기관에 수용된 사람들의 발병 원인 가운데 25퍼센트를 차지했다. '도덕적 정신이상moral insanity'이라 알려진 특정한 유형의 정신이상이 그 증상이었다. 1880년에는 뇌매독이 매독이 말기에 이를 때 발생하는 두뇌 질환임이 알려졌고, 1950년에 페니실린이 발견된 이후 그 질환에 대한 치료가 당시 정신감정의사

alienist라 불리던 정신과 의사의 손에서 일반의사에게로 넘어갔다. 매독의 병원균인 스피로헤타 박테리아가 확인됨으로써 뇌매독은 성적 난잡함이 유발한 도덕적 정신이상이 아니라 감염 의학이 담당하는 질병의 영역으로 이동했다. 역사적으로 정신 질환을 설명하기 위해 낯선 문화적 발상이 활용되었고, 이런 식의 신화와 과학의 혼합물은 지금도 정신의학을 복잡하게 만들고 있다. 간질은 처음에는 정신의학에서 다루어지다가 그 이상 상태의 원인과 치료법이 발견된 이후에는 신경학으로 옮겨간 질환의 대표적인 사례다. 설명되지 않은 정신적 경험이 정신의학에서 잠시 피신처를 구했다가 과학적 발견에 따라온 '인체 장기를 다루는' 의학의 영역으로 옮겨간 것으로 보인다.

점차 '마음'에서 '두뇌'의 장애로 영역이 바뀌고 있는 정신병에서도 지금 이런 일이 일어나고 있다. 그 애매모호한 단어를 어떻게 이해하든, 마음은 두뇌의 본질이다. 마음은 고도로 주관적이고 수수께끼처럼 보이지만, 앞으로 보게 되듯이 두뇌는 각각 심히 개별화되어 있으며, 한 개인의 삶이 가진 고유한 경험과 연결wiring에 의해 다듬어진다. 현대에 들어와서 정신과에서 신경과로 넘어간 이상 상태의 전형적인 사례는 NMDA 뇌염°이다. NMDA 뇌염은 보통 환청이나 편집증 같은 정신병적 경험과 운동 장애를 동반하며, 환자들은 대개 정신과 병동에 입원하고 진료받는다. 뇌염이란 곧 두뇌의 염증인데, NMDA 뇌염의 경우 두뇌 세포, 흔히 두뇌에 풍부하게 존재하는 NMDA 수용체

° NMDA는 N-methyl-d-aspartate의 약자로, 이온성 글루탐산 수용체 3유형 중 하나다. 시냅스 가소성 조절, 기억 세포 활성화 등에 관여한다. 정식 명칭은 항NMDA수용체 뇌염이다.—옮긴이

에 대항하는 항체 때문에 감염이 발생한다. 항체는 면역 시스템이 생산하는 방어 단백질이다. 대개 항체 합성의 방아쇠를 당기는 것은 바이러스, 박테리아, 혹은 이식된 기관 같은 외부 유기체지만, 가끔은 면역 시스템이 자신의 신체 세포를 공격하는 항체를 형성하기도 한다. 그 결과 자가면역질환이 발생한다. NMDA 뇌염의 경우, 신체가 만들어낸 자가 항체는 신경세포의 NMDA 수용체와 맞춰지거나 짝을 짓는데, NMDA 수용체는 도처에 존재하므로 두뇌 염증, 즉 뇌염이 발생한다. 자신의 신체를 공격하는 항체—'자가면역체'—가 생성되면 과녁이 된 세포는 손상을 입는다. 면역 시스템이 그 세포를 박테리아나 바이러스처럼 외부에서 오는 침입 물체로 간주하기 때문이다.[3] 이 정신이상은 2007년에 원인이 발견되자 신경과 담당으로 넘어갔다. 이 정신이상 형태가 발견된 후 정신과 질환이 아닌 신경과 질환으로서 이 질환에 관한 문헌이 숱하게 발표되었다. 그 이후 조현병의 여러 모습에도 자가면역적 요소가 있다는 증거가 나왔다. 두뇌와 마음이 분리 불가능한 하나의 전체라는 사실은 점점 더 분명해지고 있다. NMDA 뇌염 환자들이 다른 정신병 환자들과 비슷한 경험과 임상적 징후를 나타내기는 하지만 이 질환이 정신과에서 신경과로 넘어간 상황은 그 병을 앓는 사람들에게 대체로 긍정적으로 받아들여지고 있다. 대부분이 정신병보다는 신경계의 병이라는 진단이 더 낫다고 여기기 때문이다.

제3의 눈 현상

마음과 두뇌를 구분하는 뿌리는 기록된 역사의 출발점으로까지 거슬러 올라간다. 내가 '제3의 눈 현상'이라 부르는 '마음'과 '영혼'의 상징적인 표상은 어떤 식으로든 항상 존재해왔다.

역사적으로 볼 때 우리는 지금껏 인간이라는 경험을 설명해온 특이한 문화적 신화학보다는 신경학이 밝혀낸 것들을 더 경외하는 단계에 와 있다. 내 딸 로원은 열세살이 된 어느 날 밤 꿈을 꾸었다. 잠이 깬 아이는 불안해져 나와 자신의 오빠를 불렀다. 우리는 로원의 침대에 앉아 톡톡 끊긴 꿈의 생생한 장면들에 대한 설명을 들었다. 잠이 깨자마자 기억에 남은 시각적 이미지들을 자세히 다시 돌아보면서 설명하는 그런 상황이었다. 가장 기억에 남는 장면에서 로원은 넓은 물 한가운데에 뜬 보트에 한 여성과 타고 있었는데, 그 여성은 아마 나였겠지만 확신하지는 못했다. 그 보트는 거친 파도에 흔들리고 있었다. 뭍이 나타났고 가까워 보였으므로 둘은 노를 저어 가려고 애를 썼지만 보트가 너울을 타고 있어서 좀처럼 전진하지 못했다. 바다에서 커다란 달팽이가 나와서 겁을 주더니, 갑자기 로원의 이마 한가운데 달라붙었다. 그 달팽이는 껍질의 나선 형태를 따라 천천히 회전하며 이마 속으로 파고 들어갔고 그녀는 겁에 질려 잠에서 깼다.

나는 로원의 꿈에 매료되었고, 아마 소설에 나오는 달팽이 형태의 신비스러운 제3의 눈 이미지가 응용된 것 같다는 결론에 도달했다. 이 이미지는 기원전 3000년경의 이집트 신화에서 호루스의 눈이라 알려진 것이다. 그 상징은 여러 시대를 거치며 계속 사용되어, 동양의 신화에서는 시바의 눈이 되었고, 현대판 신비론에서는 일반적으로 제3의 눈이라 칭해진다. 그 이미지는 수천 년이 지나는 동안 변화를 겪으며 예언자 같은 특성과 방어를 나타내는 남성적 상징에서 이제는 세대를 초월한 말 없는 여성적 지혜를 시사하는 모호한 의미를 담고 있다. 이러한 맥락에서 로원의 달팽이는 제3의 눈에 공격당하면서 험난한 물 위를 위태롭게 노 저어 가고 있는데, 이는 고전적으로 물을 건너는 여정으로 비유되곤 하는 어른 여성으로 변하는 과정에 대해 여자아이가 느끼는 두려움의 은유로 해석될 수 있다. 그 도상학에 대한 내 해석이 지나친 것일 수도 있지만, 솔직히 말하자면 나는 여성에 관련된 민담이 물려준 전통적 유산에 대해, 그것이 어떻게 자신의 사유를 침범하는 파괴적인 힘이 될 수 있는지에 대해 로원이 기민하게 두려움을 느낀 데 아주 기뻤다.

로원의 꿈은 숨겨진 지혜가 고여 있는 영원의 웅덩이에 신화적으로 발을 담갔기 때문이 아니라 이 신화에 대한 두려움에서 비롯된 것으로 보인다. 제3의 눈 꿈에서 내가 배운 한 가지 교훈은 지식을 얻는 방법에 관한 신화에 우리가 깊이 몰두해 있으며, 기독교도든 힌두교도든 불교도든 무슬림이든 아일랜드의 어느 무신론자인 십대 소녀든 상관없이, 누구에게나 그 눈 이미지가 존재한다는 사실이다. 요즘 제3의 눈은 흔히 솔방울로 그려진다. 지혜의 구조로 추정되는 이것이 솔방울샘에 자리잡고 있다는 주장에서 나온 상징이다. 솔방울샘은 송과선이라고도 하는데, 송과선松果腺, pineal gland의 이름은 그 모양이 솔방울과 비슷하게 생긴 데서 나왔다. 'pinea'는 라틴어로 솔방울을 나타낸다. 송과선은 두 눈을 수평으로 잇는 선상에 위치하지만, 로원의 달팽이가 가고 있던 길과 비슷하게 여러 뇌엽 뒤로 밀려나 있다.

1세기의 유명한 의사이자 아마 최초의 과학자 의사였을 갈레노스는 송과선이 영혼/마음이 자리잡은 곳이라고 확신했다. 그는 경이적인 예지를 발휘하여 모든 인간의 경험을 신체의 작동으로 설명할 수 있다고 믿었다. 그는 비물질적인 영혼의 존재는 믿지 않았지만 경험을 설명하기 위해 인간 두뇌를 관찰했다. 지금은 갈레노스의 주장이 순진하고 터무니없는 말로 들릴지 모르지만, 당시에는 영혼과 마음이 별개라는, 즉 영혼은 신에 속하고 마음은 개인에 속한다는 통념에서 발전한 논리였다.

15세기에 레오나르도 다빈치는 문화적 통념이던 영혼과 마음이라는 관념을 통합하여 그 둘이 만나는 지점이 두뇌에 있다고 설정했다. 그런 생각은 영혼이라는 관념을 인간 신체를 점유하고 있다가 죽음이 오면 그 점유를 끝내고 신체를 떠나는—지하 세계로 가든 다른 신체를 점유하든—방랑하는 정신spirit과 갈라놓고 두뇌 속의 마음과 직접 연결되는 어떤 것 쪽으로 다가가게 유도했다. 영혼은 정신과 닮은 점이 적어지고 육신에 더 가까워진다. 신적인 성격은 줄어들고 인간적인 성격이 더 커진다.

이제 우리는 송과선이 아주 원시적인 두뇌 구조이며, 대개 멜라토닌의 분비에 관여한다는 것을 안다. 멜라토닌은 새와 양, 말, 소의 세계에서 특히 중요한 요소로, 빛의 양에 따라 분비된다. 멜라토닌은 생식 호르몬의 분비를 촉진하며 육지와 바다의 비옥도가 최대치에 이르는 따뜻하고 환한 여건에서 새와 양과 가금의 새끼들과 송아지가 틀림없이 제대로 태어나도록, 그리하여 자손들에게 더 나은 생존 기회를 줄 수 있도록 한다. 인간에게 멜라토닌은 잠들고 깨어나는 주기와 관련돼 있지만 그 외에 다른 중요한 영향은 없다. 송과선은 두뇌 중앙부에 있는 외톨이 구조물인데, 다른 기관들이 모두 한 쌍으로 이루어져 있다는 점을 생각하면 매우 보기 드문 형태다. 그것은 자연이 통제하는 다산성의 신기한 외톨이 흔적처럼 두뇌 구조 속 깊은 균열 안에 숨겨져 있다.

뇌과학의 시작

다빈치 이후 폭발한 과학혁명은 세계의 이해를 교회의 천동설과 창조론적 관점에서 끌어내어 다양한 현상을 설명할 수 있는 물리학적 우주 법칙으로 인도했다. 지구는 유일신 혹은 여러 신의 의지가 아니라 물리학의 기본 법칙의 결과로서 움직이고 작동했다. 이제 지구가 우주의 중심이 아니며, 인간 역시 과학적 원리에 예속되어 있을지도 모른다는 생각이 등장했다. 초자연적인 것이 자연적인 것으로 대체되었다. 이런 방식으로 과학은 부지불식간에 교회의 교리를 잠식했다.

르네 데카르트는 17세기에 이원론의 철학적 원리의 개요를 그려내어 교회/과학이라는 이분법에 잠재적인 해결책을 내놓았다. 그는 영혼은 물질이 아니며 신이 주신 것으로, 신체의 물질과는 다른 실체로 이루어져 있다고 주장했다. 영혼은 에테르로 되어 있고 신체는 피와 살로 되어 있다는 것이다. 두뇌는 물질적 신체의 중심 같은 것이지만 비물질적인 영혼과는 분리되어 있다. 이런 '이원론'으로 데카르트는 최초의 유사과학적 설명을 제시했는데, 그것은 이후 현대의 마음/두뇌 구분으로 발전했다. 그가 물리학과 지식에 대한 혼란스러운 생각들, 당시의 잡다한 종교적·과학적 사유들을 한데 합쳤지만, 생명이라는 물질적 감각 경험을 중요치 않게 여겼다는 사실은 중요하다. 신의 모습을 본떠 만든 완벽한 존재인 보이지 않는 영혼이 감각적이고 변덕스러운 신체보다 우월한 것으로 여겨졌다. 일군의 철학자들은 침을 튀기며 데카르트의 이론에 반대했고 지식은 삶을 통해, 특히 감각을 통해 축적된다고 믿었다. 지식이 감각 지각을 통해 얻어진다고 믿은 철학자들은 감각론자Sensationalist라 불렸다. 그리하여 우리는 일반적인 지식knowledge(소문자 k)이 물질적 감각을 통해 학습되는지 아니면 신이 비물질적으로 부여한 특별한 의미의 선천적 지식Knowledge(대문자 K)으로 얻어지는지를 따지는 지성의 전투가 시작되는 지점에 도달한다. 데카르트에게 반대하는 자들, 감각론자들은 이단 취급을 받았고, 지식을 신으로부터 인간에게 돌려주려고 주장하다가 목숨을 잃기도 했으며, 대다수는 자유를 잃었다.

이제는 인간이 학습을 통해 세계를 이해한다는 것을 알고 있지만, 선천적 지식이 신이 심어준 것인지 아니면 감각 경험이나 학습에서 도출된 것인지에 관한 토론에는 세계 질서와의 관계에서 걸려 있는 것이 많다. 아마 가장 중요한 것이 정치적 이슈일 것이다. 신이 특정 인물들에게, 무오류적인 교황이나 신이 선택한 군주 같은 인물들에게 우월한 지식[대문자 K의]을 심어주었다는 생각은 일반인을 상대하는 교회에게, 평민을 상대하는 귀족에게, 여성을 대하는 남성 등에게 절대적 권력을 부여했다. 이런 선천적 우월성이라는 신화를 유지하는 쪽에 투자

한 여러 관련자는 각자의 권력 시스템 내에서 싸웠다. 선천적 우월성의 소유자로 예정된 이들의 상충하는 주장은 교회 내의 분열을 초래했고 수탈자 군주들 간의 권좌 찬탈, 교회와 국가 간 전쟁의 원인이 되었다. 이단 재판과 전쟁에서 수천 명이 학살되었다. 신이 부여한 지식이라는 발상에 집착한다는 것은 일반적 지식은 익혀봤자 인간들 사이의 잠재적 평등이 이루어지지 않는다는 것을 의미했다.

16세기에서 17세기까지 계속 이어진 전투는 오늘날 21세기에도 베수비오 화산처럼 여전히 살아서 속에서 부글부글 끓어오르고 있으며, 가끔은 불명예스럽게 분출된다. 감각론자들은 대체로 철학적 관점과 인문학적 관점에 서서 논쟁하는 편이지만, 나는 그들이 현재 신경학이라 불리는 과목의 지적 토대를 형성했다고 생각한다. 그들은 또 선천적 지식에 대한 인간 잠재력의 우위를 위해 싸웠으며, 개인의 자유와 독재로부터의 해방이라는 이상의 토대를 놓은 최초의 인문학자들이기도 했다. 감각이 어떻게 지식과 기억의 재료로 이해되었는가 하는 사연은 신경학과 인권이라는 현대적 이상의 이야기 첫 장에 나온다.

몰리노의 질문

지식이 선천적인가 경험의 세계에서 학습된 것인가 하는 17세기의 대토론 가운데 하나를 여기서 언급해야겠다. 바늘 끝에서 얼마나 많은 천사가 춤을 출 수 있는지 따위의 논의가 의학 발전에 의해 깔끔하게 처리될 수 있다는 것을 보여주기 때문이다. 또 다른 이유는 그 논의가 내 직장인 더블린 트리니티 칼리지의 교정에서 벌어졌기 때문이다. 그 논의를 시작한 것은 트리니티 칼리지의 학자인 윌리엄 몰리노(1656~1698)와 영국의 유명한 의사이자 철학자인 존 로크(1632~1704)였다. 로크는 17세기의 가장 유명한 철학자 가운데 한 사람으로, 데카르트의 영혼과 선천적 지식 개념에 반대했다. 그는 지식이 신이 인간에게 각자의 지위에 따라 부여한 것이라는 기득권 세력의 발언에 감히 도전했다. 그는 출생할 때의 마음을 백지tabula rasa°라고 주장했다. 지식은 감각 정보를 통해 세계를 기억하는 과정에서 '사물을 알게 되는 일상적인 능력'에 의해 얻어진다. 철학은 정치학, 의학, 심리학, 자연과학, 물리학, 수학 등 여러 과목을 포괄한다. 몰리노가 창립한 철학 협회에서 벌어진 토론 가운데 일부 주제는 현재 내 직장인 트리니티 칼리지 신경학 연구소에 더 잘 어울릴 것이다.

몰리노는 1688년 7월 7일에 로크에게 보낸 편지에서 나중에 몰리노의 질문(혹은 몰리노의 문제)이라 알려지게 되는 질문을 던졌다. 태어날 때부터 눈이 보이지 않았는데 촉각을 통해 사물을 '보는' 법을 배운 남자가 있다고 가정해보자. 그러다가 그는 나중에 시력을 얻게 된다. 그 질문은 이렇다. 태어날 때부터 시력을 잃었고 촉각을 통해서만 형체를 구분하는 법을 배운 이 남자가 시력을 얻었을 때 사물을 바라보고 그 형태를 식별할 수 있겠는가? 그는 눈이 보이지 않는 사람이 만져보아 식별하고 구별할 수 있는 구체 하나와 입방체 하나를 내놓았다. 새로

° 'tabula rasa'라는 단어는 백지를 뜻하며, 기독교 이전 시대에 아리스토텔레스가 처음 제안한 용어다.

시력을 얻은 사람이 입방체와 구체를 만져보지 않고 보기만 하여 판단할 수 있겠는가?

그들은 철학적 시각에서 이 수수께끼에 접근했다. 시력을 되찾은 남자가 시각을 통해 형체를 배운 적 없이 보는 것만으로 구체와 입방체의 차이를 알아볼 수 있다면, 시각적 지식은 마음속에 이미 존재하고 있었을 것이며, 따라서 시각적 지식은 선천적이다. 반면, 사물을 바라보는 것만으로는 차이를 알지 못한다면 이는 곧 시각적 기억이 시각적 감각 경험을 통해 획득되었으며 지식은 선천적이지 않음을 의미할 것이다. 후자의 경험적 프레임에서, 즉 관찰을 통한 학습에서, 사람들은 감각을 통해 학습한 것만 안다.

로크와 몰리노는 시각 장애인이 시각만으로는 구체와 입방체를 구별하지 못할 것이라고 올바르게 추론했다. 지식은 선천적이지 않으며 각각의 감각, 즉 시각과 촉각을 통해 별도로 학습되어야 하기 때문이다. 몰리노의 질문은 다음 세기 선천성 시각 장애의 가장 흔한 형태인 선천백내장 수술로 시각 장애가 광범위하게 치료 가능하게 되었을 때 비로소 해답을 얻었다. 후천적으로 앞을 보게 된 사람들이 시각만으로는 입방체와 구체의 차이를 말할 수 없으며, 따라서 시각 세계를 자동으로 이해하지 못한다는 것이 점차 명백해졌다. 구체와 입방체의 시각적 이미지는 촉각을 통해 학습되어야 했다. 그것이 새로 앞을 보게 된 환자가 사물을 파악하기 위해 배우는 방법이기 때문이다. 신경학자이자 이야기꾼인 올리버 색스는 1993년 5월 10일 자 《뉴요커》에 지금은 유명해진 기고문 〈보기와 보지 않기〉를 실었다. 55세에 처음 시각을 얻은 버질이라는 남자에 관한 이야기였다. 버질이 처음 본 것,

그의 집과 집 안의 물건들부터 자연 세계까지 모든 것이 그에게는 이해 불가능했다. 특히 몰리노의 질문과 관련하여 색스는 버질이 눈으로 봐서는 구체와 입방체를 구별하지 못했다고 지적했다. 태어났을 때 마음은 백지다. 세계의 감각적 경험이 쌓여 지식과 기억을 형성한다.

상식

몰리노의 질문에 얽힌 이야기는 의학이 대답 불가능한 철학적 토론을 모호하지 않은 실제 생활의 지식으로 어떻게 번역해내는지를 보여준다. 나는 이것이 완고하고 가혹한 세상을 상대로 신경과학이 거둔 최초의 중요한 승리라고 본다. 감각이 두뇌에게 재료를 제공하여 개인적 지식의 토대를 창출한다는 발상은 18세기에 널리 받아들여졌다. 이런 이슈는 18세기 후반 영향력이 컸던 지성인들의 살롱에서 토론 주제가 되었는데, 그런 살롱은 거의 모두 여성들이 주도하고 있었다.[4] 그 이슈가 워낙 널리 받아들여지다 보니 그 세기에 가장 인기를 끈 책인 토머스 페인의 1776년 저서에 《상식》이라는 제목이 붙기도 했다. 정치적 팸플릿인 그 책은 후천적인 감각적 지식이라는 발상에 깊이 빠져 있으며, 그 몇 달 뒤에 발표될 미국 독립선언문에 엄청난 영향을 주었다. 《상식》에서 페인은 사람들 간의 선천적 불평등이 아닌 자연적 평등성에 대한 명백한 옹호론을 폈다. 인간이 후천적인 감각 정보로 이루어진 구성물이라는 감각론적 사유가 없었더라면 이 글은 집필되지 못했을 것이다.

지식, 영성, 영혼, 마음에 관한 역사적·철학적 사유는 여전히 존재한다. 인간의 경험과 기능을 '신체, 마음, 영혼'으로 쪼개는 경향은 계속 거의 모든 문화에 스며들고 있다. 이런 모든 종교적·영적 시스템의 공통분모는 이식되었거나 외적인 지식, 제3의 눈, 개인 배후에 있는 힘이다. 우리가 신경학에 매료되는 것은 그것이 채워질 길 없는 호기심의 대상인 자기 이해에 도움이 되기 때문만이 아니라, 제3의 눈 현상을 단호하게 차단하고 그로부터 해방되도록 도와주기 때문이다. 이상한 일이지만 신경학은 다들 예상하는 것만큼 정신과 의학의 문화에 많이 보급되어 있지 않다. 아직은 의학의 하나로서 정신의학이 반드시 두뇌와 관련되는 것이 아니라 하나의 가설로서 인간 조건의 마음/정신 영역을 다룬다는 견해가 더 우세하다. 정신과 의사인 내게 이원론은 적이다. 신체-두뇌, 두뇌-마음이든, 신체-영혼, 이성-감정이든, 어떤 것도 마찬가지다. 세계가 오로지 당신의 감각을 통해서만 당신에게 전달되며 당신은 그 모든 것을 두뇌 회로 전체에 구석구석 퍼져 있는 연결을 통해서만 이해한다는 사실을 깨달을 때 이런 허구적인 영역들 사이의 구분은 와해된다. (이 구절은 의사이자 신경학자인 대니엘 배싯에게서 빌려온 것이다.)

인간 존재 속 세계의 내면화는 기억의 네트워크 속으로 계속 주입되는 다섯 가지 주요 감각인 시야, 소리, 촉감, 미감, 냄새를 통해 전달된다. 세계에서 들어오는 촉감이나 시야 같은 감각 지각은 사람들이 여러 다른 형태를 익히고 상대적으로 단순한 지식을 형성하여 그것을 토대로 더 복잡한 정보를 구축하게 해준다. 신체에서 두뇌로 감각 정보가 끊임없이 주입되어 단순한 감정emotion에서 복잡한 느낌feeling에 이르는 감각들을 생성한다. 감각은 두뇌에 공급되는 근본적인 원자재, 두뇌 속의 포괄적 연결의 토대 역할을 하는 기층基層이다. 기억은 본질적으로 두뇌에 운반된 감각 정보들의 무한히 복잡한 신경적 표상neural representation이다.

감각을 통한 학습

감각을 통해 서서히 진행되는 학습은 아이들이 발전하는 양상이라든가 우리가 그들에게 감각 지각 세계에 대해 가르치는 방식에서 찾을 수 있다. 소위 직관적 지식이라는 것—실제로는 학습된 지식의 자동적 처리 과정—을 제대로 인지하기는 힘들 수 있다. 다만 아기가 감각 지각 경험을 통해 발전하는 모습을 볼 때는 예외다. 어른들은 직관적으로 안다고 여기는 것들을 모르는 아이들의 순진함을 우리는 사랑한다. "아빠는 언제 나만큼 작아질 거야?" 마법처럼 사라졌다 다시 나타나는 까꿍 놀이, 배우지 않은 감정적 반응 등 아이들이 시야, 소리, 촉감, 냄새, 맛을 통해 어떻게 배워나가는지 연구하는 신경학자는 무수히 많다. 어느 대표적인 발달심리학자는 이렇게 적절하게 표현했다. "아이들은 쪼그리고 앉을 줄 안다." 이는 아리스토텔레스와 로크가 말한 타불라 라사(백지)의 현대판 반복이다.[5]

몰리노의 질문을 계속 이어나갈 때 더 놀라운 사례는 올리버 색스가 예로 든 버질처럼 시력을 얻게 된 성인들이 시각 세계에 대해 배우는 방식이다. 그들은 세계의 이미지들이 무엇을 나타내는지를 배우기 위해 시각 세계에 천천히 노출되어야 한다. 그렇지 않으면 자신들의 처리 능력을 넘어서는 시각 정보의 홍수에 떠내려가게 될 것이다. 이 때문에 시력을 찾은 사람들은 시각적 자극을 최소한으로 줄인 환경에서 보호받으며 이미지의 세계에 점진적으로 노출된다. 감각을 통해 모든 것이 학습되어야 한다는 발상을 이해하고 나면 이는 알기 쉬운 일이다. 어떤 것을 본다는 말은 두뇌 속에서 무엇이라고 해석하는 어떤 이미지를 본다는 뜻이다. 루빅큐브를 보거나 테니스공을 보고 우리는 혼란스러워하지 않는다. 즉 어느 것이 어느 것인지를 판단하기 위해 만져볼 필요가 없다. 그 특정한 큐브와 그 특정한 구체의 차이를 **알기 때문이다**. 루빅큐브를 본다거나 테니스공을 본다는 말은 실제로 자신이 보고 있는 이미지가 루빅큐브나 테니스공임을 학습한 바 있다는 뜻이다. 감각이라 부르는 것 또한 기억이다. **보는 행위**는 사물의 광경의 즉각성과 그 이미지의 확인 모두를 포함한다. 이로써 우리는 이 장의 첫머리에 인용된 베르그송의 1896년 문장으로 되돌아간다. "사실, 모든 감각은 이미 기억이다."

일반적으로 지각perception은 두뇌에 주입되고 있는 감각 정보와 같은 선상에서 조직된다. 우리는 무엇이든 감각이 두뇌에 집어넣은 것을 **이해하며**, 기억의 통로와 역동적인 해석적 프레임을 형성한다. 감각과 기억의 동시적 경험이란 귀에는 익지만 무슨 곡인지는 바로 떠오르지 않는 음악을 들을 때를 생각하면 금방 이해할 수 있다. 제목을 알아내려면 감각과 기억의 회로가 필요하다. 감각 정보가 더 많이 들어와서 감각과 기억이 계속 더 통합되도록 보강하고 자극한다. 때로 우리는 기억해내려는 시도를 포기한다. 의식적으로 탐색해도 아마 기억나지 않을 것이고 시간이 지나야 떠오르게 되리라는 것을 알기 때문이다. 이처럼 조용하게 있다 보면 몇 분 뒤에 무슨 노래인지 알아낼 수도 있다. 기억은 정태적이지 않다. 그것은 감각과 끝없는 춤을 추는 흐름의 상태에 있다.

당신의 말초 감각이 무결점 상태라고, 만점짜리 시각과 우수한 청각—의사들의 어법에 따르자면 신경학적으로 무결점인—을 갖고 있어서 다른 사람들이 보고 듣지 못하는 것을 보고 듣는다고 상상해보라. 그러면 이는 환각적 경험의 영역으로 들어간다. 그곳에서는 주관적인 감각 경험이 더 이상 주위 세계에서 오는 정보의 신뢰할 만한 전달자가 아니다. 환각적 경험은 감각 신호가 잘못 해석될 경우 나타나는데, 예를 들어 열이 있거나 혹은 무릎 아래가 절단된 사람이 환각지를 겪을 때 생길 수 있다. 환각지의 경우, 감각 신호가 잘려나간 다리 부분에서 오는 것처럼 느껴진다. 정신병에 걸렸을 때, 입력되는 감각이 전혀 없는데도 **외부 세계에서** 들어오는 것처럼 경험되는 소리가 들리고, 다른 사람들 눈에는 보이지 않는 이미지들을 볼 수 있는 경우가 있다. 감각 경험은 세계에 대한 그 사람의 이해를 결정한다. 《누런 벽지》에서 일기의 화자는 움직이는 벽지 무늬 속에서 여자를 보았고, 벽지 뒤에서 그 존재를 느꼈으며, 벽지의 악취를 맡았고, 신음 소리를 들었기 때문에 벽지 뒤에 여자가 한 명 있다고 추리해냈다. 1925년에 버지니아 울프는 아마 정신병을 앓고 환각을 볼 때였을 테지만, 샬럿 퍼킨스 길먼이 1884년에 받은 것과 동일한 '휴식 치료'를 똑같이 신경학자 사일러스 위어 미첼로부터 받았다. 앞에서 약술한 휴식 치료란 거의 완전한 고립과 강요된 무활동이 주를 이룬다. 정신병으로 인해 거칠고 수용 불가능한 감각 경험을 가진 데다 감각을 거의 박탈당한 상황에 놓이는 것은 분명 고문이었을 테고, 정신병이 악화되지 않을 수 없었을 것이다.

버지니아 울프는 정신병으로 인한 고통을 더 이상 견디지 못하고 1941년 스스로 목숨을 끊었다. 샬럿 퍼킨스 길먼 역시 1935년에 자살했다. 유서에서 그녀는 암으로 서서히 죽어가기보다는 자기 손에 죽는 편이 낫다고 썼다. 다음 장에서는 감각을 어떻게 **이해하는지**, 어찌하여 세상의 **상식**을 모두가 공유하지 않을 수도 있는지 탐구할 것이다.

3장

이해하기

우리 지성은 감각의 연장이다.

_앙리 베르그송

몇 년 전에 나는 어느 만찬에 간 적이 있는데, 거기서 영매에 관한 대화의 장이 벌어졌다. 다들 각자 나름의 견해를 내놓았고, 그중 몇몇은 좀 더 열변을 토했다. 내 차례가 되었을 때 나는 약간 딴청 부리듯이, 대부분의 상업적 영매들이 감정적으로 약해진 사람들을 벗겨 먹는 불한당이지만 가끔은 실제로 정신이상 경험을 겪고, 환청을 그들과 '소통하는' 죽은 인물의 목소리라고 여기는 영매들이 있을 수 있다고 말했다. 영매를 '믿는다'는 것 외에는 전혀 특이해 보이지 않는 한 여성이 나를 바라보더니 말했다. "……당신이 정신이상자가 아니라면 그 목소리는 어디서 나오는 건가요?" 나는 "무슨 목소리요?"라고 대답했지만, 그 뒤 그녀는 만찬이 끝날 때까지 자신이 일상적으로 환청을 듣는다는 이야기를 늘어놓았다. 환청은 놀랄 정도로 흔한—평생 한 번이라도 환청을 듣는 사람은 10퍼센트에 달한다—증상이며, 환청을 듣는다고 그 사람이 정신이상자라는 뜻은 아니다.

그녀는 그저 자신의 감각 경험을 이해하고 있을 뿐이었다. 환청을 듣는 사람에게 환청의 경험은 그들과 별개인 것으로 보이는 머릿속 목소리일 수 있다. 아니면 그와 정반대 극에서, 목소리는 외부 세계에서 들려오는 목소리와 똑같이 진짜 목소리다. 후자, 진짜 외부적 환청은 조현병 진단을 받은 사람들에게는 흔한 증상이다. 그 목소리나 환청 경험을 그들이 어떻게 이해하느냐는 세계를 이해하는 데 우리가 얼마나 감각 경험에 의존하는지 파악하게 해준다.

조지프는 조현병 진단을 받은 청년이다. 다음은 그가 자신의 환청 경험을 이해해나가는 방식이다.

> 조지프는 오랫동안 가족과 친구들, 주치의로부터 정신과 의사에게 가보라는 조언을 들어왔다. 그가 마침내 내 진료실에 오게 된 것은 그가 사는 지역의 편의점에서 그 전주에 있었던 일 때문이었다. 조지프는 두 남자가 나누는 대화를 들었다. 한 명이 "그가 내일까지는 죽었으면 한다"고 말했다. 조지프는 그들이 지적한 대상이 누군지는 몰랐지만 누군가가 위험에 처해 있음을 알았다. 그것이 자신일 수도 있었다. 그는 경찰에게 갔는데, 그들은 매우 친절하게 대해주면서 사정을 알아보겠다고 했다. 또 그가 매우 심한 스트레스를 받고 있는 것으로 보이니 지역 병원의 응급센터에 가야 할 것 같다는 말도 했다. 응급센터가 그를 정신과로 보내 내 진료실로 오게 되었다. 그는 이십대 초반이

었다.

조지프는 건강한 외모를 가진 보기 좋은 청년이었는데, 청소년답게 차림새는 단정치 못했고 그 세대의 필수품이라 할 헤드폰을 쓰고 있었으며, 조용히 미소 짓고 있었고 부드럽게 행동했다. 그는 유행을 따르는 헐렁한 옷을 입었고, 보기 드물 정도로 편안하게 자신의 이야기를 전했다. 학교에서 조지프는 똑똑한 학생이었고, 수학, 물리학, IT 분야에 특히 재능을 보였다. 그는 십대 중반에 자신에게 특별한 재능, 즉 육감이 있음을 깨닫기 시작했다. 그 능력으로 그는 보통 사람보다 세상을 더 심오한 방식으로 이해할 수 있었다. 이 능력과 IT 지식이 합쳐지자 그는 대부분이 보지 못하는 것을 점차 이해할 수 있게 되었다. 그러니까 거의 모든 사람이 알고 있는 모습이 실제로는 '시뮬레이션'이라는 것이었다. 이 확실한 사실을 깨달으면서 그의 삶은 그 시뮬레이션을 지휘하는 주체나 힘이 무엇인지 알아보려는 시도를 중심으로 돌아갔다. 그가 추측하기에 거의 모든 사람이 공유하는 비현실unreality은 그 시뮬레이터들이 기술적으로 제조한 것이다. 이 시뮬레이션을 관장하는 존재가 누구인지, 혹은 거의 모든 사람이 경험하는 '진짜' 삶이 무엇인지 그는 알지 못했다. 그는 이 시뮬레이션을 관장하는 진짜 세계에 있지 않았고, 다른 사람들이 공유하는 비현실에도 있지 않았다. 조지프의 세계에서 모든 사람의 현실reality은 이 메커니즘을 통해 이식된 것이지만 이 사실을 아는 것은 그를 포함한 극소수뿐이었다. 그가 이런 모든 사실을 아는 것은 '외계', 즉 레이더에 걸리지 않는 진짜 현실에서 들려오는 목소리를 들을 수 있기 때문이다.

처음에 십대 중반의 사춘기 초반에는 알아듣기 힘든 흐릿한 목소리가 가끔 들렸다. 힘껏 집중하면 그들이 하는 말을 토막토막 알아들을 수 있었다. 대마를 피우면 일상의 잡다한 일들이 마음에서 지워지고 그 목소리가 똑똑히 들렸다. 친구들은 그가 대마를 피울 때 쓰레기 같은 말을 한다고 했고, 조지프는 실제로 벌어지는 일을 이해하는 유일한 사람이 자신이며 대마를 피우면 훨씬 더 이해가 명료해지는 상황에서 그들의 말이 아이러니하다고 생각했다. 그가 스스로를 방에 가두고 대마를 피워대면서, 게으르게 생활하고 공부에도 무관심해지자 가족들은 점점 더 그에게 화를 냈다. 조지프는 세상과 차단되어도 불편함을 느끼지 않았고, 오히려 복잡한 편집증 퍼즐 속에서 창조적이 된다고 느끼기도 했다. 시간이 흐르면서 시뮬레이터의 영향은 더 넓게 퍼졌고 그에게 더 많은 집중을 요구했다. 초기에는 가끔 자기 방에 있는 텔레비전을 통해 새어나왔지만 나중에는 그의 휴대전화로, 다음에는 헤드폰으로 확산되었다.

그는 대학에서 컴퓨터공학을 공부했다. 이런 연구는 외부 힘의 기원을 조사하는 데 도움이 되었다. 그가 생각하기에 그런 힘은 어떤 식으로든 중앙집중식 디지털 허브를 거쳐 전달되어야 할 것 같았다. 대학을 졸업한 뒤 그는 사이버 보안 분야에서 더 높은 학위를 취득하기로 했다. 조지프는 이제 목소리를 하루 종일 그리고 '스테레오로' 들을 수 있었다. 사람들과 이야기하는 동안에도 목소리를 들을 수 있었고, 사람들이 말하고 있는 내용과 겨루면서 상쇄시킬 때도 많았다. 군중 속에서 목소리를 들을 때는 혹시 길거리의 모르는 사람 중에 그 시뮬레이터가 있는 건 아닌지 궁금했다. 또 현실을 '아는' 사람들의 무리가 있는지도 궁금했다. 때로 그는 아는 사람들이 일상적인 동작처럼 위장된 신호를 자신에게 보내 신호하고 있다고 생각했지만 확신하지는 못했다. 또 다른 가능성은 외부의 힘이 자신과 소통하기 위해 모르는 사람의 신체에 일시적으로 들어간 것이었다. 외출하면 복잡한 해석과 편집증이 널린 지뢰밭에 들어가는 꼴이 되니, 그의 은둔은 점점 더 심해졌다.

대학에서 사이버 보안 분야를 공부하면 외부의 힘을 조종하고, '사라지게' 할 수 있는 기술을 더 많이 알게 된다. 그는 허위 신분증 서류를 만드는 것을 시작으로 시뮬레이터가 자신을 추적하기 힘들게 하기 위해 위장 신분과 은행 계좌, 위조 공과금 내역서를 여러 개 만들었다. 그러자 사기 수사대가 그를 추적했다. 그는 시뮬레이터들의 관심을 끌고 싶지 않았으므로 변호를 청하지 않았다. 그는 4개월 형을 받고 복역했으며 사회에서 더 고립되었다. 내가 그를 만난 것은 석방된 지 1년쯤 지났을 때였다. 그는 거의 모든 시간을 자기 방에서 목소리와 암호를 해독하면서 보냈다. 통제자controller들의 입지가 더 넓어졌고, 그는 그들이 자신에게 어떤 사악한 행동을 강요할 수 있을 것 같아 걱정되었다. 그들은 가끔 그런 종류의 위협을 했고 때로는 그더러 스스로 목숨을 끊으라고 말하기도 했다. 드물게 외출하더라도 그들은 그를 쉽게 찾아냈고, 모르는 사람들 사이에서도 내내 그에게 말을 걸었다. 그러면 조지프는 인터넷 카페로 피신하곤 했다. 그런 곳은 다른 경쟁 신호들이 많아 그들의 신호를 놓치기 쉬웠다.

그는 '치료'를 받는 것에 저항감이 있었지만 이 부담스러운 직관을 떨쳐내고 싶어했다. 결국 그는 '다시 사회로 돌아가기' 원한다고 판단했다. 그럼으로써 진짜 현실에 대한 인식을 잃게 된다 하더라도 말이다.

조지프는 흥미로운 문장을 썼다. 그는 치료를 받는 이유에 대해 "내 주의력을 돌려받고 싶다"고 했다. 항정신병 치료를 받기 시작한 처음 두어 주 동안 간섭하는 목소리는 줄어들었고, 약물 치료를 강화하자 몇 달에 걸쳐 점차 희미해졌다. 그가 목소리를 듣는 것에서부터 이어진 생각들은 무너지기 시작하여 개인적 기억에 기묘한 텅 빈 황무지를 남겼다. 그는 서서히 가족 및 친구들과 다시 연결되기 시작했고, 이런 연결이 강해질수록 시뮬레이터들의 정신병적 세계에서 더 멀어졌다. 직업 치료사는 조지프를 어느 컴퓨터 공방에 소개하여, 그가 보통의 직업 시장에서 IT 일자리에 제대로 적응할 수 있도록 훈련받게 했다. 조지프는 이제 자신의 정신병이 '사이버 공간 어딘가에' 존재하는 세계로 자신을 들여보내주었지만 더 이상 사람을 고립시키는 편집증적 미궁을 따라가는 데는 흥미가 없다고 믿는다.

조지프의 사연은 사람들이 각자의 감각을 통해 세계를 어떻게 파악하는지 그리고 이것이 어떻게 세계에 대한 해석의 토대가 되고 기억이 되는지를 보여준다. 조지프는 세계에 대한 상식을 공유하지 않았다. 조지프는 우리가 다들 그렇게 하듯이 자신의 감각 경험을 소재로 서사를 창작했다. 정신병에 점령당함으로써 그는 공통된 경험의 세계에서 이질적인 존재가 되었다. 55세에 시력을 찾아서 시각 정보를 얻을 기억 시스템을 새로 구축해야 했던 버질처럼 조지프는 정신병이 나은 뒤 세계를 해석하고 기억할 수 있는 새로운 프레임을 구축해야 했다. 그는 조현병—광범위한 진단—이라는 진단을 받았는데, 그의 핵심적인 경험은 환각, 환청, 망상 혹은 기괴한 확신이었다. 체계적인 정신병적 신념 체계 혹은 망상은 시간이 흐르면서 점차 발전한다. 조지프는 감각 세계에서 들어오는 정보를 그럴듯하고 외견상 일관성 있는 시스템으로 체계화했다. 바깥에서 본다면 조지프의 세계관은 미친 것이지만, 그의 경험을 설명하는 내적 논리는 있었다. 그의 세계 구도는 정말로 매우 지능적이었다.

감각 해석하기

감각이 두뇌에게 무엇을 주입하는지를 우리는 어떻게 이해하는가? 기본 규칙은 신체의 특정 부위에서 나온 신경이 두뇌의 특정 부위로 가서 해석이 이루어진다는 것이다. 두뇌는 익히지 않은 새우 같은 색을 띤 젤라틴질의 덩어리이며, 구불구불한 굴곡이 있다. 두뇌 덩어리는 새우가 껍질 안에 들어 있는 것처럼, 혹은 굴곡이 아주 많은 호두가 껍질 속에 들어 있는 것과 비슷하게 두개골 안쪽 표면의 홈에 편안하게 들어앉아 있다. 그 호두 껍질 반쪽의 내면은 대체로 두개골의 내면과 비슷하다. 두뇌는 호두처럼 시각적으로 두 개의 절반으로 나뉜다. 두뇌에 두 개의 반구가 있다고들 하지만 실제로는 두뇌 전체가 4분의 1구 둘로 이루어진 하나의 반구와 비슷하다. 그래도 반구라는 더 익숙한 호칭을 고수하기로 한다.

두뇌의 바깥층은 피질이라 불리며 신체에서 들어오는 대부분의 신경이 향하는 곳이다. 우리는 피질이 지도에 그려진 국가들처럼 여러 구역으로 나뉜다고 생각한다. 각 국가는 신체의 특정한 부위에서 오는 신경세포를 받아들인다. 우리는 이 두뇌 속 신체body-in-brain의 표상을 '뇌의 지도화brain mapping'라 부른다. 다섯 가지 주요 감각 기관은 피질에 각자의 구역을 갖고 있는데, 두뇌 표면에 나 있는 큰 균열이 각 구역을 알아보기 쉽게 표시해준다. 시각 피질(시야), 청각 피질(소리), 후각 피질(냄새), 미각 피질(맛), 촉각 피질(촉감)이다**(그림 1)**.

감각 신경세포는 발끝에서 머리 꼭대기까지 신체의 각 부분에서 와서 두뇌로 들어가는 신경세포다. 신경세포는 형태가 다양하지만 보통 나뭇가지 모양으로 자라난 가지돌기가 한쪽 끝에 있고 그것이 하나의 세포질 줄기로 뭉쳐져서 신경 말단에서 끝나는 형태를 띠고 있다

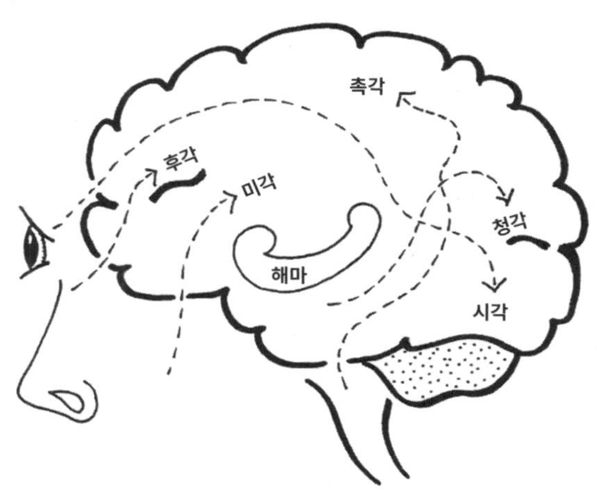

그림 1
감각에서 피질로 가는 감각 경로

피질이라 불리는 두뇌 겉면으로 가는 신경로. '오감'—듣기(청각), 보기(시각), 냄새(후각), 맛(미각), 촉감(촉각)—의 피질상 위치를 보여준다.

(그림 2). 신경 말단은 거품 모양의 신경전달물질을 담고 있는 뭉툭한 세포질 덩어리다. 신경전달물질을 담고 있는 세포막 거품은 전기 신호로 자극되면 세포를 둘러싸고 있는 세포막과 합쳐져서 신경전달물질이 시냅스 속으로 쏟아진다. 시냅스란 신경세포 사이의 간극이다. 풀려난 신경전달물질은 부유하다가 인근의 가지돌기에 있는 가까운 수용체에 달라붙어 시냅스 다음의 신경세포에 전기 파동을 촉발한다. 이 전기화학적 신호가 모든 두뇌 활동의 기초다.

하나의 신경세포에서 다음 신경세포로 신호를 전달하는 전기화학적 에너지는 신경전달물질의 방류 외에 다른 방식으로도 발생할 수 있다. 빛이 홍채에서 전기 신호를 촉발할 수 있고, 공기 중의 페로몬이 비강 통로에서 냄새 수용체를 촉발할 수 있으며, 식용 화학물질이 혀

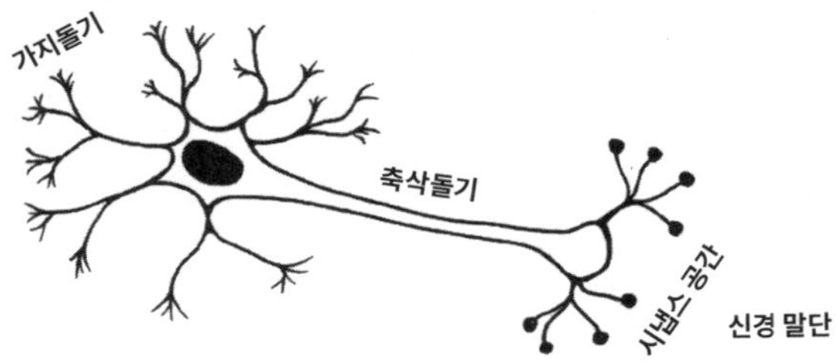

그림 2
전형적인 신경세포

전기 신호는 가지돌기에서 신경세포를 따라 신경 말단까지 이동한다. 신호는 세포막의 미세구조를 변경하고, 신경전달물질을 담고 있는 세포막 거품이 신경세포를 둘러싸고 있는 세포막과 합쳐져서 거품을 터뜨리고, 연속적 표면으로 만들어 담겨 있던 신경전달물질을 풀어놓는다.

의 미뢰에서 전기 신호를 촉발하고 음파가 귀 고막을 움직여 신호를 발생시키고, 뭔가를 만지면 피하의 촉각 수용체가 자극받아 작은 신호를 유발할 수도 있다.

촉감

신경학의 아주 초창기 시절인 17세기에 몰리노와 로크는 손가락에서 두뇌로 가는 촉감, 눈에서 두뇌로 가는 시력의 감각 통로를 상상만 할 수 있었지만 지금은 모든 것이 상식이 되었다. 외부 세계가 접하는 촉감의 감각 기관은 피부다. 건드리고 건드려지는 모든 것에서 오는 신호는 촉각 피질—두뇌 표면의 큰 수평 균열 뒤에 눈에 잘 띄게 튀어나와 있는 부위—에 도달한다**(그림 1)**.

와일더 펜필드(1891~1976)는 20세기 초반 거의 아무도 감히 두뇌를 파헤칠 엄두를 내지 못하던 시절에 신경외과를 개척한 인물이었다. 그는 간질로 뇌수술을 받기 직전에 아직 의식이 남아 있는 환자들을 대상으로 실험을 진행했다. 그들 두뇌의 촉각 피질을 바늘로 콕 찌르니 다른 신체 부위에 건드려지는 감각이 느껴진다는 것을 알아낸 것이다. 놀랍게도 촉각 피질 자체는 아무 감각도 느끼지 않았다. 두뇌는 신체를 건드리는 것은 해석하지만 두뇌 자체에는 촉각 수용체가 없기 때문이다. 직관과 반대되는 이 사실, 피질은 느낄 수 없지만 신체를 느낀다는 사실은 두뇌-신체 복합체의 분리 불가능성의 단순한 예시다. 시간이 흐르면서 펜필드는 어떤 환자든 촉각 피질의 비슷한 부위를 바늘로 건드리면 모두에게 같은 신체 부위의 감각이 유발된다는 것을 관찰했다. 그는 신체가 예측 가능한 방식으로 두뇌 피질 위에 '지도화되었다'는 것을 알게 되었다.

1951년 펜필드는 촉각 피질 위에 표현되어 있는 신체 지도를 담은 책을 출판했다. 그는 두뇌 속 신체 지도화의 개척자였고, 그가 창안한 신체 지도인 감각적 호문쿨루스homunculus(**작은 인간**이라는 의미)는 그 이후 오랫동안 거의 변하지 않았다. 그림 3을 보면 신체가 촉각 피질에 비례해 불균형하게 표현되어 있다. 입과 입술같이 더 민감한 구역에는

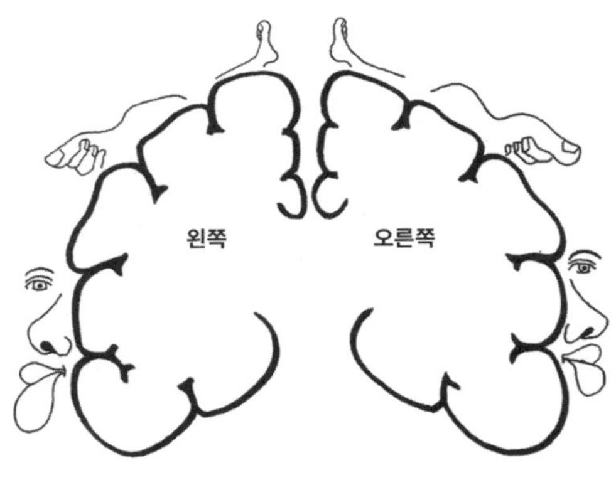

그림 3
체지각적 호문쿨루스 혹은 촉각 피질

두뇌 반구 하나를 촉각 피질의 높이에서 귀에서 다른 쪽 귀까지 수평으로 절단한 단면도다. 촉각 피질은 피질의 큰 수평 홈 뒤쪽에 자리잡고 있다. 신체 부위 전반에 대한 촉각 감각의 지도가 보인다. 더 민감한 신체 부위는 그림에서 균형에 맞지 않게 더 넓은 면적을 차지하고 있다. 입술이나 혀처럼 신체의 더 민감한 부위에 더 많은 신경이 연결되기 때문이다.

상대적으로 신경이 더 많이 분포돼 있고 피질 표면도 더 넓다. 다리 같은 부위는 신체적으로는 훨씬 크지만 촉각 수용체의 밀집도가 낮아 덜 민감하다.

다섯 가지 주요 감각에서 오는 신경이 도달하는 외부 피질과 마찬가지로, 내수용적 감각interoceptive sensation, 즉 신체 내부에서 나오는 감각을 전달하는 신경들을 나타내는 또 다른 지도가 있다. 뇌섬엽insula이라 불리는 내수용성 피질은 우리 감정과 똑같이 두뇌의 바깥쪽 표면에서는 보이지 않는 피질 주름 속에 들어 있다. 뇌섬엽은 아주 중요하다. '내장' 감각gut feeling을 통역하기 때문이다. 이에 대해서는 다음 장에서 알아보기로 하고 지금은 우리가 세계를 경험하는 방식이 두뇌에 들어가는 외수용적 입력exteroceptive input 못지않게 내수용적 입력에 의해서도 결정된다는 점만 지적하고자 한다.

펜필드의 연구는 기본적인 철학적 수준에서 신체의 느낌이 두뇌를 통해서만 경험될 수 있음을 보여주었다. 때로 두뇌는 말초 신경으로부터 틀린 해석을 얻을 수 있다. 환각지 통증 같은 증상이 그런 예다. 환상통의 경우, 무릎 아래 절단 수술을 받은 환자는 잘리고 남은 부위에서 오는 통각을 지금은 없어진 잘린 다리에서 오는 것처럼 해석한다. 지금은 없지만 원래 있던 발로 내려가던 신경이 무릎의 잘려나간 신경에서 감각적 호문쿨루스의 발 영역까지 계속 내려가기 때문이다. 감각적 호문쿨루스에는 발의 지도가 그려져 있다. 예컨대 다리의 하단부에서 올라오는 신경은 항상 감각 피질의 특정 부위로 올라간다. 이 신경로nerve tract가 촉각 피질에 기억되어 있고, 다리 하단이 절단되었는데도 그것이 피질의 '다리 하단' 구역을 발화할 것이다. 이것이 고정 연결의 사례다. 하지에서 촉각 피질로 올라가는 신경의 해부학적 구조가 고정되어 있다는 것이다. 만약 뇌출혈 등의 후유증으로 인해 하지와 관련된 피질이 손상되면 다리 자체는 완벽한 형태로 존재하더라도 다리의 경험이 있을 수 없다. 우리가 신체를 경험하는 것은 오로지 두뇌가 있기 때문이다.

와일더 펜필드의 이론에 나오는 고정된 연결의 감각적 호문쿨루스는 뇌 영상을 찍는 MRI 기술을 사용하는 인간에게서 볼 수 있다.[1] 고작 15년이 지난 뒤, 아르노 빌링거의 연구팀은 MRI를 사용하여 손의 여러 부위를 건드려 촉각 피질 가운데 '발화되는' 부위들을 파악할 수 있었다. 개방식 뇌수술에서 아이디어를 얻은 펜필드의 호문쿨루스에서 뇌 영상을 통한 두뇌의 시각화 단계로 도약하는 과정은 뇌 영상 기구가 두뇌 탐구의 길을 열어주는 방식을 보여주는 한 예다.

다중 감각

두뇌 속에 신체 지도를 그릴 때의 핵심 원리는 두뇌 밖 신체의 모든 부위를 두뇌에 나타낸다는 점이다. 두뇌 속에서 모든 것은 유전적으로 세습된 두뇌의 고정 연결hard wiring과 기억과 학습의 복잡한 상호작용 속에서 감각을 통해 길러진 경험에 의한 유연 연결soft wiring에 의해 광범위하면서도 고유하게 내부 연결되고 형성되어 있다. 유연 연결은 두뇌가 적응하고 학습하기 위해 연결하는 방식이다. 고정 연결과 유연 연결 사이에는 유기적인 상호작용이 계속 이어진다. 가령, 시력을 잃은 사람은 촉감을 통해 세계를 읽는다. 촉감을 통해 보는 것의 해부학적 기초는 촉각 피질에서 나오는 신경세포가 두뇌의 표면에 있는 교차 피질 연결cross-cortical connection을 통해 시각 피질로 이어진다는 데 있다. 그다음 '촉감'은 '시각' 정보로 해석된다. 태어날 때부터 시력을 잃은 사람은 시력을 가진 사람에 비해 시각 피질이 더 작지만 다른 피질 구역에서 시각 피질로 가는 교차 감각적 피질 연결cross-sensory cortical connection은 더 많다. 시력이 없는 사람도 '보지만' 그가 얻는 이미지는 이차원적이거나 평평하다. 시각장의 깊이가 없다. 시력이 없는 사람이 '보는' 방식은 감각의 추상적 성격에 대해 많은 것을 말해준다. 감각은 일차적으로 들어오는 자극들을 **식별**하는 데 관련돼 있으며, 식별 메커니즘은 모든 감각 해석에 공통된다. 두뇌는 촉각을 통해 형태를 식별하고, 형태에 의해 이미지를 식별하는 법을 배운다. 소리 역시 동일하다. 소리는 다른 소리와의 관계 위에서 확인된다. 음악에서의 음계와 조성 혹은 다른 박자들을 생각해보라. 한 이미지와 다른 이미지를 식별하면 패턴을 형성하게 되며 그렇게 하여 기억의 토대인 인식이 이루어진다. 선천적으로 앞을 볼 수 없는 사람이 버질처럼 운 좋게 시력을 찾을 경우, 시각 피질은 촉각 피질보다는 투입된 외부 이미지의 입력을 중심으로 재구성될 것이다.[2]

교차 감각적 기억cross-sensory memory의 또 다른 흔한 사례는 독순술讀脣術이다. 시력도 청력도 없다면 시각과 청각 자극은 촉감과 진동으로만 학습될 수 있다. 피질 감각 지도를 둘러싼 감각 정보가 차단된 상태에서 피질 적응cortical adaptation은 그 사람의 두뇌가 감각 정보를 기억하고 해석하는 데 어떻게 적응할 수 있는지를 보여준다. 두뇌

가소성brain plasticity—두뇌가 성장하고 적응하는 능력—은 현재 시각 장애인을 위한 감각 대체 수단으로 활용되고 있다. 사람에게 부착된 카메라를 통해 시각 이미지를 청각 피질로 전환하고 카메라에 찍힌 이미지의 해석법을 청각 피질이 배울 수 있게 해주는 식이다. 감각의 신경학적 언어는 감각에 특화된 피질 모델에서 고도 연결된 두뇌를 반영하는 컴퓨터화된 메타모드적 조직 모델computational meta-modal organizational model로 바뀌었다.

감각과 지각

존 버거(1926~2017)는 자신의 저서 《다른 방식으로 보기》와 1972년에 시작된 BBC 시리즈에서 보는 감각sensation of sight을 넘어 우리가 어떻게 '보는가'의 개념을 탐구했다. 그는 인간의 두뇌가 눈에 보이는 것, 즉 지각perception을 어떻게 해석하는지에 대한 소통 분야에서 영향력이 큰 인물이다. 버거는 미술 평론가, 시각예술가, 작가로서 보는 방법이 세계에 대해 우리가 학습한 프레임에서 어떻게 발전하는지를 보여주었다. 그 프레임을 그는 '지각 항상성perceptual constancy'이라 부른다. 예를 들면, 우리는 남자를 볼 때와 여자를 볼 때 다른 방식으로 보는데, 이는 고정된 가치 체계 때문이다. 지각 항상성이 없으면 들어오는 모든 자극을 끊임없이 재평가해야 할 것이므로 그것은 분명 필요하지만 동시에 편견의 기초가 되기도 한다. 버거는 백내장으로 시력을 점차 잃어간 경험이 있어서 세계를 보는 학습된 방식을 직접 겪어본 바 있었다. 백내장 수술을 받고 나니 시력이 크게 나아졌다. 그는 수술 후에 경험한 '시각적 부활'이 마치 모든 것을 생전 처음 보는 것 같았다고 묘사한다. 시각적 기억 회로가 장기간 정적 상태에 있다가 다시 빛에 의해 재충전되고 기저에 잠들어 있던 시각적 기억을 다시 깨웠다. 어린 시절의 생생한 시각적 기억이 되돌아왔다. 흰 종이 한 장이 어머니의 부엌과 '식탁 위, 싱크대, 선반 위의 흰색 물건들'의 기억을 되살려냈다.

아일랜드 작가 토머스 킬로이는 《뒷마당 담벼락 너머로》에서 버거와 비슷하게 백내장 수술을 받고 시각적으로 다시 태어난 것 같았던 경험에 대해 썼다. 킬로이는 상상 속에서 자신의 고향인 칼란 곳곳을 돌아다니면서 어린 시절의 기억을 찾아간다. 칼란은 아일랜드 내륙의 소도시인데, 나도 그곳에서 몇 년간 산 적이 있다. 그가 소도시를 돌아다니면서 새로 얻은 시력이 오랜 기억을 일깨우는 것을 묘사하는 동안 나는 즐거운 마음으로 그의 시각적 재생을 대리 향유했다. 그는 '보는 것sight 그 자체의 실제 기원'이 기억이라고 쓴다. 모든 감각이 그렇듯 보인 것vision은 기억과 분리될 수 없으며, 이 둘은 서로 얽히고 짜여 지각을 형성한다.

약한 수준의 환청을 들어온 영매인 만찬 손님과 개입성 환청을 꾸준히 들어온 조지프의 사례로 돌아가자. 환청의 기저에는 어떤 감각 메커니즘이 깔려 있을까? 정확하게 알지는 못하지만, 정신병을 앓는 사람이 환청을 들을 때 정상적 소리를 듣는 데 관련되는 두뇌 부위가 발화된다는 것은 알고 있다. 시각 피질이 발화된다면 벽지가 움직이는 것을 볼 수도 있을 것이다. 후각 피질이 발화될 경우 썩은 냄새를 맡을 수도 있다. 미각 피질이 발화되면, 아마 음식에 마치 독이 든 것처럼 이상한 맛이 느껴질 것이다. 현재 두뇌 속에서 피질로 투사되는 감각 통로의 전체적 신경 연결이 조현병 환자에게서는 달라진다는 증거가 있다. 이는 두뇌 속 감각 통로의 어떤 부분이든 간섭하면 감각 경험에 잠재적 영향이 있을 수 있음을 의미한다. 여러 다른 감각 피질이 말초 신경에서 들어오는 감각 없이도 발화되는 이유는 다양하다. 간질, 뇌종양, 향정신성 약물로 인한 국소적 화학 자극, 잘못된 연결, 신경전달물질의 오작동 등. 의과대 학생들이 배우는 대로 직설적으로 말하자면, 환각은 외부 자극, 더 정확하게는 **그것에 상응하는** 외부 자극이 없는 상태에서 발생하는 감각 경험이다.

버지니아 울프는 양극성 감정 조절 장애를 앓았는데, 내가 볼 때 《댈러웨이 부인》에 나오는 셉티머스의 감각 경험에 대한 서술은 의심의 여지 없이 작가 자신이 정신병이 심해져 조증 상태일 때 겪은 경험을 참고로 한 것이다. 조증일 때는 외부 감각이 정상적으로 전달될 수 있지만 잘못 해석될 수도 있다. 런던 리젠트 파크에서 나무 아래에 앉아 있으면서 셉티머스는 "잎사귀가 살아 있고 나무도 살아 있다. 나무는 그 자신의 신체와 수백만 가닥의 섬유로 연결되어 있다……"고 느낀다. 이 구절은 "모든 것을 고려할 때 이는 새 종교의 탄생을 의미한다"는 결론으로 끝맺어진다. 우리는 셉티머스의 진동하는 초지각, 시각적, 청각적 경험에 대한 파편화된 이해를 느낄 수 있다. 이어서 그의 망상적 해석이 나온다. "모든 것을 고려하면 그것은 새 종교의 탄생을 의미한다." 그의 경우 상식의 감각적 전달에는 문제가 없지만—나무와 잎은 진짜였다—그것을 이해하지는 못한다. 울프의 글은 망상적 지각, 혹은 실제로 외부에서 유래하는 감각에서 발생하는 기괴한 관념에 대해 내가 읽은 정신과 의학의 글 가운데 최고의 서술이다. 끝에 가서 셉티머스는 정신병이 가하는 정신적 폭격을 감당할 수 없어 스스로 목숨을 끊는다. 이는 울프 자신의 계획된 자살을 예고한다.

정신과 의사를 포함해 많은 이가 정신이상 경험이 흔히 있는 일이고 조현병은 스펙트럼 장애spectrum disorder°라는 논거를 들어 조현병이라는 진단을 폐지해야 한다고 주장한다. 이 주장에는 장애 증상에서 스티그마°°를 떼어낸다는 이점도 있을 것이다. 그러나 명칭을 바꾼다고 해서 문제가 해결되지는 않는다. 스티그마가 존재하는 까닭은 '조현병'이라는 단어 때문이 아니다. 이 단어를 없앤다면 정말로 스티그마를 남긴다는 것을 인정하는 셈이 된다. 자폐증은 스티그마에서 해방되었는데, 이는 그 단어가 없어졌기 때문이 아니라 사회가 그 병에 대해 배웠기 때문이다. 자폐 스펙트럼 장애를 가진 사람은 이제 '이상한' 사람이 아니라 어딘가가 다른, 특별한 존재로 올바른 대우를 받는다. 특별하고 비전형적 신경증을 가진 사람들을 이해하기 위해 통찰과 관용을 발휘한다면 우리는 더 높은 수준의 친절과 관대함을 갖춘 존재가 될 수 있다. 그러나 아주 중요한 주의 사항이 있다. 자폐 스펙트럼과 자폐증은 완전히 다르다. 정신이상 스펙트럼과 조현병, 강박적인 것과 강박장애도 마찬가지다. 예측 불가능하고 감정적으로 불안정한 사람

° 또는 범주성 장애. 스펙트럼 장애란 여러 연결된 상태를 포함하는 정신 장애이며 때로는 단일 증상 혹은 몇몇 특성을 포함하도록 확장되기도 한다. '단일' 장애가 아니라 하위 그룹으로 구성된 증후군이 있는 것으로 나타나기 때문에 이러한 스펙트럼 접근법이 사용된다. 1968년에 조현병 및 그와 관련된 분야를 가리키는 조현병 스펙트럼이라는 용어가 처음 사용되었다.—옮긴이

°° 낙인, 상흔, 상처의 의미를 모두 담기 위해 '스티그마stigma'라는 용어를 그대로 썼다.—옮긴이

을 가리켜 양극성 장애……라고 대수롭지 않게 말하다니! 이미 말한 바 있지만, 새로운 지식의 자각은 처음에는 대개 지나치게 일반화된다. 또 두뇌와 행동의 문제에서는 새로운 정보를 먼저 우리 스스로에게 적용해보는 경향이 있다. 다들 자신을 이해하는 데 워낙 관심이 많기 때문이다. 그러나 어떤 특징이나 경향이 있다는 것만으로 생애를 잠식할 수 있는 질병의 환자인 것은 아니다. 그리고 이런 식의 자가 진단은 때로 진짜 정신 질환을 가진 사람들이 경험하는 참혹한 고통을 축소시키곤 한다. 환청을 듣는다고 다 조현병 환자가 아니고, 마찬가지로 슬픔을 느낀다고 해서 다 우울증 환자는 아니다. 빳빳할 정도로 심하게 조직적인 성격의 사람이 모두 강박장애 환자라거나 소통 기술이 부족하다고 해서 자폐증은 아니며 감정적으로 예측 불가능한 성격이 곧 양극성 장애도 아니다.

이상한 감각의 해석

망상적 신념 체계와 '보통' 사람들이 이상한 것이라고 믿는 것의 구분에는 문제가 있을 수 있다. 비과학적인 주변적 문화 신념 체계 가운데 몇 가지, 제3의 눈 현상은 유사 정신이상으로 보일 수 있고, 그중 일부는 솔직하게 말해서 정신이상이다. 어떤 영화는 특정한 공명을 끌어내며, 정신병 경험이 있는 사람들에 대한 설명 틀을 제공할 수 있다. 현재 조현병 진단을 받아 우리 병원에서 치료받고 있는 젊은이 몇 명은 낯설고 유동적인 감각 상태에서 살아가는 자신들의 경험을 설명할 틀을 얻기 위해 역발상의 심리적 스릴러 장르, 흔히 〈매트릭스〉, 〈인셉션〉, 〈메멘토〉 같은 영화를 참고한다. 주인공인 코브가 꿈을 꾸는 동안 다른 사람의 생각을 훔친다는 설정의 〈인셉션〉은 조지프에게 막대한 영향을 미쳤다. 코브는 결국 단련을 거쳐 잠자고 있는 다른 사람의 두뇌에 자기 생각을 이식하게 된다. 〈인셉션〉은 조지프에게 외부 이념이 어떻게 인간 두뇌에 이식될 수 있는지, 또 코브의 말처럼 "어떻게 일단 이식되고 난 뒤에는 싸울 수 없어지는지"를 보여주었다. 때로 영화의 시대 배경이 디스토피아적인 미래로 설정되어 있어서 시간 감각이 방향성을 잃고 혼란에 빠지기도 한다. 리들리 스콧 감독의 독창적인 걸작 〈블레이드 러너〉를 대표로 하는 사이버펑크 장르가 그런 예다.

인간은 모두 배아 발달기에 설정된 신경 통로의 초기 상태에서 발달하기 시작하여 경험 세계에서 입력된 것을 받아들여 성장하는 신경의 유연 연결과 고정 연결의 혼합물이다. 감각 정보는 기억이 경험을 통해 더 정교해지는 과정에서 식별된다. 이것이 지각과 지각 항상성의 기반이다. 우리는 그 속에서 자동으로 세계를 걸러내며, 개별적이고 고유한 필터인 기억을 얻는다. 〈블레이드 러너〉 무삭제판에서 데커드는 레플리컨트의 인간적 자질 때문에 괴로워하면서 의아해한다. "왜 레플리컨트가 사진을 모을까. 레이철과 비슷한지도 몰라. 기억이 필요했던 거지."

4장

해마 이야기

옛날 옛적, 어느 먼 나라에서 공주가…… 전래동화의 익숙하고 편안한 구성은 문화적으로 어디에나 있는 것이어서 친근하다. 우리는 시간-장소-인물이라는 구성을 직관적으로 파악한다고 생각한다. 까마득히 오래전, 이야기가 기록되기 시작했을 때부터 우리에게 주입되어온 구성이기 때문이다. 영화를 볼 때 구성을 생각해보라. 대개 처음 몇 분 안에 시간, 장소, 인물의 좌표가 제시된다. 그렇지 않으면 보다가 흥미를 느끼지 못하고 보기를 중단하고 나오거나 인물, 장소, 시간이 파악되어 조용히 한숨 쉬며 이야기에 끌려 들어간다. 구성이 직관적으로 느껴지긴 해도 우리가 태어났을 때부터 그 속에 푹 빠져 살았기 때문에 그런 것이라고 하면 이는 틀린 생각이다. 의과대 학생들과 간호사들이 환자의 정신 상태 점검에 대해 제일 먼저 배우는 것은 '시간, 장소, 인물의 지향성'이다. 바로 날짜와 대략적 시간, 요일, 달, 연도, 지금 있는 장소, 당신이 누구인지 아는 것을 뜻한다. 환자가 이 '세 기준에 적응하지' 못한다면 그들의 두뇌 기능에 지속적으로든 일시적으로든 뭔가 심각한 문제가 있다는 뜻이다. 우리는 실제로, 사실적으로, 신경학적으로 시간-장소-인물의 좌표를 통해 알게 되도록 연결되어 있다. 우리가 어떤 방식으로 이런 좌표를 통해 학습하도록 연결되어 있는가 하는 이야기가 바로 해마 이야기 그리고 기억의 문제다.

이야기 좌표 없이 세계 속에 존재하는 방식을 상상해보자. 그 속에서 경험을 처리할 시간-장소-인물의 구성이 없는 인물에게 무슨 일이 벌어질까? 사뮈엘 베케트는 과거 없고 기억 없고 정체 없는 긴급 상황 묘사의 왕이다. 베케트 작품 속 캐릭터들은 기억상실증에 걸렸고 영구히 현존하는 세계 속에서 마비된 것처럼 보인다. 《고도를 기다리며》에 나오는 불운한 방랑자인 블라디미르와 에스트라공은 현재에 억류되어 과거도 미래도 없이 누군가를 기다린다. 그 누군가는 존재하지 않을지도 모르고 또 절대 오지 않으리라는 것을 모두가 아는 '구세주' 같은 존재다. 방랑자들은 동전의 양면과도 같으며 서로에게서 분리될 수 없고 위안을 얻을 수도 없다. 개별적 인격이 없는 2인조는 시간도 장소도 없는 세계에서 고통스럽게 홀로 존재한다. 그들은 시간-장소-인물이라는 이야기의 아늑한 구성 바깥에 '존재한다'. 그들은 과거를(바로 그 전날도) 기억하지 못하고 현재를 확립하거나 미래를 계획할 수도 없으며, 죽음인지 구원인지 어느 쪽인지 절대 확신하지 못하는 어떤 것을 기다리는 듯이 맹목의 회전목마 위를 계속 돌아간다. "허공은 충분히 있어"라는 에스트라공의 언급은 방향 상실감을 한마디로 나타낸다. 베케트는 신이 없고 인간의 잔혹성과 불확실성으로만 채워진 세계에 대해 쓴 것이겠지만 우리가 살고 있는 시간-장소-인물 구성으로 삶의 경험을 솜씨 있게 다듬어냈다. 베케트는 익숙한 좌표를 제거하여 기억의 방향성 밖에서 사는 게 어떤 것인지 느끼게 만든다. 앞 장에서 살펴본 감각 기억에 이어 이제는 감각 정보를 가공하여 시간-장소-인물이라는 해마의 기억 구조를 형성하는 과정을 살펴보기로 하자.

정신과 수련 과정 초반에 나는 실제 생활에서 시간-장소-인물 기억을 형성할 능력을 상실한 사람들에게 어떤 일이 일어날 수 있는지 직접 볼 기회가 있었다. 1980년대 후반 나는 정신과 1년 차 수련의로서 더블린 시내의 성패트릭 병원에서 일하고 있었다. 성패트릭 병원은 개신교 성직자이던 조너선 스위프트가 1746년에 세운 곳이다. 스위프트는 《걸리버 여행기》로 유명하지만 전성기 때는 악명 높은 풍자작가였다. 아일랜드에서는 무례한 풍자 수필 《겸손한 제안》의 필자로 더 유명하다. 그 작품에서 그는 아일랜드인이 영국의 지배하에 겪어야 했던 빈곤 문제의 잠재적 해결책을 담담한 아이러니를 담아 설파했다. 부자 영국인이 천사 같은 아일랜드인 아기를 잡아먹으면 된다고. 그는 무덤에서 쉬고 있을 사후의 자신을 언급하며 스스로 묘비명을 썼다. 무덤에서는 "더 이상 야만적인 분노로 심장이 고통받지 않을 것"이라고. 생전의 스위프트를 괴롭힌 또 하나의 야만적 분노는 정신이상자들이 사회에 의해 무시되고 학대받는 방식이었다. 스위프트는 이후 내가 이디스를 치료한 베들렘 로열로 발전하게 되는 런던 베들램 병원의 원장을 지내기도 했다. 스위프트는 베들램 병원에서 시도해본 정신이상자들에 대한 인간적 치료에 관한 자신의 계몽된 견해를 더블린으로 가져왔다. 우연의 소치지만, 몰리노의 질문을 던진 당사자인 몰리노와 스위프트는 역사상 같은 시기, 같은 장소에—더블린, 금방 걸어가면 닿는 곳이었다—살았고, 서로 존경하는 사이였다. 그들의 공통된 행동 동기는 계몽주의 이념이었다. 몰리노는 두뇌가 인간 세계에서 들어오는 지식을 처리하는 인체 기관임을, 스위프트는 정신이상이 인간적 보살핌을 필요로 하는 인간 마음의 질환임을 이해했다. 내가 일하던 무렵의 성패트릭 병원은 스위프트가 그곳을 설립하면서 내건 평등성과 자선의 원리와는 거리가 먼 민영 병원이 되어 있었다.

MM의 사례

MM은 기억상실과 성격 변화를 주된 소견으로 우리에게 맡겨졌다. 그때 내가 본 바로, 그녀는 중년 여성으로 사십대 초반쯤 된 가정주부였고, 십대 초반인 자녀가 둘 있었다. 나는 병원 로비의 메인 데스크를 마주 보는 상담실에서 진료 평가를 진행했다. 그 방에 있을 때 MM이 책상 맞은편에서 불안과 불신이 가득한 얼굴로, 눈썹을 찡그리며 이 낯선 젊은 의사를 바라보던 게 기억난다. 나는 MM과 그녀의 어머니를 함께 상담하기로 결정했다. MM의 과거사를 알려줄 사람이 필요했기 때문이다.

어머니는 MM이 몇 달 전부터 점점 더 이상해졌고 그녀답지 않은 행동을 하기 시작했다고 말했다. 그리고 완전한 기억상실뿐만 아니라 감정적으로도 소원해졌다고 지적했다. 자녀들과도 그렇게 되었다는 것이다. 때로는 가족도, 심지어는 아이들까지도 알아보지 못했는데, 또 항상 그런 것은 아니었다. 그녀는 원래 따뜻한 성품으로 어머니와 딸의 역할을 모두 잘 해내고 있었다. MM의 부모가 아이들을 하교시키는 일을 맡았다. 그녀가 학교로 가는 길을 기억하지 못했기 때문이다. 조부모는 어머니의 예측 불가능한 반응 때문에 당황스러워하고 고통받는 아이들에게 감정적 버팀목이 되어주었다. MM의 남편은 아내의 적대적인 행동을 견디지 못했다. 그러나 MM에게는 모든 만남과 사건이 매번 새로운 경험이었고, 그 이전의 어떤 일과도 연결 짓지 못했다. 몇 분 전의 일이라 해도 마찬가지였다.

자기 딸이 항상 길을 잃는다고 하던 그 어머니의 말이 특히 기억에 남는다. 방을 잠시라도 나섰다가 돌아오면 그 방은 그녀에게 완전히 새로운 장소가 되어 있었고, 새롭게 방향을 찾아야 했다. 이 문제를 확인하기 위해 나는 그녀에게 일어서서 상담실을 둘러보라고 했고, 그런 다음 두 사람을 데리고 방 밖으로 나가 병원 현관으로 가면서 상담실 문을 닫았다. 나는 그녀에게 다시 걸음을 멈추고 현관을 잘 둘러보라고 했고, 그런 다음 돌아서서 상담실로 돌아왔다. 그녀에게는 상담실이 완전히 새로 보는 장소였고 어떤 장소인지 알지 못했다. 그녀의 방향감각 상실은 너무 심하여 더 이상 혼자 두면 안 되는 지경에 이르렀다. 그녀는 항상 두려움을 느끼고 있었고, 주위에서 발생하는 모든 일이 그녀에겐 끊임없이 새롭고 무섭게 다가왔다. MM은 심각한 기억상실에도 불구하고 요리하고 글을 쓰는 것 같은 복잡한 동작 과제를 해낼 수 있었다. 그녀와 이야기해보니, 그녀는 당황스럽고 두려웠지만 자신의 문제를 정확히 집어내지 못했다. 그녀는 사물을 보고 구분해낼 수 있었다. 말을 듣고 언어를 이해하고 일관성 있게 반응할 수 있었다. 맛을 보고 냄새를 맡을 수도 있었다. 자신의 문제점에 대해 그녀가 알고 있던 한 가지는 장소에 대한 기억력을 완전히 잃었다는 사실이었다. 그녀는 항상 길을 잃었다는 느낌에 짓눌려 있었다.

내가 볼 때 MM은 책상 맞은편 의자에 앉아 있을 때를 제외하면 항상 부재 상태에 있었다. 그녀는 소원하고 불신하는 정서affect를 두르고 있었다. ('정서'란 의사들이 누군가의 감정 상태가 당신에게 남긴 인상을 가리킬 때 쓰는 용어다.) 그녀는 내가 누군지 알지 못했고, 우리 사이가 따뜻해지지도 않았으며, 상담이 진행되어도 어떤 식으로도 변하지 않았기 때문에 상담이 이상하다는 것을 알고 있었다. 그날 이야기를 나누는 동안 MM의 기억이 돌아오지 않을 것이고 그녀의 상태가 의학적으로 손쓸 수 없는 영역으로 넘어갔다는 생각이 들어 기분이 가라앉았다. 두뇌에서 벌어지는 재앙을 지켜만 보고 있는 사람이 된 것 같았다.

MM의 증상은 완전한 단기 기억상실로 보였다. 다른 정신적 기능은 정상이며 감각적 지각은 온전한데도 단기 기억이 그처럼 완전하게 사라진 사람을 나는 그 전에도 후에도 보지 못했다. 상상조차 힘들다. 언어의 이해나 일관성 있는 대화 같은 두뇌의 다른 기능들의 악화와 함께 기억의 기능이 나빠질 때 나타나는 치매는 익숙하다. 기억을 잃는 사람들은 대개 요리나 운전을 하는 능력도 함께 잃는다. 그런데 MM은 시력, 청력, 촉감도 온전했다. 몰리노의 질문에 나오는 이미지를 이해하지 못했던 시각 장애인과는 달리 MM은 이미지와 다른 모든 감각을 이해할 수 있었지만, 앞으로 '사건' 기억이라 부르게 될 다른 차원의 기억—시간, 장소, 인물—을 이해할 능력이 없었다. 사건 기억에는 역동적으로 살아 있는 세계 속에서 서로 무관한 감각 정보를 한데 모으는 일이 포함된다. 그것은 **벌어지는** 일의 기억이다. MM은 자신에게, 혹은 주위 세계에서 벌어지는 일을 기억에 담아둘 수 없었다. 이로써 그녀는 전기傳記 기억을 형성할 능력을 잃었다.

MM이 왜 정신병원에 입원했는지 의아해할 수도 있다. 나는 MM이 '히스테리성 기억상실증'일 가능성이 있는지 조사하라는 지시를 받았다. 기억과는 별개로 그녀의 두뇌 기능은 손상이 없고 제대로 작동하는 것처럼 보였기 때문이다. 요즘 정신과 수련의들은 해리성 기억상실증dissociative amnesia이라 불리는 히스테리성 기억상실증을 다른 정신적 기능은 손상되지 않은 상태에서 갑작스럽게 기억이 작동 중지하는 해리 상태라고 배운다. 그리하여 환자는 제한된 기억 손실이 있지만 그 이외의 두뇌 기능은 정상적인 상태다. 트라우마는 이론상 해리를 촉진한다고 알려져 있다. 트라우마를 남기는 큰 사건을 겪은 사람은 그 사건을 기억에 남기기를 거부하고 그 결과 일반적 기억 기능에 장애가 생긴다. 가설에 따르면 손상된 기억은 그 기억을 불러옴으로써 발생할 수 있는 압도적인 감정 경험으로부터 그를 보호하기 위함이라고 한다. 해리성 기억상실증의 치료는 그 트라우마를 드러내고, 환자를 이끌어 트라우마 경험을 통과하게 하여 기억 기능의 흐름을 복원하는 것이다. 나는 36년간 의사 생활을 하면서 히스테리성·해리성 기억상실증 환자를 한 명도 보지 못했다. 이는 대체로 과거에나 있었던 진단명으로 여겨지고 있으나 이로 추정된 마음 상태에 대한 기초적 설명의 역사적 사례들은 정신과 의학에서 사라지지 않는 몇 가지 오해를 이해하는 과정에서 중요하다.

히스테리성 기억상실증

히스테리는 1800년대 후반에서 20세기 초반에 걸쳐 여성들에게 매우 흔히 내려지던 진단명이었다. 프로이트가 저서 《히스테리 연구》(1895)에서 저술한 유명한 환자 안나 오에 대한 언급에는 프로이트 이론의 불합리한 원리가 여럿 포함되어 있으며, 다시 언급할 가치가 있는 내용이 중첩되어 있다. 안나 오는 프로이트의 멘토인 신경학자 요제프 브로이어를 통해 프로이트에게 치료를 받게 된 강인하고 지적인 어느 페미니스트의 가명이었다. 그녀는 자각 능력awareness을 잃고, 단어나 동작을 반복하고, 시각적·청각적 환각을 겪는 이상 상태가 계속되어 브로이어에게 치료를 받았다. 브로이어는 그녀가 자신의 징후에 대해 이야기할 때 그 징후가 변하는 것—오늘날 일관성 없는 설명이나 히스테리적 가공hysterical elaboration이라 불리는 것—처럼 보인다는 사실을 기민하게 알아차렸고, 나중에 '대화 치료talking cure'라 알려지는 요법을 시도해보았다. 대화 치료법은 나중에 프로이트가 정신분석학으로 발전시킨 것의 토대였다.

프로이트는 안나 오와 자기 환자 대부분에게 증상이 발생한 원인이 억압된 기억, 주로 성적인 성격의 기억에 대한 어떤 형태의 억압에 있다고 믿었다. 그의 치료—심리분석 혹은 정신분석—는 환자들이 자유롭게 연상하고 비명령적인 방식으로 이야기를 나누도록 돕는 수단이었다. 자유 연상은 이론으로 정리되어 그 개인에 대한 깨달음을 가져오고 궁극적으로는 트라우마의 노출로 이어진다. 프로이트의 병력 기록에는 안나 오가 그 이론에 따라 치료받아 완전히 회복되었다고 되어 있지만, 실제로는 그와 반대로 여러 차례 입원했다. 그 뒤로 안나 오의 진단에 대해 수많은 추측이 나왔다. 그녀의 비정상적 상태에 대한 묘사는 전두엽 간질과 비슷해 보인다. 혹은 결핵성 뇌막염(두뇌를 둘러싸고 있는 세포막에 감염된 결핵)으로도 설명될 수 있다. 아니면 포수클로랄chloral hydrate°이나 모르핀 중독 혹은 금단 증상으로도 설명될 수 있다. 당시에는 알려지지 않았던 안나 오의 증상으로 추정되는 여러 원인이 지금은 알려져 있다. 브로이어는 안나 오의 치료 결과를 부인하지는 않았지만 갈수록 프로이트와 소원해졌다.

브로이어는 프로이트가 대화 치료에 점점 더 편협해지며, 신경증의 원인으로 아기와 아동의 성욕에 과도하게 비중을 둔다고 보고 그로부터 거리를 두는데, 이런 태도는 그 이후 정신의학 분야의 움직임을 반영한다. 현재 흔히 사용되는 대화 요법은 이제 프로이트식의 비명령적 자유 연상 요법 임상과는 공통점이 거의 없다. 이 요법은 대개 인지-행동 요법의 한 형태로, 목표지향적이고 차분한 감정을 유지하며 시행된다. 또 프로이트 이론에 기초하지도 않는다. 30년 전만 해도 남근 선망이 여성들에게서 나타나는 소위 수많은 신경증 사례의 기초라

° 클로랄하이드레이트. 강력한 효과를 지닌 진정 최면제의 일종.—옮긴이

는 괴상한 생각을 전혀 말이 안 된다는 의식 없이 나와 같은 정신과 수련의들에게 가르쳤다는 사실이 놀랍다.[1] 여자아이들이 아버지에게 성적으로 이끌린다는 생각은 지금 우리에겐 역겹게 들리고, 당시 극성을 부리던 아동 성 학대를 위한 정당화 근거를 제공하는 것으로 보일 수 있다. (이 문제는 앞으로 나올 장에서 더 자세히 살펴보려 한다.) 요즘의 심리요법은 프로이트의 시간제한 없는 정신분석의 비명령적 자유 연상보다는 안나 오에게 원래 시도했던 해결책에 집중하는 브로이어의 방식에 훨씬 더 가깝다.

역사적으로 유명한 히스테리 사례들은 치료사와 환자 사이의 치열한 관계를 특징으로 한다. 한쪽은 그 진단에 감정적으로 개입되어 있고, 다른 쪽은 직업적으로 개입한다. 안나 오는 몇 달 동안 매일 두 시간씩 브로이어를 만났는데, 이 시간은 감정적으로 치열한 만남이었다. 그 뒤, 여러 번 입원했던 안나 오는 그 사이에 또 다른 의사의 사랑을 받았다. 어떤 환자들, 또 어떤 정신과 의사들은 히스테리의 멜로드라마를 즐긴다. 그것이 이른바 심인성 기억상실증이라 불리든 혹은 더 드라마틱하게 다중인격장애(《정신질환의 진단 및 통계 편람》°에서 해리성 인격장애라 불린다)라 불리든 말이다. 최근 내 환자 가운데 젊은 스태프들의 관심을 끄는 환자가 한 명 있었다. 각기 다른 이름, 다른 성별, 다른 성품을 가진 세 인격으로 '해리되기' 때문이었다. 젊은 스태프들은 이 증상에 매료되어 다음번 캐릭터 에피소드가 출현하기를 지켜보고 고대

° 《정신질환의 진단 및 통계 편람DSM》(제5판)은 국제적으로 인정되는 정신병의 진단 안내서다. 그 진단들은 주관적 인상이 아니라 증후 체크 목록을 바탕으로 작성되었으며, 미국과 세계에서의 일관성 있는 진단에 도움을 준다. 인격장애는 묶음 A(이상함, 괴팍함), 묶음 B(반사회적, 경계성 장애), 묶음 C(불안증, 공포증) 세 묶음으로 나뉜다.

했다. 나는 이런 증상이 나타날 때 그 환자를 개인실로 데리고 갔다가 그녀가 다시 자신으로 되돌아오면 상대하고 응답해주라고 지시했다. 그녀의 해리성 에피소드는 점점 희박해졌고, 자신의 다중인격을 이해하기 위해서가 아니라 자신의 진짜 문제를 다루기 위해 우리 병원의 심리학자를 만났다. 히스테리에 이끌리는 현상은 이런 사례가 의학 밖의 영역에서 유발하는 관음증에서도 발견될 수 있다.[2]

하나의 진단명으로서 히스테리는 지금은 완전히 사라졌다고 여겨지지만, 신경학적 손상이라는 관념, 대개 감각이나 운동 기능의 손상 혹은 기억의 손실이 '심리적'이거나 '비유기적non-organic' 원인을 가질 수 있다는 견해는 임상 실무 안에서 여전히 수용되고 있다. 이 분야의 의학적 명명법과 저술은 신경학과 심리학을 오가는 불친절한 추상화와 용어가 도처에 널린 지뢰밭이지만, 그 아래는 인간 경험의 일부는 '심리적'이고 또 다른 일부는 '유기체적'이라는 함의가 깔려 있다. 인간의 실제 유기체적 생활에서 두뇌의 기능과 질료는 구분 불가능하다. 정상적인 것이든 비정상적인 것이든 두뇌 속의 모든 경험은 질료와 그 질료가 기능하는 방식에 토대를 두기 때문이다. '두뇌의 10년'이라 불리는 1990년대가 오기까지는 일반인 의료인 할 것 없이 다들 정신의학이라는 과목이 무형적인 마음의 영역에 속하는 반면, 신경학은 '유기체적인' 두뇌의 영역에 속한다고 생각했다.[3] 신경학은 마음과 두뇌의 대립 사이에서 논란을 벌일 필요도 없이 두뇌의 기능에 관한 새로운 통찰을 지니고 마음-두뇌의 이분법을 조용히 넘어서고 있었다. 임상의학은 당연하게도 최첨단 신경학에 뒤처져 있으며, 두뇌 기능의 전체적 분리 불가능성이라는 개념은 아직 의학의 모든 과목에 완전히 전파되어 있지 않다.

히스테리성 기억상실증에 대해 알아보기 위해 입원했던 MM의 사례로 돌아가 보자. 나는 그녀의 과거 속 어떤 트라우마도 끌어내지 못했지만, 내 눈에 그녀는 겁에 질리고 당혹스러워하는 매우 아픈 사람으로 보였다. 그 무렵 뇌 영상 기술은 아직 초창기에 머물러 있었고, 의학적으로 아주 드물게만 쓰였다. 그래도 MM은 그다음 주에 뇌 영상 촬영을 했고, 그래서 두뇌 중앙부에 커다란 종양이 있음을 알게 되어 종양외과로 옮겨 계속 치료받았다. CT 촬영 보고서에는 별로 자세한 내용이 없었다. 다만 좌우 양쪽에 해마가 보이지 않았다. 종양은 외과 수술로 제거할 수 없는 위치에 있었기 때문에, 오래 지나지 않아 그녀는 죽었다. MM은 우수한 조사용 뇌 영상 기구가 만들어지기 전에 히스테리라고 진단받은 환자의 전형적인 사례였다. 역사적 문헌에도 그런 기록은 풍부하다. 1950년대에 모즐리 병원에 입원하여 당대의 가장 훌륭한 심리학자와 신경학자들이 제공한 자료에 따라 히스테리로 진단받았는데 그 두 해 뒤에 뇌종양으로 세상을 떠난 한 여성 환자의 경우가 가장 악명 높은 사례다. 나는 MM을 다시 보지 못했지만 그녀는 그 이후 내 기억에 그대로 남아 있다. 빈껍데기가 되어버린 MM, 어머니에게는 잃어버린 딸, 남편에게는 잃어버린 아내, 아이들에게는 잃어버린 어머니가 되었고, 무엇보다 그녀 자신에게 잃어버린 인격이 되어버린 비극적 느낌이었다. 사건 기억이 완전히 상실됨으로써 그녀는 자신의 인격을 잃어버린 것으로 보였다.

MM은 해마가 없어지면 누구나 에스트라공과 블라디미르처럼 시간 없고 방향 없는 상태에서, 지나가는 사건들의 기억 없이, 미래에 대해 관조할 능력도 없이 헤매게 되리라는 것을 내게 가르쳐주었다. 중요한 것은 베케트의 비희극적 창작물과는 달리 MM이 심각한 고통을 겪었다는 사실이다. 그녀는 또한 현재를 만들지 않고서는 과거를 만들 수 없다는 것도 가르쳐주었다. 해마는 피질에서 들어오는 감각 자료를 현재의 이야기로 통합하기 때문에 현재를 만든다. 우리는 해마가 어떻게 인물과 장소와 시간의 지식 정보—사건 기억을 위한 토대—를 만드는지 다음 장들에서 살펴볼 것이다. 우리는 해마가 MM이 볼 수 있었던 날것 그대로의 감각 정보를 어떻게 처리하여 MM에게는 없었던 좀 더 종합적인 어떤 것—현재의 지각 내용—을 만들어내는지에서부터 시작해야 한다.

해마

감각 기관을 통해 외부 세계에서 들어와 두뇌 겉쪽 피질에 이르는, 거기서 더 나아가 두뇌 중앙부에 위치한 해마 허브에까지 이르는 감각 정보의 흐름을 알기 위해서는 해마의 해부 구조를 알아야 한다. 해마는 피질 바닥 테두리 속에 편안하게 자리잡고 있다. 갓이 벌어지지 않은 양송이버섯을 세로로 잘라서 그 단면을 본다고 생각해보자. 버섯색을 띤 삿갓은 피질이고 해마는 삿갓이 줄기와 만나는 버섯의 암갈색 말린 부위에 있다**(그림 4)**. 두뇌 양쪽에—두뇌는 거울에 비친 듯 보이는 대칭 구조다—해마가 하나씩 있고, 우측과 좌측 해마는 약간 다른 기억 기능을 수행하지만 행동 메커니즘은 동일하다. '해마海馬'를 뜻하

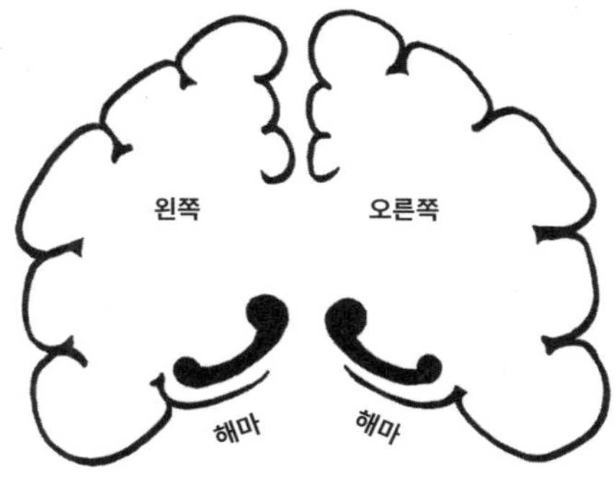

그림 4
해마

두뇌의 수직 단면도로서, 피질 외곽 테두리가 말려 들어간 부분에 있는 해마를 나타낸다.

는 라틴어 단어인 히포캄푸스hippocampus가 그 이름으로 붙은 것은 형태 때문이다. 해마는 머리가 크고, 턱이 안쪽으로 들어가 있으며, 몸뚱이가 점차 가늘어지면서 꼬리에 이른다. 그것은 두뇌의 전면에서 후면 쪽으로 거꾸로 위치해 있다.

피질의 다양한 구역에 분포되어 있는 감각적 기억은 피질에서 해마로 수렴하는 신경세포를 통해 해마에 연결된다. 마치 양송이의 말린 부분으로 수렴되는 버섯갓의 포자 주름과도 같다**(그림 5)**. 피질로부터 신호가 도달하면 그 신호들은 해마 세포들 사이에 새로운 연결을 만들어내는 해마 세포층들을 통해 처리된다. 신호들은 해마 신경세포를 한데 연결시키고, 새로 연결된 해마 신경세포들은 본질적으로 감각 피

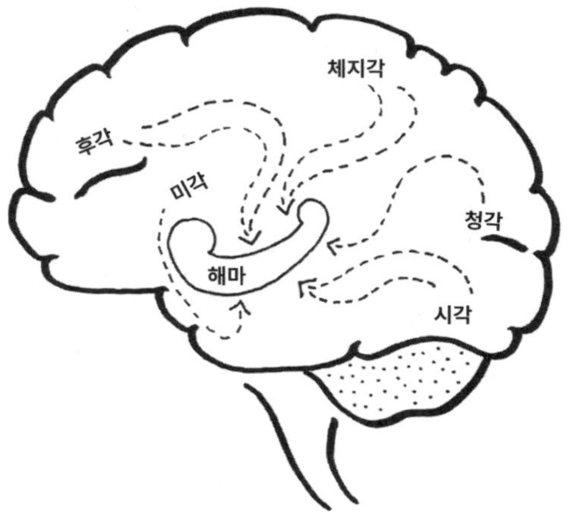

그림 5
감각-기억 통로

옆모습이 보이도록 두뇌 중앙부를 수직으로 자른 단면도. 감각 정보는 감각 피질에서 해마로 이어지는 신경세포 통로를 통해 전달된다.

질에서 들어오는 신경 신호의 '기억 암호'가 된다.

해마 암호 처리에 대해 더 자세히 알아보기 전에 나는 신경학이 헨리 몰레이슨이라는 사람(이하 HM)을 통해 해마 기능에 대해 많은 것을 알아내게 된 과정에 대해 이야기하고 싶다.

HM

오늘날 해마가 인간 기억 기능의 중심임을 우리가 아는 것은 대체로 기억 신경학 분야에서 가장 유명한 환자인 헨리 몰레이슨 덕분이다. 그의 병력은 1957년에 발표된 획기적인 논문에 기록되어 있다. 그의 병력은 MM과 매우 비슷하지만 해마 손상의 원인이 다르다. HM은 일곱 살 때 자전거를 타다 넘어져 해마에 손상을 입었고, 그로 인해 두뇌 조직이 찢어지는 바람에 흉터 조직이 생성되었다. 그 이후 HM에게서 자주 나타난 종류의 간질은 대개 해마의 흉터 조직 때문에 발생한다. 흉터 조직으로 인해 신호가 차단되며 전기 에너지가 쌓여 두뇌 회로에서 전기 신호가 통제되지 않은 채 퍼진 것이다. 두뇌란 다양한 회로들로 이루어진 거대한 네트워크이며, 해마는 그 연결망의 중심 허브다. 이곳에서 전류 흐름이 통제를 벗어나면 전체 두뇌가 오작동을 일으킬 수 있으며, 그 결과 두뇌 전체가 동시에 오작동하여 모든 것이 정상적으로 처리되지 않는 사태를 유발할 수 있다. 그 불운한 사람은 의식을 잃고 쓰러져서 '강직간대 발작tonic-clonic seizures'을 겪게 되며, 신체 근육이 통제할 길 없이 수축되고 이완된다. 그런 발작이 통제되지 않은 채 시간이 흐르면 신경세포의 손상은 심해질 것이다.

초강력 항간질 약물을 써도 두뇌의 오작동을 통제할 수 없게 되자 결국 HM은 좌우 해마를 모두 제거했다. 1957년에는 그 수술이 최신 치료법이었다. 양쪽 해마를 제거하자 실제로 간질 증상은 크게 나아졌다. 그러나 예측했겠지만, 예상치 못했던 이 치료법의 비극적인 결과로 HM은 남은 평생 극심한 기억 손실을 겪게 되었다. 요즘 신경외과 의사들은 HM의 수술 이전에는 알려지지 않았던 양쪽 해마 제거의 후유증을 피하기 위해 한쪽만 제거한다. 수술 이후 HM은 어떤 일도 기억에 저장할 수 없었다. 매일매일 어제가 없는 하루를 보내며 새로운 장소와 새로운 사람이 나타나는 새로운 세상이 열렸다. 그에게 집은 수술받은 첫날부터 50년 뒤 죽을 때까지 낯선 곳이었다. 어떤 일도 과거의 경험과 연결되지 않았다. 그 과거라는 것이 2분 전이든 20년 전이든 상관없었다. 과거도 없고 미래도 없고, 끝없이 연결되지 않는 현재, 톡톡 끊어진 '지금'뿐이었다. MM과 비슷하게 HM도 기민하고 유창하게 언어를 구사했고 운동 기능도 완벽했지만, 한두 문장을 넘어가면 서로 주고받은 대화 내용을 기억하지 못했다.

양측 해마 절제술을 받은 뒤 HM은 연구 대상이 되었다. 특히 꼼꼼한 성격의 신경심리학자였던 브렌다 밀너는 2008년 몰레이슨이 82세로 세상을 떠날 때까지 그를 연구했다. 밀너의 임무는 왜 어떤 기억 기능은 손상되지 않고 계속 작동하는지, 심지어 언어 인식과 발언 같은 복잡한 감각 운동 과제도 여전히 작동되고 있는데 왜 그 순간을 벗어난 일들을 조합하여 **사건** 기억을 형성하지 못하는지를 알아내는 것이었다. 브렌다 밀너는 매일 일상 업무에 쓰는 기억이 대부분 피질에 저장되어 있고, 그 과정에서 해마 회로의 기억 공장은 사용되지 않을지도 모른다는 사실을 발견했다. 이로써 몰레이슨이 보고, 듣고, 만지고, 걷고, 자전거 타고, 대화할 수는 있지만—그의 피질에는 손상이 없지만—누구, 어디, 언제의 요소를 조합하여 기억, 사건을 형성하는 것은 불가능한 현상이 설명된다. HM의 시각 피질은 세상을 시각으로 이해하는 법을 이미 배워두었으므로, 이 정보는 그의 시각 피질 속에 안전하게 저장되어 남아 있다. 소리, 냄새, 운동, 언어 기술 등도 마찬가지다. 그에게 없는 것은 과거 맥락, 또 일어날 수 있는 미래 맥락이었다. 피질에 저장된 기억과 사건 기억의 차이는 드물지만 심한 손상을 입은 해마를 갖고 태어난 아이들에게서 볼 수 있다. 그들은 사실과 형체를 익힐 수 있고 언어도 배울 수 있지만, 전기 기억 혹은 사건 기억은 만들지 못한다.

함께 발화하고 함께 연결되는 세포들

해마 신경세포가 어떻게 기억을 만드는가는 어마어마하게 많은 저술의 주제이며, 기억 연구의 허브에서 제기되는 핵심 질문 가운데 하나다. 기억의 신경과학은 도널드 헤브(1904~1985)가 돌파구를 연 연구를 토대로 세워진 학문으로, 헤브는 기억에 대한 신경생리학적 처리법을 집약한 "함께 발화하는 세포는 함께 연결된다"는 이론을 세계에 던진 인물이다. 헤브는 캐나다 출신의 심리학자로, 감각적 호문쿨루스의 지도를 작성한 와일더 펜필드의 놀랄 만큼 창의적인 그룹과 함께 연구를 진행했다. 그는 1949년에 출판된 저서 《행동 조직》에서 신경세포가 어떻게 기억을 만드는지, 이런 기억이 어떻게 두뇌 기능을 조직하는 데 기여하는지에 대한 자신의 이론을 서술했다. 그는 발화하는 신경세포 뭉치가 한데 연결되어 서로 연결되어 있는 세포 조립cell assembly을 형성한다는 가설을 세웠다. 세포들은 신경 신호의 전기화학적 에너지로 만들어진 연결 가지돌기들의 형성을 통해 서로 연결된다. 그렇게 연결된 세포 조립은 그다음 단계에서 단일한 단위로서 발화한다. 그래서 세포 조립을 구성하는 세포 하나라도 자극을 받으면 신경세포 전체가 함께 발화된다. 이 세포 조립은 하나의 기억을 나타낸다. 단순하게 표현하자면, 기억은 함께 연결되어 단일한 단위로 발화하게 되는 세포들로 구성된 신경 암호를 말한다.

헤브는 신경세포 사이의 가지돌기가 물리적으로 성장하면서 세포 조립 안 신경세포 간의 연결이 공고해져 더 영구적인 기억을 창출하거나 반대로 기억이 시들어 사라질 수도 있다는 가설을 세웠다. 인접한 신경세포들의 발화와 그 이후의 연결 증가를 통한 가지돌기의 성장에 관한 '헤브' 모델은 이제 세포 차원에서의 기억의 토대로 인정되고 있다. 이 처리 과정에서는 가지돌기가 가장 중요하다. 한 신경세포에서 다음 신경세포로 신경 신호를 전달하기 때문인데, 가지돌기의 증가는 곧 신경세포 간 연결의 증가를 의미한다. 가지돌기는 '수지상 분기樹枝狀分岐, arborizing'(라틴어에서 나무를 가리키는 'arbor'에서 온 명칭)라는 아주 아름다운 방식으로 성장한다. 가지돌기 섬유의 형태가 나뭇가지가 뻗는 모양을 닮았기 때문이다. 신경세포는 최대 1만 5000개의 가지돌기를 가질 수 있는데, 인간의 두뇌에는 680억 개의 신경세포가 있으므로, 가지돌기의 수지상 분기와 새 시냅스 형성을 통해 이루어질 수 있는 연결의 천문학적 숫자를 생각해보라. 이는 마법이 아니다. 이루어질 수 있는 연결의 숫자가 무한하기에 마법처럼 보일 뿐이다.

단기적일지라도 기억을 형성하는 데 핵심적인 처리 과정은 세포가 **한데 연결될**wired together 수 있을 만큼 긴 시간 동안 **함께 발화**fire together해야 한다는 것이다. 함께 발화하는 것은 일시적 기억을 형성하며, 함께 연결되는 것은 더 영구적인 기억을 형성한다. 암호를 담은 세포 조립을 강화하는 과정은 **경화**consolidation라 불린다. 깨어 있는 동안에는 정보가 두뇌에 즉각 들어가지만 대부분은 경화되지 않는다. 아무런 관련성이 없기 때문에 그냥 사라진다. 분자 차원에서 발화한 세포 조립에서 오는 견고하게 연결된 기억의 형성은 입력되는 신호의 강도에 영향을 주는 요소들에 달려 있다. 신호의 강도가 결정적인 한계 수준에 도달하면 신경세포는 가지돌기 단백질을 생성할 것이고, 기억은 더 영구적이 된다. 신호가 빈약하면 세포 조립이 피운 불은 꺼지고 아무것도 연결되지 않을 것이다. 세포는 가지돌기를 성장시키기 위한 에너지가 필요한데, 그 에너지는 신경세포에서의 전기 활동에서 나온다. 그러므로 발화가 더 많으면 연결이 더 많아진다.

발화하는 신경세포에서 들어오는 전기화학적 에너지를 변환시켜 가지돌기를 구성하는 단백질을 생성하는 헤브의 처리 과정은 두뇌 속에서 에너지가 어떻게 물질로 변환되는지를 보여주는 명료한 사례다. 모든 위대한 발견자들이 그렇듯, 헤브는 이런 관찰에서 얻어진 이론을 입증할 능력은 없었지만 그래도 자신의 연구 대상을 빈틈없이 관찰하고 관찰 내용을 충실하게 기록했다. 내가 헤브에게서 가장 좋아하는 점은 이론이 다른 이론에 반대하기 위해서가 아니라 생각을 도발하고 연구를 인도하는 방향으로 사용되어야 한다는 그의 믿음이다. 이론과 그 반대 이론들의 기저에 무엇이 깔려 있는지 이해하기 위해서는 때로 분량도 어마어마하고 또 이론적으로 구성된 심리학의 저술과 씨름해야 한다. 외부인들은 모순적으로 아주 비슷해 보일 수도 있는 대조 이론들을 따로 분류하느라 애를 먹을 때가 많다. 또 그것들은 **사실** 비슷하다. 새 이론은 기존의 이론으로부터 출현하기 때문이다. 헤브는 일차적으로 기존의 프레임에 반대하기 위해서 새로운 이론을 던진 것이 아니라 이 지식을 이용하여 자신의 관찰 내용을 이해하기 위해 전진한 것이었다.

해마의 가소성과 기억의 조직

해마의 신경세포 수는 한정되어 있으며, 우리가 현재의 감각적 세계와 협상하고 기억 조립을 경화하거나 그냥 내버려두는 동안, 끊임없이 모였다가 흩어졌다가 또다시 모이는 일을 반복한다. 해마의 신경세포는 시냅스가 지속적으로 성장하고 개조되게 하려면 특히 응용성이 강해야 한다. 생리학적 시스템이 변화하거나 개조되는 능력은 '가소성可塑性'이라 불린다. 해마는 본질적으로 가소적이며 실제로 어떤 강렬한 기억이 형성되는 상황에서 하나의 단위로 '성장'하는 것이 보일 수 있다. 학습 이후 해마의 성장을 보여주는 놀라운 예가 저 유명한 런던 택시 운전사 연구다. 그 연구에 따르면, 런던 도로망을 2년간 치열하게 익힌 운전사들의 뇌를 촬영한 일련의 MRI 영상에서 그들의 우측 해마가 좌측 해마에 비해 상당히 크다는 사실이 밝혀졌다. 런던에서 택시에 오를 때마다 이 연구의 '끈끈한' 기억이 떠오른다. 반면 기억의 악화는 정상적인 노화 과정의 일부로 두뇌가 노화함에 따라 MRI상 해마의 크기가 줄어드는 모습이 나타날 수 있다.

이제 우리는 우울증이 좌측 해마의 부피가 더 작은 현상과 관련이 있으며, 우울증이 재발하거나 장기간 지속될 때 이 수축의 정도가 더 크다는 것을 알고 있다. 그러므로 여러 다른 유형의 기억에 대해 편측성laterality 효과(두뇌 한쪽이 다른 쪽보다 어떤 특정 기능에 더 많이 관련되는 현상)가 있는 것으로 보인다. 택시 운전사 연구에서 시간에 따라 변한 것은 우측 해마이며, 우울증이 있을 때 더 작아지는 것은 좌측 해마다. 이는 우측 해마가 장소 기억에서 더 중요하고, 좌측 해마는 전기 기억에서 더 중요하기 때문이다. 이런 사실을 감안하면, 우울증에 걸린 사람들은 보통 기억 기능이 빈약해지며, 우울증이 지속되는 동안 대개 전기 기억이 드문드문 누락되거나 사라진다. 우리 연구팀이 행한 연구 가운데 최근 발표된 연구는 좌측 해마에서 세포 조립의 '암호화coding'가 발생하는 특정한 구역의 크기가 우울증에 걸렸을 때 반으로 줄었음을 정확하게 지적했다.[4] 이 연구에서 우리는 우울증을 처음 겪은 사람에게는 해마의 변화가 없었고, 더 장기간 우울증을 앓은 사람에게는 해마의 변화가 있었음을 발견했다. 그래도 우울증이 치료되고 나면 기억 기능이 개선된다니 다행이다.

피질 기억

모든 기억이 해마 안에 남아 있는가? 아니다. 해마에 들어 있는 신경세포의 수는 유한하며, 새 기억을 만들려면 재활용되어야 한다는 것은 이미 살펴보았다. 그렇다면 해마 기억은 모두 어디로 가는가? 간단하게 답하면 해마와 피질 사이에는 끊임없는 대화가 이루어지고 있으며,

많은 기억이 궁극적으로는 피질에 저장된다. 피질에 있는 신경세포는 해마의 신경세포와는 반대로 변하거나 재배열되기가 힘들다. 즉 가소성이 좋지 않다. 이는 곧 피질 내의 서로 교직된 다수의 세포 조립이 그린 기억 지도가 상대적으로 변화에, 따라서 파손에 대한 저항성이 크다는 의미다. 기억 시스템, 하나는 신속하고 가소적이며 다른 하나는 더 느리고 더 안정적인 시스템이 두 개 있다는 것은 상대적으로 안정적인 지식 시스템 내에서 학습을 계속할 수 있다는 뜻이다. 그렇다고 해서 피질 기억이 안정적이라는 건 전혀 아니다. 피질의 'www'는 유연한 해마와 계속 상호작용하는 상태에 있다.

사건 기억과 전기 기억의 저장은 해마와 피질 구역, 특히 두뇌 앞쪽의 전두엽 피질이라 불리는 구역 사이 신경세포의 역동성에서 발생한다. 전두엽 구역은 눈 위쪽에 위치하며, 의식적으로 개인의 기억을 회상할 때 불이 들어온다. 상황을 살펴보자면 해마는 사건 기억의 설정에 개입되어 있으며, 과거에서 사건 기억을 불러오는 데도 관련되어 있을 것 같다.[5] HM은 수술받은 뒤의 삶을 기억하지 못했지만 어린 시절부터 해마를 제거하기 3년 전쯤까지 일어난 일들은 기억했다. 전기적 기억이 해마에서 생성되지만 그곳에 영구히 저장되지는 않는다는 사실이 처음 알려진 것은 이를 통해서였다. 수술 이전의 전기적 기억이 사라진 3년이라는 시간이 전기적 기억을 처리하고 상대적으로 불안정한 해마 세포 집합에서 전두엽 피질 안에서의 더 경화된 연결들로 그것들을 전달하는 데 걸리는 시간인지도 모른다는 추측이 있었다. 지금 우리는 기억력이 노화함에 따라 기억들이 해마에서 피질로 흩어지며, 이 처리 과정이 발생하는 데 몇 달 혹은 몇 년이 걸릴 수도 있다는 것을 알고 있다. 오늘날 신경학자들은 최근 사건들이 회상될 때 일차적으로 해마에 빛이 들어오는 반면 전두엽 구역은 더 오래된 사건들을 회상하는 데 참여한다는 것을 알고 있다. HM의 전두엽 피질은 손상되지 않았고 두뇌의 이 '고차적higher' 구역에 도달한 전기 기억들을 처리할 수 있었다. '고차적'이라는 용어는 관습적으로 전두엽 피질처럼 전기 기억과 같은 복잡한 기능을 중재하는 두뇌 부위들을 가리키는 용어다. 해마-전두엽 회로는 평생에 걸쳐 개인의 역사를 처리하는 신경세포의 중심 고속도로다. 전두엽 피질 네트워크는 이야기꾼으로, 이야기를 하기 위해 '작업 기억working memory'에서의 정보를 두뇌 전역에서 수집해 온다.

우리는 이미 감각적 기억—시각, 소리, 냄새, 맛, 촉각—이 일차적으로 피질의 특정 구역에서 어떤 식으로 조직되는지를 보았다. 시각 피질은 아이가 성장함에 따라 발전하며 이미지를 기억한다. 또는 어른이 되고 나서도 버질처럼 새로 시력을 얻은 성인이 시각 세계에 들어갈 때 이런 일이 일어날 수 있다. 시각 피질은 이미지 기억을 보유하고 있으며, 해마와 독립적인 시스템으로서 피상적으로 작동할 수 있다. 이런 설명은 해마가 없이 손상되지 않은 감각적 지식을 갖고 있었던 HM과 MM의 경험과도 들어맞는다. 하지만 이것은 지나친 단순화이며, 감각적 기억에서 경험이 만들어내는 경이를 간과한 설명이다. 백내장 수술을 받은 뒤 '시각의 부활'을 겪고 시력을 회복했던 존 버거의 경험을 상기해보라. 그가 백지 한 장을 보았을 때, 또 갑자기 어머니의 부엌으로 돌아갔을 때를 생각해보라. 버거의 일화에서 시각 피질은 심층 전기적 기억을 자극하고 있었다. 시각 예술은 자동으로 진행되는 감각적 해석—지각 항상성perceptual constancy°—에 도전하며, 지각을 해체하는 버거의 세계로 우리를 데려간다.

해마가 전기적 기억을 불러오는 과정을 엿보기 위한 침입 방법으로, 최초이자 아마 지금까지도 최고로 꼽히는 것은 간질 수술 직전에 의식이 남아 있는 환자의 해마 세포를 자극하는 것이다. 올리버 색스는 유명한 저서 《아내를 모자로 착각한 남자》에서 와일더 펜필드가 해마에 자극을 가했을 때 처음 생긴 충격을 묘사했다.

> [자극을 가하자] 지극히 생생한 멜로디, 사람들, 정경의 환각이 생겨났다. 그 같은 환각은 수술실이라는 무미건조한 분위기 속에서도 생생하게, 현실감 있게 추체험되었다. (…) 그런 간질성 환각은 절대 환상이 아니라 기억이다. 지극히 명확하고 선명한 기억이며, 당시 체험할 때 느꼈던 감정이 함께 떠오른다.

피질로 가는 길

일상 기억이 '피질로 가는' 과정은 보통 수면 중에 발생하는 것으로 보인다. 수면이 기억에 미치는 영향은 헤르만 에빙하우스(1850~1909)가 1885년에 발표한 기억에 관한 획기적인 연구인 《기억론》에서 처음 언급되었다. 에빙하우스는 자신의 암기 패턴을 점검하다가 낮보다 잠들

° 이미 알고 있는 대상을 볼 때 실제로 들어오는 감각 정보에 따르지 않고 표준적인 모양이나 평소의 형태 그대로 또는 추측하는 모습으로 보려 하는 경향을 말한다.—옮긴이

기 전에 새로 접한 정보가 더 기억에 쉽게 남는다는 사실을 알아냈다. 이 사실을 발견하면서 잠과 기억의 연구에서 수면 부족이 기억에 손상을 입힌다는 점이 분명해졌다. 수면이 기억 기능에 긍정적 영향을 미치는 이유 가운데 하나는 잠자는 동안 두뇌에서 발생하는 전기 활동 때문인 듯하다. 렘수면 동안 두피 내에서 기록된 전기 활동은 해마의 세포 조립을 연결하는 발화 활동과 비슷하다. 수면 중의 이러한 급속한 두뇌 전기 사이클은 해마에서 오는 새로 생성된 매일의 기억을 피질에 쏟아붓는 것을 나타낸다. 수면 중에 해마에서 피질로 가는 '오프라인' 기억 경화는 쥐에게서 관찰된 바 있다. 피질은 낮 동안 해마를 자극하며 잠자는 동안에는 해마가 피질을 자극한다. 꿈은 렘수면을 취하는 동안 발생하며 예언적인 내용을 담을 수 있다. 해마에서 오는 현재의 사건들이 잠을 자는 동안 피질로 가면서 과거에 그곳에 운반되어 있던 관련된 피질 기억들을 재활성화시킬 수 있고, 그와 비슷한 상황에서 예전에 발생한 일들, 따라서 다시 발생할 수도 있는, 가끔은 불편하기도 한 일들을 슬쩍 엿보게 하기 때문이다.

베케트의 소설 《이름 붙일 수 없는 자》(1949)에서 화자는 정체가 없다. 그저 목소리, 몸뚱이 없는 목소리, 단어들의 흐름일 뿐이며 그것은 실존의 위기에 도달한다. "……말이 존재하는 한 끝까지 이야기해야 한다…… 말이 나를 발견할 때까지, 그것들이 나를 말할 때까지 그래야 한다. 그것들이 아마 내 이야기의 문턱으로 나를 실어다놓았을 것이다……." 각 인물의 정체는 곧 이야기 하나하나이고, 이야기가 없으면 자아도 없다. 더 정확하게 말하면 연속된 자아 감각이 없다. 이름 붙일 수 없는 사람이다.[6] 《이름 붙일 수 없는 자》는 《고도를 기다리며》의

블라디미르와 에스트라공처럼 우리에게 과거나 미래 없는 실존의, 관절이 해체되고 방향을 상실했으며 비개인화한 실존적 현재의, 톡톡 끊어진 '현재'에 대한 이 불편한 감각을 암시한다. 베케트의 인물들은 아마 MM이 경험했으리라 생각되는 텅 비어버린 자아 상실의 연극적 창조물을 보여준다. 그것은 해마가 꺼리는 궁극적 실존의 위기다.

《이름 붙일 수 없는 자》의 결론이자 자주 인용되는 구절—"너는 계속해야 해. 나는 계속할 수 없어. 난 계속할 거야"—은 때로는 견딜 수 없지만 그래도 견뎌내야 하는 보편적인 인간 조건의 더 심오한 표현으로서 우리를 항상 감동시킬 것이다. 설사 언어로부터 창조된 신체 없는 목소리일지라도 어떤 정체를 지니고 세계 속에 존재하는 것은 사람들을 계속 살아가도록 밀어붙인다. 해마는 감각의 피질 세계가 무엇을 소개하든 그것을 받아들여 피질을 통해 인간적 이야기로 전환시킬 것이다.

5장

육감: 숨겨진 피질

베인 풀의 냄새는 어린 시절의 여름철 혹은 행복했던 여름날의 가족 모임에서 형제들과 사촌들이 잔디밭 위를 달리던 기억을 불러온다. 감자에 묻어온 흙이 먼지를 날리며 흩어지는 냄새…… 포트알링턴 중심가에 있던 작은 야채 가게, 새로 자른 나무에서 떨어진 톱밥과 따뜻한 송진 냄새…… 토요일 아침 아버지와 함께 갔던 건재상 냄새, 낙농장에서 진하게 풍기던 시큼한 냄새…… 금요일이면 칼란의 그린가에 있는 잡화상에서 수제 버터를 사오던 일. 이런 기억들에서 우리는 흔히 당시의 모습 그대로의 자신들을 볼 수 있다. 마르셀 프루스트가 묘사한 마들렌의 맛과 냄새와 연결된 기억의 즉각성과 순수성은 하도 유명해서 자주 인용됐겠지만, 고전으로서 다시 한번 언급할 가치가 있다.

하지만 사람들이 죽어버린 뒤, 물건들이 부서지고 흩어진 뒤 먼 과거의 것이 하나도 남아 있지 않을 때, 더 깨지기 쉽지만 더 오래 남아 있고, 더 비물질적이고 더 끈질기며 더 충실한 맛과 냄새만이 영혼처럼 다른 모든 것의 폐허 속에서 오래 남아 있으면서 기억하고 기다리고 고대한다. 그리고 거의 만져지지도 않을 정도로 작은 에센스 속에 회상의 광대한 구조물을 단호하게 담고 있다.°

프루스트는 살아가는 동안 언젠가는 경험했을 온갖 일을 묘사한다. 뭔가를 맛보거나 냄새를 맡으면 즉시 그 맛이나 냄새와 관련된 기억이 불러오는 감정을 느낀다.

냄새와 맛은 중첩되는 피질 구역에서 해석되지만, 감정적 기억을 작동시키는 더 즉각적인 방아쇠는 냄새다. 생생한 감정적 기억의 경험이 당신 자신의 수수께끼 속에서 당신을 둘러싸고 있는 냄새에 의해 촉발되는 것이 프루스트적 효과라 알려진 것이다. 우리는 다들 자신만의 프루스트 효과를 경험하며, 문학에는 그런 마음을 사로잡는 프루스트적 기억들이 잔뜩 있다. 그중에서 존 밴빌이 쓴 글이 있다. "내게는 루핀°°이 프루스트의 마들렌과 같은 존재였다." 루핀의 냄새를 맡으면, "시간은 흩어져 사라지고 나는 다시 어린아이가 된다." 그는 "바다의 소리"를 듣고, "햇빛에 그을린 피부에 따갑게 맺힌 소금기를 느낀다." 또 "바나나 샌드위치"를 먹고 "짓이겨진 풀, 해초, 퇴비, 소 냄

° Marcel Proust, "Swann's Way", *In Search of Lost Time*, C. K. Scott Moncrieff & T. Kilmartin(Vintage Books, 1996).

°° 루피너스lupus. 번식력이 강한 콩과 식물로 붉은색, 오렌지색, 파란색 등 다양한 색의 작은 꽃이 피며 향기가 좋은 것이 특징이다.—옮긴이

새……들이 뒤섞인" 냄새를 맡는다.° 냄새는 인간의 감각 중에서 가장 수수께끼 같고 영적이고 섬세하며 본질적으로 가장 감정적인 감각이다. 하지만 비물질적인 것은 아니다. 이 장에서 우리는 냄새를 이용하여 이 물질적 영혼을 통과하여 지나가면서 감정, 내가 육감이라 부르는 것이 어떻게 감각과 전기 기억 속에 엮여 들어가 있는지 살펴보려 한다. 여기에는 내향적 감각, 신체 느낌의 탐구와 숨겨진 감정 피질인 뇌섬엽에서 이루어지는 해석이 포함된다. 예이츠의 잊지 못할 문장을 인용하자면 '마음의 폐품 가게the rag and bone shop of the heart'인 뇌섬엽 말이다.°°

케임브리지의 아덴브루크 병원에서 처음 상담의로 일했을 때, 나는 결코 잊을 수 없는 본능적 프루스트적 경험을 한 바 있는데, 이제 그 경험을 이야기해보려 한다.

케임브리지의 러비지

1995년, 따뜻하고 화창한 여름날이었다. 나는 첫 임신 초기였다. 우리는 300년 된 집을 샀는데, 집에 딸린 정원이 어찌나 넓은지 부엌문에서 뒷마당 끝의 울타리가 보이지 않았다. 그해 여름, 바싹 마른 잔디밭 주위로 늘어선 큰 참나무를 지나 과수원으로 들어가면 진한 퇴

° John Banville, "Lupins and Moth-laden Nights in Rosslare", *Possessed of a Past* (London, 2012), p. 403.

°° W. B. Yeats, "The Circus Animals' Desertion."

비 냄새가 무더운 강물의 증기와 섞여 올라오는 풀숲이 나오고, 그곳을 지나가면 뒷마당의 경계를 이루는 강이 보인다. 그 무더운 공기, 수량이 줄어든 강물처럼 괴어 있는 대기가 빙빙 선회하며 구름처럼 뭉친 작은 곤충 무리를 덫에 걸듯 붙들었다. 눈에 보이지 않는 귀뚜라미나 메뚜기의 최면술처럼 몽롱한 소리가 그 역시 덫에 걸린 듯이 뜨뜻미지근하게 페르마타로 끝없이 늘어졌다. 내 기분은 날씨와 닮아 있었다. 붕 떠 있고 자연에 흡수된 것 같은 분위기. 그해 여름 나는 뒷문 옆 포석 사이에 일군 허브밭에서 많은 시간을 보냈다. 허브는 대부분 그 집의 전주인이 심어둔 것으로, 그 밭을 되살리느라 여러 달 동안 주말을 쏟아부었다. 아이비, 민트, 레몬버베나를 솎아내고, 나무처럼 키가 자란 라벤더와 타임을 베어냈다. 또 밭에서 딴 허브를 요리에 쓰는 법도 배웠다.

이 아름답던 여름의 어느 날, 샐러드에 넣을 허브를 한 줌 땄다. 매일 오전에 몸이 아프기는 했어도 저녁이면 언제나 회복되었는데, 그날 밤만은 구역질이 심했다. 이튿날 아침이 되니 평소보다 더 심하게 아팠다. 상담 사이사이 내 진료실의 카펫 타일에 누워, 걱정스럽게 기다리는 환자들을 만나기 전에 1, 2분쯤 눈을 감고 있어야 했던 게 기억난다. 무엇 때문에 아팠는지 이유를 몰랐던 나는 샐러드에 들어간 재료 중 하나가 원인일 것이라고 생각했고, 그 뒤 임신 기간 내내 식단에서 녹색 야채는 전부 배제하기로 결정했다. 그로부터 얼마 뒤 허브밭에서 일하면서 몸을 굽히다가 우연히 어떤 식물의 냄새를 맡고는 발작적으로 구역질이 났다. 그 냄새의 근원을 찾아내려고 돌아보던 내 눈에 노란 무리꽃을 피운 진한 녹색의 키 큰 식물이 보였다. 나는 즉

시 그것이 몇 주 전에 내가 아팠던 이유임을 알아차렸다. 그것은 러비지Lovage였다. 러비지는 오래전부터 유럽 전역의 수녀원과 수도원에서 기르던 식물로 요리와 허브를 이용한 치료법에서 널리 사용되는 식물이었다. 그것 때문에 아팠다니 당혹스러웠다.

냄새의 정체가 밝혀졌다고 확신했기 때문에 나는 밖으로 나가 남편 이바르에게 이야기했다. 그 역시 당혹스러워했는데, 흥미롭게도 내가 아픔의 원인을 확인했다는 것에 대해서는 의심을 품지 않았다. 그렇기는 해도 난 이해할 수 없었다. 러비지는 해로운 식물이 아닌데…… 그 식물을 잘못 보았거나 내가 그에 대해 읽은 내용을 잘못 기억했을지도 모른다. 허브 관련 책을 찾아봤더니 눈에 잘 띄지 않는 곳에, 러비지는 임신 중에 먹으면 안 된다는 글이 있었다. 예전에 러비지가 유산을 시키는 약초로 쓰였다는 것이다. 전통적으로 많은 양의 러비지는 유산을 유발했다. 다행스럽게도 내가 먹은 양은 기껏해야 두어 잎에 불과했다. 내가 속이 메스껍다고 생각한 다른 음식들도 잠재적으로 임신에 해로운 것이 아닐지 의심이 들기 시작했다. 그것은 내가 답할 수 있는 질문은 아니었지만, 러비지가 혐의자임을 내 두뇌가 어찌 알게 되었는지는 설명할 수 있다.

내가 각각 따로 체험하지는 않았지만 케임브리지의 러비지 이야기에는 여러 과정이 개입되어 있다. 러비지의 냄새와 맛에 대한 최초의 감각이 기록되고, 다음에는 이 감각의 기억이 생성되는 단계가 온다. 이 단계가 없었더라면 내가 그 감각을 알아차리지 못했을 것이다. 다음에는 며칠 뒤 그 냄새를 다시 맡으면서 기억이 재활성화되어, 놀랍게도 그것이 야기했던 아픔의 감각도 함께 살아났다. 이 모든 것이 시각적으로 러비지를 알아보기 전에 일어났다. 경험의 순서를 따져보면 구역질과 역겨움이 내가 러비지를 다시 보기 전에 발생했음을 알 수 있다. 마치 러비지의 후각적 기억이 잠시 정지해 있으면서, 그것을 다시 냄새 맡거나 맛보면 발화되도록 기다리고 있는 것과도 같았다. 기억된 냄새가 느낌을 만들었다. 나는 내가 러비지의 냄새를 알고 있다는 것도 몰랐는데 말이다. 우리 두뇌는 얼마나 영리한가?

한 가지 냄새가 다양한 느낌을 불러올 수 있다. 어린 시절의 '사라진 사랑스러움'°[1]을 떠올리게 하는 사랑하는 아기의 머리 냄새, 연인의 목덜미가 자극하는 성적 흥분, 식은땀에서 느껴지는 두려움, 썩은 물고기가 유발하는 구토감, 혹은 내 경우처럼 러비지의 냄새. 냄새는 당신을 시간 여행시키고 눈 깜짝할 사이에 미래에 대해 경고한다. 냄새는 어떻게 이런 일을 그토록 즉각적인 방식으로 해내는 걸까? 이를 알려면 냄새 감각이 두뇌에 들어오는 지점, 서로 다른 냄새 화학물질을 인식하는 비관鼻管(또는 비강鼻腔) 상부에 있는 냄새 수용체에서 출발해야 한다.[2] 냄새 화학물질은 맛보는 음식—마들렌, 허브 등—에 들어 있을 수도 있고, 베인 풀의 냄새, 루핀 냄새처럼 공기 중에 있을 수도 있다. 분자 차원으로 내려가면, 어떤 냄새 분자와 그것과 짝을 이루는 비관 속 특정한 냄새 수용체가 전기 신호를 촉발하는데, 그 신호는 후각 신경이라 불리는 약 5센티미터 또는 2인치 정도의 아주 짧은 신경을 통해 두뇌로 전달된다. 후각 신경은 코 뒤쪽에서 수평으로 뻗어나

° William Styron, *Lie Down in Darkness*(Vintage Books, 2000), pp. 51–52.

가 편도체扁桃體, amygdala라 불리는 구조물에 연결되는데(그림 6) 편도체는 두뇌 속 기억 문제의 심장이다. 나는 편도체를 두뇌의 '감정적 점화 플러그'라 부른다. 감정 반응과 느낌을 촉발하는 부위이기 때문이다. 편도체는 해마 바로 정면에 위치하며 해마와 긴밀하게 상호연결되어 있고, 해마 속으로 그 감정적 시냅스를 엮어 넣는다. 신경세포가 연결되면 그것들은 우리가 알다시피 함께 발화하는 세포 조립을 형성한다. 편도체-해마의 연결이 감정적 기억의 토대를 이룬다.

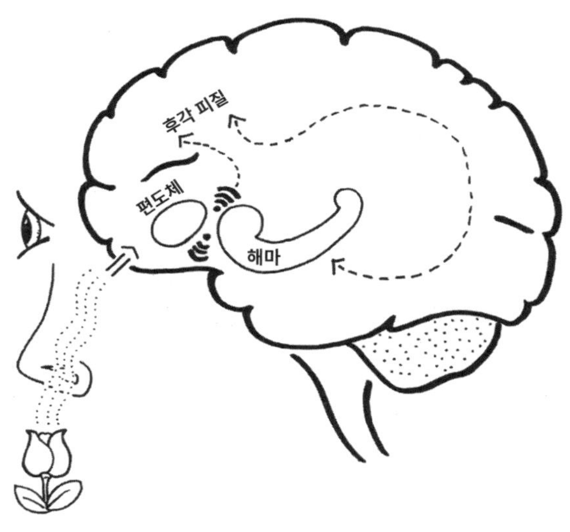

그림 6
코에서 편도체까지 가는 냄새의 여정

후각 신경은 코 위쪽 천장에 있는 수용체에서 두 가지 경로를 거쳐 전기화학적 신호를 두뇌로 운반한다. 1) 편도체로 가는 빠른 행로에서는 냄새와 결합된 감정이 편도체에서 풀려난다. 2) 후각 피질로 가는 더 긴 행로에서는 냄새의 정체가 파악된다. 냄새와 맛 피질은 중첩되며, 맛과 냄새가 흔히 구별되기 힘든 것은 이 때문이다. 냄새가 맛의 일부라고 하는 것도 이러한 이유에서다.

편도체

감정의 점화 플러그인 편도체는 해마처럼 가소적이며 시냅스 연결을 쉽게 촉진할 수 있다. 또 해마처럼 감각 피질, 특히 시각 피질과 직접 연결되어 있어서 이미지에 대한 감정적 반응을 도와준다. 냄새와 다른 네 가지 감각의 차이는 후각 신경세포가 코에서 후각 피질로 가기 전에 편도체에 **먼저** 도착한다는—콧구멍에서 단거리를 달려 편도체에게 달려든다—점이다. 그래서 냄새를 맡을 때 감정이 즉각 움직이는 것을 경험하게 된다. 냄새 외의 다른 감각, 즉 보기, 듣기, 맛보기, 만지기의 경험은 편도체와 해마로 빠져들기 전에 두뇌 표면의 각 피질을 통해 연계된다. 관련된 기억을 느끼기 전에 뭔가가 보인다. 어떤 노래를 듣고, 그런 다음 그 노래가 울려 퍼진 어느 여름을 기억해낸다. 그러나 후각 신경세포는 편도체로 먼저 연결됨으로써 냄새의 정체가 의식적으로 확인되기 전에 느낌을 촉발한다. 프루스트가 묘사했듯이, 냄새는 **느낌으로 기억된다**. 이 주관적 현상학적 경험이 과학으로 설명되기 전에 강렬한 내적 성찰을 통해 프루스트가 이를 정확하게 지적해냈다는 것은 아주 놀랍다.

내 경우, 러비지 분자가 콧구멍에서 어떤 신호를 촉발하고 그것이 편도체로 달려가서 구역질 나는 느낌의 기억을 유발했다. 기억된 구역질, 냄새의 인지, 러비지의 시각적 확인과 샐러드의 기억이 한꺼번에 일어났고, 러비지가 나를 아프게 했다는 지식은 신경세포의 혼합에서 출현했다.

편도체와 감정

두뇌의 작은 구조물인 편도체가 어떻게 감정 경험을 창조할 수 있을까? 의과대학에서는 편도체가 두뇌의 '감정 센터'라고 가르치지만, 내가 볼 때 그럴 가능성은 낮고, 개인적으로 구축한 인지 체계와도 맞지 않는다. 그 이후 나는 인간 신체 내 감정 시스템을 이해하기 위한 기억 프레임을 구축했고, 이제 편도체가 감정을 창조하는 것이 아니라 하나의 신경 센터로서 신경세포가 그곳에서 등장하여 신체 내에 감정을 만들어 나간다는 것을 알고 있다. 감정이 신체에서 어떻게 만들어지는지 보기 전에, 편도체가 감정 제작자라는 것을 우리가 어떻게 아는지부터 살펴보기로 하자.

동물에게서 가장 흔히 연구되는 감정은 공포다. 공포는 감정을 측정하기 위해 자주 시도되고 실험된다. 동물이 겁에 질리면 얼어붙거나 달아나는 등 눈에 보이고 측정 가능한 방식으로 반응하기 때문이다. **감정**emotion은 **움직임**motion을 유발하며, 움직임은 측정될 수 있다. 편도체 연구 가운데 가장 유명한 사례는 1930년대와 1940년대에 두 과학자 하인리히 클뤼버와 폴 부시가 수행한 연구였다. 그들의 이름은 원숭이에게서 좌우 편도체를 모두 제거한 후유증인 클뤼버-부시 증후군으로 두뇌 시스템 연구자들에게는 잘 알려져 있다. 신경외과 의사인 부시는 수컷 원숭이의 두뇌 양쪽 반구에서 해마와 편도체를 제거했다(동물권에 대한 논의가 제기되지 않던 시절이었다). 실험심리학자인 클뤼버는 그 수술 이후에 원숭이가 더 이상 겁내는 행동을 하지 않는다는 것을 관찰했다. 공포감이 느껴지지 않으므로 원숭이는 공동체에서 지배적이고 더 강한 수컷에 대해 적절하게 수동적이고 복종적인 태도를 보이지 않았다. 또 어쩔 수 없이 패배했을 때도 자신을 공격한 원숭이들에 대한 공포감을 느끼지 않았다. 이로 인해 그는 심각한 부상을 입고 사회적으로 고립되었으며, 결국은 목숨을 잃게 되었다. 공포감이 없는 세계에서 원숭이는 죽었다.

부시의 외과 메스에 의해 양쪽 편도체 모두를 잃는 일 없이 건강한 편도체를 계속 갖고 있는 원숭이가 지배자 원숭이와 맞서게 될 경우, 그 원숭이의 심장은 빠르고 거세게 뛸 것이며 동공은 확대되고 근육이 팽팽하게 긴장되고 숨이 가빠지면서 혈압이 오르고 스트레스 호르몬인 코르티솔이 분비될 것이다. 이런 생리적 반응이 공포의 감정을 이룬다. 그런 감정이 생기는 것은 편도체가 제거되어 공포감을 느끼지 못하는 불운한 공동체 멤버들과는 달리 편도체가 살아 있고 반응성이 있기 때문이다. 암컷 원숭이에 대한 연구는 상대적으로 적지만, 흥미롭게도 그런 연구 보고서에는 편도체가 없는 암컷들이 어미로서의 행동을 제대로 하지 못하고 새끼들을 걸핏하면 학대하거나 방치한다는 결과가 실려 있다. 그 실험은 공포감, 내 짐작으로는 모성의 불안도 원숭이의 편도체를 통해 조절되었으며 그것이 개인적인 생존만이 아니라 공동체의 존속에도 필요하다는 사실을 보여주었다.

인간이 걸리는 질병 가운데 아주 드물기는 하지만 우르바흐 비테 Urbach-Wiethe 증후군이 있다. 그 병에 걸리면 편도체가 파괴되어 주위 두뇌가 영향을 받지 못하게 된다. 이로 인해 두려워하는 얼굴 표정을 인식하지 못하게 되고 전반적으로 공포감을 기록할 능력이 줄어든다. 편도체의 기능 상실이란 곧 그 사람이 사건 기억은 할 수 있지만 정상적인 감정적 내용을 갖지 못하게 되고, 그와 관련된 감정을 불러오지 못한다는 뜻이다. 반면 편도체는 손상되지 않고 해마만 손상된 경우, 공포감은 느낄 수 있지만 그 사건 기억을 일관되게 유지하여 공포감을 촉발하는 자극을 피할 수 없게 된다. 편도체가 정상적으로 기능하지 못할 때의 후유증은 우르바흐 비테 증후군을 앓는 환자들에게서 가끔 극적으로 나타난다. 이 질병을 앓았다고 알려진 사람의 생애가 기록된 학술 문헌이 있다. 그녀는 정상적인 사건 기억을 갖고 있었지만, 생명이 위험한 지경에 처해도 공포감을 느끼지 않았으며, 예전 경험을 통해서 피해를 입지 않도록 해야 한다는 것을 배우지 못했다. 그녀는 전혀 공포감을 느끼지 않으면서 낯선 사람에게 접근했고, 그들에게 아주 가까이 다가서는 경향이 있었다. 공포의 신호를 알아차리지 못하는 까닭에, 또 그녀의 행동을 금지하는 요인이 없었기 때문에 목숨이 위태로운 지경까지 간 적이 여러 번 있었는데도 장래에 그런 위험한 상황을 피하게 만들 방법이 없었다. 그녀는 공포감을 느끼지 못하고, 공포로부터 배우지 못하는 듯했다. 흥미롭게도 그녀는 보통 사람이라면 공포감을 느낄 만한 상황에 호기심을 느낀다고 표현했다. 가령 타란툴라 독거미를 만지면 어떤 느낌일지 궁금해진다는 것이다.

위협당하는 내용의 시나리오에서처럼 MRI상으로는 공포감을 느낄 때 그 순간의 뇌 영상에서 편도체에 불빛이 켜진다. 거미 사진을 보았을 때 거미를 겁내는 사람은 그렇지 않은 사람에 비해 편도체가 매우 강하게 활성화된다. 거미 공포증을 가진 사람이 타란툴라의 그림을 보고 있을 때 그의 두뇌를 들여다볼 수 있다고 가정하면, 우리 눈에는 타란툴라가 표시된 시각 피질상의 위치와 편도체를 잇는 선상에 불이 들어오는 것이 보일 것이다. 가정된 이 통로는 기억인 동시에 현재의 경험이다. 그것은 과거의 경험으로 만들어지며 새 감정을 창조한다. 이어지는 중요한 질문은 다음과 같다. 편도체가 어떻게 감정을, 이 경우에는 공포감을 발생시키는가?

핵심만 말하자면, 편도체에서 나오는 신경 출력은 신체로 가서 신체 내에서 느낌을 만들어낸다. 감정이 신체에서 발생한다는 이론은 1장에서 소개된 존경스러운 윌리엄 제임스가 《감정의 신체적 토대》

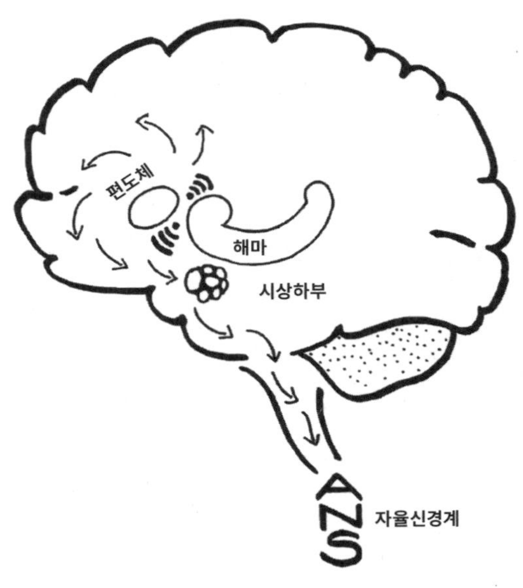

그림 7
감정의 점화 플러그로서의 편도체

편도체가 어떻게 시상하부로 돌아가서 신체 내 자율신경계를 발화하며 본능적인 감정을 창조하는지 보여준다.

(1894)에서 처음 제안했다.[3] 윌리엄, 더 유명한 그의 동생 헨리와 덜 유명한 누이 앨리스는 모두 인간 감정에 대한 뛰어난 해석자였다. 헨리 제임스는 대소설가였고 윌리엄은 심리학자, 앨리스는 신경쇠약과 우울증 당사자로서 생생한 일기를 썼던 일기기록자였다. 윌리엄 제임스는 감정이 신체 내의 내장 감각visceral sensation의 활성화에 의해 유발된다고 주장했다. 오늘날 우리는 제임스가 옳았고 편도체가 두뇌에서 이 내장의 활동을 지휘하고 있음을 안다. 내가 편도체를 감정의 점화플러그라 부르는 것도 그 때문이다. 감정을 만들 때 발화되는 시스템은 자율신경계ANS인데, 그것은 모든 신체 내 기관, 피부와 분비샘, 작은 근육들 외에 심장, 내장, 폐, 혈관도 무기력하게 한다. 자율신경계가 중재하는 기능 중에는 얼굴이 붉어지고 창백해지는 증상, 동공의 확장과 수축, 호흡수, 심장박동수, 눈물 생산, 성적 흥분 등이 있다. '자율적autonomic'은 '자동적automatic'이라는 말과 동의어다. 자율신경계의 기능은 일반적으로 자동적이며 거의 통제를 받지 않는다고 여겨지는데, 실제로 그렇다. 심장은 우리가 그렇게 하기를 바라기 때문에 뛰는 것이 아니다. 내장의 수축이나 혈관의 확장도 마찬가지다. 이런 일들은 자동적이다. 그렇기는 해도 명상을 통해 자율적 기능을 조정하도록 할 수는 있다. 이것이 마음 챙김mindfulness°의 토대다.[4] 자율신경계는 끈에 매달린 인형인 마리오네트와도 같아서, 두뇌에서 나오는 출력에 따라 이리저리 끌려다닌다.

° 현대 명상 문화에서 구체적 명상의 방법을 일컫는 순우리말. 주의 깊음이라고도 할 수 있다.—옮긴이

시상하부

자율신경계보다 정밀한 마리오네트는 시상하부다. 그것은 빽빽하게 쟁여진 신경세포 더미로, 콧등 높이에서 두뇌의 중앙부를 표시하는 뇌수의 작은 도랑을 경계로 하여 좌우의 더미로 나뉜다. 시상하부는 편도체와 매우 가까이 있으면서 그것에 물리적으로 연결되어 있다. 해부학적으로는 여러 개의 두뇌 회로가 시상하부에 모여드는데, 그중 가장 중요한 회로가 편도체-해마다. 또 자율신경계로 들어가는 출력을 결정하는 것은 이런 입력의 종합이다. 심리학자이자 뇌영상학자로서 우리 연구팀과 함께 일하는 대런 로디는 시상하부를 기억-감정 두뇌에서 나온 모든 출력이 수렴했다가 신체로 나가서 자율신경계와 내분비 시스템에 변화를 가져오는 장소라고 본다. 내수용적 신체 시스템 여러 개가 시상하부를 통해 수정된다. 그것은 감정과 느낌을 만드는 자율신경계뿐만 아니라 신체 내 코르티솔 스트레스 시스템을 관장하는 두뇌에서 나오는 출력도 통제하는 센터이기 때문이다. 코르티솔 스트레스 시스템을 관찰하고, 우리가 느끼는 방식을 바꾸기 위해 두뇌가 얼마나 다양한 방식으로 시상하부를 자극하는지 살펴보는 일이 내 연구 경력의 대부분을 차지했다. 시상하부는 내수용적 신체로 나아가는 마지막 출구인데, 그 흐름은 두뇌에서 신체로 나아가 내수용적 신체를 바꾸는 것만이 아니라 반대 방향으로도, 즉 내수용적 신체가 두뇌를 바꾸는 방향으로도 이어진다. 코르티솔과 스트레스는 앞으로 나올 장의 주제가 될 터이지만, 지금 당장은 감정과 스트레스의 인형극이 똑같이 시상하부라는 감독에 의해 통제된다는 점만 지적하기로 하자.

편도체의 점화 플러그에서 시작하는 통로에서 우리는 이제 두뇌의 출구인 시상하부를 지났고, 자율신경계를 지나 내수용적 신체로 가고 있다.

감정 상태의 무지개

감정의 강도는 자율신경계의 흥분arousal 정도를 통해 측정할 수 있다. 시각적 자극은 청각적 자극에 비해 더 큰 자율신경계 반응을 유발할 확률이 더 높다. 이 사실은 두뇌 해부학에서, 시각 피질에서 편도체로 가는 입력물이 다른 감각 피질에서 오는 것보다 더 크다는 것으로 확인된다. 로크와 몰리노 같은 18세기 원조 감각주의자들이 다른 감각들보다 시각적 지식과 기억에 관심을 집중했다는 점을 생각하면 이는 매우 흥미로운 일이다. 아마 몰리노와 로크, 또 다른 계몽주의 이전 시대 철학자들이 감각과 기억의 연결점을 입증하기 위해 시력을 선택한 것이 고도로 상호연결된 시각-감정 간의 회로를 직관적으로 파악하고 있었기 때문인지도 모른다. 시각과 청각 자극의 결합은 따로따로 작동했을 때보다 더 큰 자율신경계의 반응을 유발할 것이다.

사람들은 대부분 거짓말을 할 때 마음이 불편해진다. 그런 불편한 느낌은 자율신경계의 흥분 때문에 발생한다.[5] 보통 영화에 등장하는 전형적인 거짓말 탐지기는 바늘의 진동으로 어떤 사람이 거짓말을 하고 있다는 것을 알려주는 기구로, 자율신경계의 흥분도, 더 정확히는 땀을 흘리는 정도를 측정한다. 땀은 흥분도의 믿을 만한 척도로서,

자율신경계 감정 시스템은 상반되는 느낌 상태를 다양하게 창출할 수 있다. 빨라지거나 느려진 심장박동은 흥분이나 이완된 상태를, 혈압의 증가나 저하는 긴장감이나 느슨함을, 피부 미세 혈관의 확장이나 수축은 홍조나 창백함을, 내장의 무력증이나 과다 활동은 더부룩함이나 꾸르륵댐을 나타낸다. 상반된 감정 상태가 이처럼 광범위하게 발생하는 원인은 신체 내에 자율신경계 신체 시스템이 두 종류 있기 때문이다. 그것은 교감신경계와 부교감신경계로, 둘 다 시상하부의 자율신경계 본부에서 통제된다. 일반적으로 교감신경계가 활성화되면 자극된 세포와 기관에서 활동이 증가하여 심장 두근거림, 근육 위축, 발한, 가쁜 숨, 혈압 상승 같은 증상이 나타난다. 이는 흔히 '투쟁-도피fight or flight' 반응이라 불린다. 반면, 부교감신경계가 활성화되면 심장박동이 느려지고, 혈압이 낮아지며, 내장 운동이 줄어들고 피부로 가는 혈류도 줄어든다. 이는 흔히 '휴식-소화rest and digest' 반응이라 불린다.

부교감신경계든 교감신경계든 다양하게 활성화하여 광범위한 신체 시스템의 흥분과 감정을 불러일으킬 수 있다. 인간의 강렬한 감정 가운데는 복합적인 것이 많다. 인간 열정의 방대한 저장고에 기록으로 잘 보존돼 있는 강력한 감정 체험 중 하나를 살펴보자. 알랭 르네 르사주가 1715년부터 1735년까지 쓴 《질 블라스 이야기》에 등장하는 세라핀과 돈 알폰소의 사랑이 시작되는 순간에 대한 묘사는 낭만주의의 고전이다.

> 아주 어두웠고 장대비가 퍼붓고 있었다. 복도 여러 개를 지나가는데, 거실로 통하는 문이 열려 있는 것이 문득 보였다. 나는 그리로 들어갔

다. 장엄한 궁궐이 단번에 눈앞에 펼쳐졌다. (…) 한쪽 편에 살짝 열린 문이 있었다. 그 문을 반쯤 열었더니 일렬로 늘어선 방이 여러 개 보였다. 그중 하나는 불이 켜져 있었다. (…) 그리고 침대 하나가 있었다. 방이 더워서 커튼이 반쯤 열려 있었는데, 그 위에 잠들어 있는 젊은 여자가 내 관심을 그대로 앗아갔다. (…) 조금 다가갔다. (…) 압도되었다. (…) 그곳에 서 있으면서 그녀를 바라보는 기쁨으로 머리가 어지러워졌다. 그녀가 깨어났다.

첫눈에 반한다는 흥분감과 즐거움의 어지러운 혼합에 대한 이 묘사는 바로 어제 쓰인 것이라 해도 통할 만하다. 감정은 문화와 시대의 간극을 넘어 한결같다. 이는 느낌 상태를 감지하는 생물학적 기구가 보편적임을 가리킨다. 돈 알폰소가 세라핀을 보는 순간 그의 관심은 곧바로 그녀를 향해 꽂혔고, 감정에 압도당했고, 환희로 어지러웠다. 첫눈에 반한 사랑의 강렬한 교감적이고 부교감적인 동조다.

열정에 대해 무감동한 관찰자라는 외피를 뒤집어쓴 재능 있는 소설가 스탕달은 1812년 《연애론》이라는 놀라운 책을 썼다. 이 책에서 그는 《질 블라스 이야기》에 나온 이 구절을 '사랑의 탄생'의 예로 인용했다. 그의 책에 실린 다음과 같은 그럴싸한 말은 낭만적 사랑의 경험에 대해 이런저런 이야기를 내놓는다. "열정만큼 흥미로운 것은 없다. 그것에 관한 모든 것은 너무나 예상을 넘어선다. 또 그 주체는 동시에 제물이기도 하다."° 스탕달의 주장처럼 우리는 **첫눈에 반한 사랑**coup de

---

° Stendhal, *Love*, Gilbert & Suzanne Sale(Penguin Books, 1975), p. 219.

foudre의 행복한 제물일 수도 있고 보답받지 못한 사랑의 불행한 제물일 수도 있다. 스스로 그렇게 하려고 한 것이 아니기 때문에 우리는 제물이다. 그냥 발생한다. 첫눈에 반한 사랑 같은 압도적인 감정이 어떻게 그냥 발생할 수 있는가? 이 질문에 대한 대답 가운데 적어도 몇 가지를 이해하려면 기억을 불러와야 한다. 17세기로 돌아가서, 데카르트는 자기 자신을 관찰하다가 자신이 사시斜視인 여성에게 매력을 느낀다는 사실을 알게 되었고 그럼으로써 기억이 낭만적 감정에 미치는 영향을 직접 이해하게 되었다. 소년 시절에 사시인 소녀에게 반한 일이 있었기 때문에 사시인 여성의 이미지가 감정적 반응을 불러일으킨다는 사실을 깨달은 것이다. 그는 우리가 미처 깨닫지 못한 채로 감정적 기억에 의해 인도되는 경향이 있음을 알아차렸다. 어쨌든 사람들은 대부분 자신의 '아버지들'이나 '어머니들'과 결혼한다. 우리를 부분적으로 자기 열정의 자각되지 않은 제물로 만드는 것은 기억이다.

첫눈에 반한 사랑은 매우 강력하기는 하지만 즉각적이고 즉시 깨달아질 수 있는 복합적인 내수용적 감각의 폭풍이라는 의미에서 상대적으로 단순한 감정이다. '심장으로 느껴지는' 감정에 대한 묘사 범위는 넓고 때로는 모호하다. 심장이 무거울 수도 있고 가벼울 수도 있고, 행복감으로 터져나갈 수도 있고 찢어질 듯 아플 수도 있고, 두근거릴 수도 있고 잠시 멎은 듯 느껴질 수도 있고, 뭔가가 마음을 잡아끌지만 그게 무엇인지 즉각 알아차리지 못하는 상황일 수도 있다. 다른 경우에는 솔직하게 말해 '뒤섞이고' 복잡한 느낌 혹은 어떻게도 해석이 안 되는 느낌이 들기도 한다. 신체가 뭔가를 말하고 있지만, 그게 무얼까? 윌리엄 제임스가 감정의 경험을 신체에서 발생하는 생리학적 감각의 해석으로 정의했을 때, 그는 인간의 감정이 육체적 감각 이상이라는 것을 알고 있었다. 감정은 존재하는 대상이나 생각에 의해 직접 유발되는 "일차적 느낌primary feeling이 아니라 간접적으로 불러일으켜지는 이차적 느낌이다."° 달리 표현하자면 일차적 느낌은 신체(자율신경계) 내의 물리적 감각이며, 이차적 느낌은 위 감각을 공포감, 사랑, 역겨움 등의 분류된 감정으로 해석하는 것이다. 가령 아주 중요한 취직 면접에 가려고 하는데 심장이 질주하듯 뛰고 안절부절못하는 느낌이 든다면, 당신은 스스로 사랑에 빠진 것이 아니라 불안하거나 흥분한 상태라는 걸 안다. 심장의 질주와 나비의 펄럭댐은 일차적 느낌이며, 이 느낌이 취직 면접을 앞둔 공포감과 불안감이라는 것을 아는 것은 이차적 느낌이다. 이차적 느낌은 면접을 기다리는 상황에서 비자발적으로 발생하는 생리학적 변화에 대한 해석이다.

이제 우리는 열정의 수수께끼의 진정한 핵심에 와 있다. 요점은 단순히 중요한 느낌을 만드는 것이 아니라 우리가 그것을 어떻게 해석하는지, 때로는 어떻게 실패하는지다.

2장에서 슬쩍 암시했듯, 신체 내부—심장, 내장, 폐, 생식기, 혈관—에서 오는 내수용적 감각은 모두 두뇌 표면 아래의 뇌섬엽이라 불리는 작은 피질 조각에 지도화되어 있다. 느낌을 만들기 위해서는 신체, 즉 자율신경계가 필요하고 느낌을 해석하려면 뇌섬엽이 필요하다.

° William James, *Principles of Psychology*(1890, reprinted Dover Publications, 2014).

숨어 있는 피질, 뇌섬엽: 폐품 가게

뇌섬엽은 섬을 뜻하는 라틴어 단어 'insula'(복수형은 insulae)에서 나온 이름으로, 두뇌 속에 피질이 섬처럼 삽입된 형태이기 때문에 붙은 명칭이다. 뇌섬엽의 위치를 해부학적으로 파악해보자. 이 책을 한 손에 들고 읽고 있다고 가정하고, 남은 손으로는 옆머리 위쪽에 귀와 두피가 만나는 지점이 시작되는 위치에 손가락 끝을 두고, 손가락을 위아래로 살짝 움직여보자. 손가락 아래에 있는 두뇌 세포를 마치 쭈그러든 축구공을 밀듯이 밀어서 두뇌 속으로 집어넣을 수 있고, 그렇게 하여 두뇌 피질 표면에 압인 자국을 낸다고 상상해보자. 그렇게 쭈그러든 부분이 뇌섬엽이다**(그림 8)**.

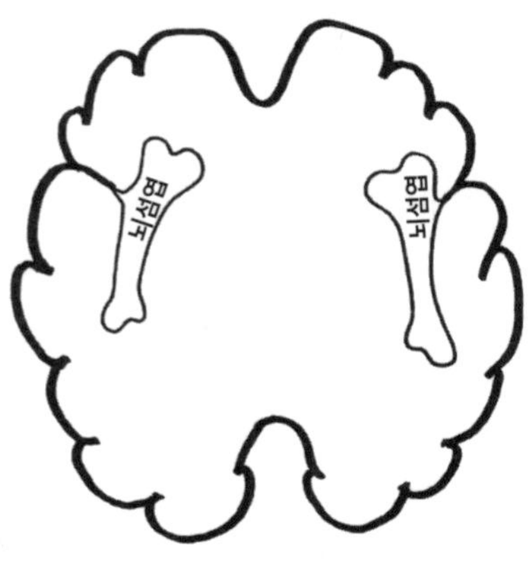

그림 8
뇌섬엽

귀 꼭대기 정도의 높이에서 두뇌를 대각선으로 자른 단면도. 숨어 있는 뇌섬엽 피질이 보인다.

뇌섬엽의 기능을 점검하는 한 가지 방법은 뇌섬엽 장애가 있는 사람을 관찰하는 것이다. 러비지 이야기 다음으로 인용할 연구 사례는 구역질의 감정에 관한 것으로, 캘리포니아에서 시행된 연구다. 연구자들은 퇴행성 뇌섬엽 질환을 앓는 환자들에게서 구역질 혹은 역겨움의 경험이 있었다고 보고했다. 뇌섬엽 위축증은 알츠하이머성 치매에서 흔히 발생한다. 알츠하이머 환자가 역겨움의 감각을 느끼지 못하는 것은 뇌 영상으로 파악된 뇌섬엽 부피의 축소와 관련이 있다는 보고가 있었다. 나는 이 보고가 아주 정확하다고 본다. 구역질의 느낌을 느끼는 능력과 뇌섬엽의 크기는 비례하기 때문이다. 뇌섬엽이 작을수록 구역질을 경험하지 못하게 된다. 신경성 섭식장애가 있는 사람들은 자신의 내적 상태에 대해 대체로 아는 바가 적다. 포만감 혹은 배고픔 감각을 인정하는 능력의 부재가 그 증거다. 거식증을 앓는 두뇌의 뇌섬엽 부피는 전혀 비정상적이지 않지만, 이 부위에서 일어나는 활동은 내적 느낌 상태의 변화에 반응하여 줄어들었다. 거꾸로 말하면 우울증 환자들, 짓눌리거나 부정적인 감정을 겪는 사람들은 역겨움을 나타내는 얼굴 표현에 반응하여 뇌섬엽이 더 활성화된다고 알려져 있다.

와일더 펜필드는 1955년 간질 수술을 받기 위해 뇌수를 노출시킨 상태에서 아직 의식이 남아 있는 환자의 뇌섬엽을 자극했을 때 나타나는 영향을 기술한 논문을 발표했다. 그는 뇌섬엽이 자극되는 동안 환자가 내장 감각을 느꼈다고 기록했다. 펜필드의 연구는 지금부터 내가 스텔라라 부르게 될 환자를 치료하던 무렵, 내가 당면한 임상적 이슈로 떠올랐다.

스텔라

스텔라는 복부에 '괴상한' 감각이 느껴지는 문제 때문에 여러 해 동안 다양한 전문의를 만난 뒤에 주치의를 통해 내게 보내졌다. 그녀는 일반의, 소화기 내과, 신경과, 산부인과 등 여러 분과에서 상담하고 소견을 받았다. 그들은 모두 스텔라의 내장에서 구조적으로든 내장 운동성의 메커니즘 면에서든 비정상적인 점을 조금도 찾지 못했다고 썼다. 내장 종양도 없고 말초신경질환(신경 질환)도, 산부인과적 비정상도 없었다. 그런데도 그녀는 아주 구체적이고 불쾌한 감각이 있다고 불평했다. 복부에서 흉부까지 전기가 통하는 것 같다고 했다. 그녀는 이 느낌을 '전기가 통하는 것처럼 윙윙대는 느낌electrical buzzing'이라 불렀다. 처음 만났을 때 그녀는 윙윙 소리가 나기 시작한 지 오래되었는데 갈수록 더 심해진다고 말했다. 이제는 그 소리를 없앨 수만 있다면 정신과 의사든 누구든 만나고 무슨 일이든지 하겠다는 단계에 와 있었다. 윙윙 소리가 어찌나 오래 계속되었는지, 누군가가, 자신의 외부에 있는 무언가가 뭔가를 자기 몸에 심은 건지도 모른다고 생각할 지경이었다. 윙윙대는 감각에 대해 스텔라에게 무슨 질문을 하든 그녀의 대답은 늘 남편의 흡연 습관 이야기로 돌아갔다. 그녀는 집 안에서 남편이 흡연하는 것을 지독히 싫어했다. 스텔라는 비흡연자였으니 그럴만도 했다. 하지만 남편의 흡연이 그녀가 듣는 윙윙 소리와 무슨 관계가 있었을까? 스텔라는 자신이 특히 분개하는 것은 재떨이라고 말했다. 나는 혹시 남편이 절대 재떨이를 비우지 않기 때문인 건지 궁금해졌다. 그녀는 그가 온 집 안에 어떻게 재떨이를 늘어놓고 꽁초들을 흩어놓는지 묘사하기 시작했다. 나는 그녀에게 계속 이해하려는 노력을 해보라고 설득했다. 그러나 결국은, 내가 해석한 바로는, 그 노력이 한계에 도달했다. 그녀는 남편이 꽁초를 통해 자신에게 어떤 의사를 전달하고 있고, 재떨이에 담긴 꽁초가 어떤 암호화된 소통을 나타낸다고 생각했다.

담배라는 암호는 다른 사람들, 특히 위스키를 한잔하고 카드 게임을 하러 집에 오곤 하는 남편 친구들에게도 해당되었다. 남편 친구들 모두 흡연자였다. 그들은 그녀를 해치려고 음모를 꾸미고 있었지만 그녀는 그들이 왜, 어떻게 그러는지 몰랐다. 다른 증거도 있었다. 가구의 위치가 가끔 바뀌었고, 자신이 펼쳐놓은 잡지가 나중에 보면 접혀 있었으며, 냉장고 속 우유가 다른 선반에 들어가 있곤 하는 등의 일이 있었다. 그녀는 자신이 겪는 일들을 잘못 해석하고 과잉 해석하는 것 같았다. 스텔라의 남편은 스텔라가 15년 동안 재떨이를 신비화했다고 말했다.

스텔라의 증상은 오래전부터 있어왔지만 마침내 복부에 전기가 윙윙대는 것 같은 감각 때문에 정신병적 장애로 진단받았다. 우리는 이것을 신체 환각somatic hallucination°이라 부른다. 그것은 신체 내에서 오는 것처럼 느껴지지만 사실은 두뇌 속에서 발생한다고 봐야 하는 감각이다. 신체 환각은 정신이상 상태에서 흔한 증상은 아니지만, 조현병 진단을 받은 사람에게는 핵심적 경험에 속한다. 오감처럼 외수용적 기

° 내부 장기에 대한 잘못된 느낌, 신체 일부가 변형되었다거나 신체에 무슨 일이 일어나고 있다고 느끼는 것을 말한다.—옮긴이

관에서 오는 감각이든 내장 등 내수용적 기관 어디에서 오는 감각이든 모두 두뇌에서 발생할 수 있다.

나는 그 전기적 징징 소리가 복부에 있는 어떤 원인 때문에 생긴 것이 아니라 두뇌 속에서 잘못 발화되거나 잘못 연결된 것이 원인일 거라고 최선을 다해 설명했다. 또 항정신병 약물로 그 소리를 통제할 수 있을 거라고도 말했다. 스텔라에게는 이런 설명이 모두 좀 이상하게 들렸지만 무슨 일이든 기꺼이 시도할 마음이 있었으므로 항정신병 약물을 복용하기 시작했다. 그 뒤 몇 주 동안 윙윙대는 소리는 약해졌고, 몇 달 뒤에는 완전히 사라졌다. 그녀는 남편이 자신에게 해를 끼치려고 친구들과 음모를 꾸몄고, 재떨이에 메시지를 남겼으며, 자신들이 그녀를 감시한다는 것을 알리려고 물건의 위치를 바꾸었다는 의심을 차츰 버리게 되었다. 그녀는 더 이상 재떨이에 관심을 두지 않았고, 내가 과거의 집착을 상기시켜도 그저 대수롭지 않게 무시하고 지나갔다. 그런 일이 있었고, 이제는 그렇지 않다는 것이다. 스텔라는 자신의 기억을 새로 발생하는 사건에 비추어 회고적으로 재구성할 필요를 느끼지 못했다. 그저 약물 치료를 받고, 친밀하고 복잡하지 않은, 복부의 불쾌한 감각이 주는 고통이 없는 세계에 남아 있고 싶어했다. 그녀는 오래전에 사라진 줄 알았던 본래의 자기 모습으로 돌아오기 시작했고, 가족이나 이웃들과 다시 소통하기 시작했으며, 집안일을 하고 방치되었던 정원을 돌보기 시작했다.

스텔라의 특이한 신체 환각에 참고가 될 만한 자료를 정신과 분야의 문헌에서는 찾을 수 없었다. 그러다가 얼마 뒤 몬트리올에 있는 노트르담 병원과 생쥐스틴 병원의 D. K. 응우옌이 이끄는 신경외과 의사팀이 2009년에 쓴 논문 한 편을 읽었다. 그들은 신경 수술을 받기 전에 아직 의식이 있는 환자의 뇌섬엽을 자극했을 때 겪은 감각 경험에 관해 전했다. 논문에는 뇌섬엽의 특정한 부분을 자극할 때 '복부에서 징징대는 소리'가 난다고 묘사한 특이한 감각이 언급되어 있었다. 계속 조사한 결과, 나는 펜필드가 1955년에 발표한 획기적인 논문에서 수술 전 환자 일부의 뇌섬엽을 자극했을 때 그와 비슷하게 특이한 '윙윙대는' 감각이 나타났다고 기술한 부분을 찾아냈다. 나는 수십 년을 사이에 둔 펜필드와 응우옌의 묘사가 스텔라가 느낀 특이한 내장 감각과 유사한 데 충격을 받았다. 신경과 수술실에서의 실험은 두뇌 안쪽에서 뇌섬엽의 자극이 징징대는 몸속 감각을 어떻게 유발하는지 보여준다. 펜필드와 응우옌이 손으로 직접 또 고의로 활성화했던 바로 그 뇌섬엽 피질 부위가 어떤 피질 질환 때문에 스텔라에게서 활성화되었다는 의견이 그때나 지금이나 내게는 타당해 보인다.

그러므로 현실에서 뇌섬엽은 우리가 감정을 체험할 때 불이 들어오는 내부 내장 감각inner visceral sensation의 감각 피질이다. 2004년에 레이 돌런과 런던의 동료들이 발표한 한 연구는 정상적인 감정 상태에서 심장박동을 주관적으로 모니터할 때 뇌섬엽에 빛이 밝혀지는 양상을 보여주었다. 그들은 심장박동을 자각하는 것에 대해 질문받은 사람들의 두뇌 활동을 지켜보고 그 사람의 내수용적 인식이 뇌섬엽 활동 및 크기와 상응한다는 것을 알아냈다. 1980년대 후반에 안토니오 다마지오는 인간의 복잡한 느낌 상태도 뇌섬엽에 '위치가 표시될' 수 있다고 주장했다. 다마지오는 신체 내부 감각이 수없이 많은 조합으로 조직되어 '다양한 느낌 상태'를 만들어낼 수 있다는 이론을 세웠다. 다마지오는 저서 《자아가 마음에 오다》에서 자신이 시도한 뇌 영상 실험들에 대해 서정적으로 서술했는데, 그 실험에서 그의 연구팀은 상이한 감정 상태들이 뇌섬엽 활성화의 상이한 영역과 관련된다는 것을 보여주었다. 그는 그 영역들을 '감정에 특화된 신경 패턴emotion-specific neural patterns'이라 불렀다. 좌측 뇌섬엽은 주로 긍정적 감정일 때, 즉 모성적이거나 낭만적인 사랑의 감정을 느낄 때, 좋은 음악이나 행복한 목소리를 들을 때, 미소 짓거나 다른 사람의 미소를 볼 때 활성화된다. 심지어 '구매 요법retail therapy'의 신경학적 근거일 수도 있는, 뭔가를 사려고 고대하는 기분과 연관된 긍정적인 감정도 좌측 뇌섬엽의 활성화와 관련돼 있다. 감정 지도는 돈 알폰소의 첫눈에 반한 사랑에서 프루스트의 마들렌이 촉발한 수수께끼 같은 어떤 감정의 유령에 이르기까지 인간이 경험할 수 있는 온갖 느낌 상태의 범위가 얼마나 넓은지를 설명해준다.

삶의 기억과 뇌섬엽

두뇌의 여러 다른 구역을 뇌섬엽에 연결하는 통로가 있다. 뇌섬엽의 어떤 부분이 다른 두뇌 구역에서 오는 신경세포에 의해 발화되면, 이는 어떤 감정 경험을 유발할 수 있다. 기억으로 벼려낸 이런 두뇌 통로는 느낌을 유발하는데, 이는 펜필드나 응우옌이 느낌을 만들어내기 위해 수술 도구로 뇌섬엽을 자극한 것과 매우 비슷하다. 전두엽의 전기傳記 네트워크에서 뇌섬엽으로 가는 신경 통로의 존재는 전기 기억의 입력이 느낌 상태를 자극할 수 있음을 의미한다(그림 9). 감정이 전기 기억의 자극을 받는 이 상황에 편도체가 개입할 필요는 없다. 뇌섬엽은 전두엽 피질에서 오는 기억 신경세포에 의해 두뇌 내부에서 자극되고 있다.

뇌섬엽에 대해 더 많은 것을 알아갈수록 감정과 과거의 전기 기억들이 중립적으로 엮여 있는 방식뿐만 아니라 사회가 개인의 감정적 복지에 어떻게 영향을 미치는지도 더 잘 이해하게 된다. 나는 정신이상

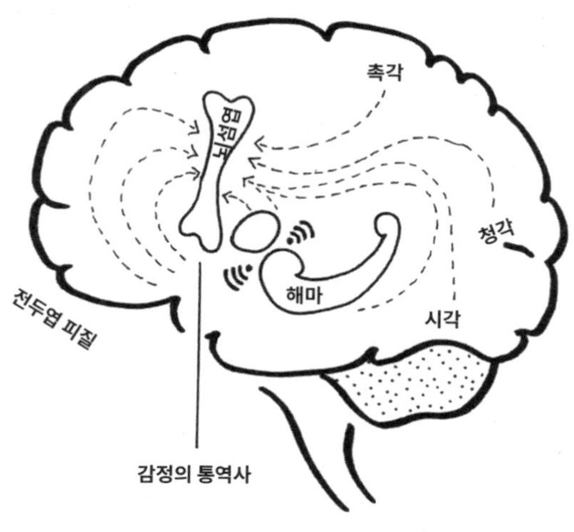

그림 9
감정 피질로서의 뇌섬엽

두뇌 내부에서 뇌섬엽으로 수렴하는 중심 통로 일부. 뇌섬엽은 신체 내부에서 오는 감정 상태를 기록하지만 두뇌 내에서 자극되어 기억의 통로가 감정 상태를 초래하게 할 수도 있는 감각 피질이다.

장애로 고통받는 환자들처럼 사회적으로 배제되었다고 느끼는 사람들의 두뇌 활동 기록을 지켜본 어떤 연구에 특히 관심이 갔다. 그 논문의 저자들은 사회적 배제로 인한 고통의 표현이 신체적 통증의 표현 바로 곁에 지도화되었음을 알게 되었다. 사회적 배제는 '고통스럽다.' 사회 따위는 존재하지 않는다거나 정치는 개인적인 일이 아니라고 누가 말하는가?

삶에는 어쩔 수 없이 상실과 고난이 있는데, 위기 때 느끼는 감정은 모두 편도체에 관련된 것으로 보인다. 갑작스러운 정신병이나 돈 알폰소의 '첫눈에 반한 사랑'처럼 강렬하고 압도적이며, 확실히 저절로 움직이고 통제 불가능하기도 하다. 시간이 흘러 전기 기억이 피질로 가게 되면서 감정은 모습을 바꾸는 것으로 보이는데, 이는 아마 고도로 흥분한 편도체의 돌진에서 더 사려 깊은 전두엽-뇌섬엽의 충동으로 옮겨가는 것의 반영일 것이다. 내 짐작이지만 이는 아마 즉각적인 느낌과 더 절제된 느낌의 원인을 설명해줄 것이다. 편도체가 밀어붙이는 날것 그대로의 감정 상태의 경험에서 온건해진 경험, 그중 십중팔구는 전두엽-뇌섬엽 회로에 의해 추진되는 경험으로의 이동을 보여주는 예는 사랑하는 이의 죽음이라는 보편적 경험에서 찾을 수 있다. 죽음 직후에 느끼는 감정은 강렬하고 때로는 통제할 길 없이 불행하고 고통스럽다. 비탄이 끼어들고 지배한다. 편도체에 불이 붙어 모든 감각적 입력에 작열하는 상실의 각인을 새긴다. 슬퍼하는 사람에게는 모두가, 또 모든 것이 상실을 상기시킨다. 패트릭 캐버너는 아버지가 세상을 떠난 뒤 "노인을 보기만 하면 아버지가 떠오른다"°고 썼다. 기억은 시간이 흐르면서 피질로 가서 전두엽의 전기적 네트워크와 더 온화한 뇌섬엽의 느낌으로 표현된다. 기억은 비탄이 전두엽-뇌섬엽 감정으로 서서히 이동함에 따라 편도체의 강력한 충격과 거리를 둔다. 전두엽-뇌섬엽 감정 단계에서는 상실을 겪은 사람이 세상을 떠난 사랑하는 이에게 연민을 느낄 확률이 더 높다.

> 말로 할 수 없는 연민이
> 사랑의 심장에 숨겨져 있다.°°

살고 배우는 것은 감각과 기억과 감정의 끝나지 않는 춤이다. 외부 세계에서 들어오는 감각은 감각 경험의 피질 지도 속에 엮여 들어가며, 사건은 감정 회로의 편도체-뇌섬엽 베틀 속에 계속 엮여 들어간다. 결국, 감정이 없다면 기억은 무엇이겠는가? 인간적 의미도 없는 경험의 끝없는 레퍼토리일 뿐이다. 기억 없는 감정은? 욕망의 이런저런 대상 사이에서 얄팍하게 날아다니는 일에 불과하다. 감정이 없으면 우리 심장은 부서지지 않고 슬퍼하지 않겠지만, 또 우리가 매력을 느끼고 잠시라도 함께 살아가는 사람들과의 풍요로운 기억들, 오랫동안 보지 못한 사촌들을 만날 때 떠오르는 그런 종류의 기억은 없을 것이다.

러비지 이야기를 생각하면 이제 나는 그 시절에 겪었던 편도체가 주도하는 희미한 구역질과는 아주 다른 어떤 것이 느껴진다. 이 기억에 결부된 감정은 이제는 흩어진 뇌섬엽 기억이다. 겹겹이 쌓인 기억들이 흐릿하게 함께 떠오른다. 그때의 향기로운 열기, 나른한 기대감, 무

° Patrick Kavanagh, "Memory of My Father."

°° W. B. Yeats, "The Pity of Love."

엇이 다가올지 알지 못하는 예지적 무지'pre' innocence. 이 모든 것에는 기억에 남은 소중한 순간들에 대한 멜랑콜리한 향수가 가득하다. 사라진 사랑스러움의 감각 기저에 놓인 신경의 마법은 비물질적이고 영적인 느낌을 주는 어떤 것으로 남아 있다.

6장

장소 감각

4장에서 우리는 밤새 엮어 놓은 세포 조립들을 더 안정적인 피질 네트워크로 만들기 위한 해마 내 가소적 가지돌기의 끝없는 신경 재구축 활동을 살펴보았다. 마치 방앗간 주인의 딸이 잠든 동안 짚을 금실로 변신시키는 럼펠스틸스킨처럼 말이다. 5장에서는 편도체가 전두엽-뇌섬엽 회로의 더 편안한 저장고에 들어가기 전에, 느낌을 나뭇가지처럼 분지하여 해마 기억으로 만들면서 해마와 함께 가지돌기의 춤을 펼치는 양상을 살펴보았다. 나는 신경세포가 느낌을 기억과 엮어 그물처럼 짜는 것에 대해 알고 있으므로, 이 사실을 염두에 두면서 기억 구축의 좌표—시간, 장소, 인물—로 돌아가고 싶다. 이런 좌표 가운데 역사적으로 우두머리 노릇을 해온 것은 장소였다. '위치'라는 단어 자체도—

토픽topic(라틴어에서 장소를 뜻하는 단어인 topos에서), 코먼 플레이스common place, 시추에이션situation(라틴어에서 자리잡다를 뜻하는 단어인 situare)처럼—언어가 어떻게 과거와 작업 기억working memory°에서 장소가 차지하는 핵심적 중요성을 반영하게 되었는지를 보여준다. '작업 기억'이란 신경학자들이 말하는 뭔가를 파악해내거나 사유하는 것이다. 장소가 기억에서 갖는 우선권을 보여주는 간단한 사례는 중대한 사건이 일어났을 때 어딘가에 위치하고 싶어하는 인간의 본능이다. 우리는 왜 어떤 일이 발생했을 때 **어디 있었냐고** 물을까?

9·11 소식을 들었을 때 당신은 어디 있었나요? 이 책을 쓸 무렵 인터넷에서 이 질문을 검색해보니 조회수가 5억이 넘었다. 내 경우 어떤 시끄러운 사건이 발생했을 때 내가 어디 있었는지 생각해보게 되는 첫 기억은 아마 1963년 존 F. 케네디가 죽었을 때인 것 같다. 그가 죽은 날 있었던 일이 아닐까 하고 자주 짐작하던 스냅 사진 같은 기억이 내게 있다. 다행히 이 기억에 대해 누구에게도 말한 적은 없다. 그래서 나 스스로를 실험 대상으로 삼아 내 기억을 글로 써보고, 그런 다음 당시 상황에 대해 어머니에게 물어보기로 했다.

> 그 기억 속에서 나는 초등학교에 입학하기 전이었고, 이웃집과 우리 정원의 경계인 에스칼로니아 덤불을 마주 보는 뒷마당에 있었다. 나는 그 덤불의 뒤쪽 모퉁이에 혼자 서 있었는데, 이웃집 정원과 만나는

° 다른 감각 기관으로부터 들어오는 정보를 머릿속에 잠시 잡아뒀다가 기억하는 것. 심리학적으로 작업 기억은 경험한 것을 수 초 동안 머릿속에 받아들이고 저장하고 인출하는 정신 기능이라고 할 수 있다.—옮긴이

지점에서 내가 있는 곳까지 산울타리의 폭이 점점 좁아지고 철사 울타리가 보였다. 어머니는 집에서 나오고 있었다. 이웃집 사람인 베글리 부인이 양손으로 머리 옆쪽을 감싸고 불행하다는 몸짓을 하면서 자기 집 정원에서 어머니를 향해 서둘러 걸어왔다. 다음 장면에서 두 여자는 서로를 부둥켜안고 위로하면서 흥분하여 떠들고 있었다.

나는 어머니에게 JFK가 죽었다는 소식을 들었을 때 어디 있었는지 기억하느냐고 물어보았다. 어머니는 당시 더블린의 오처즈타운 드라이브에 살고 있었고, 그 소식을 부엌에 있던 라디오로 듣고는 뒷마당으로 나갔고, 어머니들이 자연스럽게 모여들어 그 충격을 나누었다고 대답했다. 어머니는 내가 거기 있었는지 아닌지 기억하지 못했지만, 내가 입학한 것이 1964년이었으니 아마 집에 있었을 것이라고 확인해 주었다. 그 기억은 고작 한순간에 불과했고, 기묘한 감정 속에서 관찰된 찰나일 뿐이었으며, 그것과 결부된 다른 어떤 사건도 없었다. 내가 이해하지 못하고 배제되었던 어른 세계에서 일어난 어떤 일에 대한 목격자로서 느꼈던 그때의 감정을 이제는 확인할 수 있다.

오처즈타운 드라이브에 있던 그 집의 실내가 지금도 기억난다. 우리가 그 집에서 다른 집으로 이사한 것은 내가 여섯 살 때, 그러니까 55년 전이었다. 사람들은 대부분 어린 시절에 살던 집을 기억하는데, 그 집에 가장 오래된 기억이 담겨 있기 때문이다. 어린 시절의 집으로 되돌아가는 것은 어린 시절의 기억을 탐험하는 것과 같다. 가스통 바슐라르(1884~1962)는 그것을 '심리지리학psychogeography'이라 불렀다. 바슐라르는 프랑스의 철학자이자 건축가로서, 그의 저술은 그의 용어에 따라 가정의 '친밀한 공간'을 탐구했다. 가장 유명한 저서 《공간의 시학》에서 그는 인간이 기억을 통해 친밀한 장소를 창조한다는 중심 발상으로 독자를 안내한다. 흔히 처음 태어난 집이 그런 장소이며, 그곳을 사람들은 정서적으로 안전하게 느끼고 마음껏 창조하고 상상한다. 그의 저술은 기억 속에서, 그럼으로써 상상 속에서 그가 '시적'이라 부른 장소가 갖는 중심성을 지적한다. 이 책의 다음 절에서 논의하게 될 기억은 상상력의 기반이다.

그러나 처음 살던 집의 기억이 항상 확실한 것은 아니며, 꿈에서나 문학에서나 불안정한 기억의 은유를 제공할 수도 있다. "어젯밤에 맨덜리에 간 꿈을 다시 꾸었다." 대프니 듀 모리에의 《레베카》에 나오는 유명한 첫 문장이다. 레베카의 기억은 문자 그대로 맨덜리 저택에 수용되어 있다. 아마 그것이 새로 드 윈터 부인이 된 여성이 스스로 입지를 확립하기 위해서 그 집을 허물어야 했던 이유일 것이다. 집이 타서 무너짐으로써 고통스러운 기억으로부터 해방된다는 은유는 듀 모리에가 한 세기 전 샬럿 브론테의 《제인 에어》에서 차용해온 것이다. 이 책의 중심 은유는 손턴 홀, 다락방에 갇혀 있는 '나쁜 악녀'의 등장으로 로체스터의 첫 결혼의 기억이 구현되는 장소다. 손턴 홀은 불에 타서 무너지고, 제인과 로체스터는 기억에서 해방되어 자신들의 꿈을 추구할 자유를 얻게 된다. 유령이 나오는 집은 시공과 문화를 초월하는 모티프로, 모든 전설이 그렇듯 정신병을 양산하는 비옥한 대지다. 아래에 등장하는 유령 나오는 집에 대한 애니타의 이야기는 나의 오랜 과거와 최근 기억 속의 여러 연상에 불씨를 던졌고, 전설 속 또는 페미니즘 운동이 일어나기 전에 여성 노동자들이 마주했던 잔혹한 현실과 공명한다.

애니타

애니타는 칠십대 여성이었는데, 여러 해 동안 우리 병원에서 외래로 매주 닷새씩 통원하며 치료받았다. 그녀는 자녀 중 한 명을 낳았을 때부터 시작된 것으로 보이는 정신질환을 장기간 앓고 있었다. 이 단계에서 그녀는 입원했고, 그 뒤 20~30년을 호전과 악화를 반복하며 지냈다. 그럼에도 그녀는 자녀를 돌보려고 애썼다. 1950년대 대부분의 아내가 그랬듯 거의 홀로 자녀 양육을 담당했다. 남편은 탄탄한 직업을 갖고 있었고 넉넉한 봉급을 갖고 왔다. 남편으로서 해야 할 일은 그것으로 충분했다. 매주 두세 번 퇴근 후 동료들과 한잔씩 들이켜는 생활을 즐겼으며, 일요일에는 가족들과 점심 식사를 함께하거나, 종종 크로 공원에서 열리는 게일족 육상 연합Gaelic Athletic Association 경기에 가곤 했다. GAA는 토착 아일랜드식 경기인 게일 풋볼과 헐링을 중심으로 구축된 민족 연합으로, 영향력이 엄청나게 컸다. 영국의 풋볼이나 미국의 야구처럼 열정적인 지역 카운티 클럽에 충성하는 무리가 그 연합에 가입했다. 다만 아일랜드의 경우 모든 교구가 관련되어 있었고, 전문 체육인은 아니라는 차이가 있었다. 애니타 개인의 역사는 아일랜드의 사회적 역사나 마찬가지였다. 그녀는 가사 노동을 더 이상 해낼 수 없는 지경이 되기까지 아무도 그 존재를 알아차리지 못하는 투명한 아내이자 어머니였다. 아마 그녀는 일요일 점심 식사가 끝난 뒤 벽을 보고 서서 설거지를 하는 존재, 과묵하고 조용하게 기꺼이 가족을 섬기면서 그녀 자신은 끝없는 정신병의 압박 속에서 진정한 고통을 겪고 있는 존재였을 것이다. 그녀는 당시 여성들이 당하는 일상적인 무관심과 정신병을 이기고 살아남았을 뿐만 아니라, 나중에 우리가 그녀를 치료했을 때 밝혀진 일이지만, 어린 시절의 성적 학대까지 견뎌낸 영웅이었다.

그녀는 지속적으로 자기 집에 유령이 있다는 망상을 했다. 밤이면 속삭임을 들을 수 있었고, 아침이 되면 유령들이 뭔가를 조금씩 움직여 두거나, 자러 가기 전에 껐다고 기억하는 아래층의 전등을 누군가 켜 놓은 것을 알 수 있었다. 한두 번쯤 잠들어 있을 때 뭔가가 자신을 건드리는 것이 느껴졌다. 누군가가 집에서 그녀를 감시하고 있었고 지켜보고 듣고 있으니, 그녀는 행동을 조심해야 한다는 것을 알았다. 집에 있지 않으면 이런 경험을 하지 않았다. 병원에서는 문제가 없었고, 아주 소극적이긴 했지만 불편해하지는 않았다. 그녀는 약한 두뇌 장애가 있으며 회복과 악화를 반복하는 온화한 태도의 여성이라는 인상을 준다. 그러다가 말을 걸면 정신병을 떨치지 못하고 있음을 알게 된다. 그녀의 딸은 가족들이 사는 집이 주는 트라우마로부터 벗어날 수 있도록 어머니를 자기 집에 데려가서 함께 살았다. 얼마 안 가서 애니타는 딸의 집에는 뭔가가 부재한다고 믿게 되었고, 이상한 일이 발생한다는 망상을 갖게 되었다. 그 뒤 애니타는 자기 집으로 돌아갔고, 치명적인 뇌졸중으로 죽을 때까지 다시는 집을 옮기지 않았다. 병원은 하루 동안 문을 닫고 그녀의 장례식에 참석했다.

장소, 장소, 장소…… 왜 장소가 기억에서 그렇게 중요한가? 아마 장소 기억이 위치를 기억해야, 예를 들면 먹을 것을 채집할 수 있는 장소나 위험이 도사리고 있는 장소 같은 것을 기억해야만 생존할 수 있었던 시절로부터 내려오는 진화의 유산이기 때문일 것이다. 위대한 프랑스 사회학자 모리스 알박스는 1950년대에 이정표적인 저서 《집단적 기억》에서 환기되는 장소의 중요성에 대해 이렇게 주장했다.°

> 이제 눈을 감고 내면에서 시간을 거꾸로 돌려 장면과 사람들이 명료하게 기억되는 가장 오랜 과거 시점으로 돌아가 보자. 외부 공간으로는 절대로 가지 않는다. 우리 자신은 어딘지 모를 공간이 아니라 아주 쉽게 알아볼 수 있는 곳에 있다. 우리가 알고 있는 곳이거나 현재의 물질적 환경에 여전히 속한 곳이기 때문이다. 나는 무척 애를 써서 그 공간적 맥락을 지웠다. 당시에 경험한 느낌과 그때 품고 있던 생각에만 집중하기 위해서였다. 느낌과 성찰은 다른 모든 사건처럼 내가 거주하거나 스쳐갔고 지금도 존재하는 어떤 장소에 재배정되어야 한다. 더 멀리 돌아가 보자. 우리가 장소를 흐릿하게라도 떠올리지 못하는 시점에 도달하면, 그것이 곧 기억에 들어가지 못하는 우리 과거의 영역이다.

기억에서 장소가 차지하는 중심적 위치를 고려하면 해마에서 가장 중요한 세포가 장소를 인식하는 세포이며 '장소 세포place cell'라는 적절한 명칭을 갖고 있다는 것은 의외가 아니다.

° Maurice Halbwachs, *On Collective Memory*, ed. & trans., Lewis A. Coser(University of Chicago Press, 1992).

장소 세포

2015년 8월에 나는 존 오키프라는 신경학자의 강연을 들으러 기차를 타고 코크로 갔다. 그의 강연은 해마에 있는 장소 세포의 발견에 관한 것이었다. 오키프는 마이브리트 모세르, 에드바르 모세르와 함께 장소 세포를 발견한 공로로 2014년 노벨 생리의학상을 받았다. 존 오키프는 영국에서 살고 일했지만 미국식 억양을 갖고 있었고 노인이었지만 동안이었다. 체격은 여위었지만 탄탄했고, 아일랜드인에게서 흔한 하늘색 눈은 활기차게 강연하면서 주위를 돌아보았다. 그의 발언은 내게 또 다른 깨우침을 주었다. 그날 코크 대학 바깥의 버스 정류장에 서 있으면서 일종의 인지 변화를 겪었던 일을 기억한다. 장소 세포에 대해서는 이미 알고 있었지만, 오키프가 이야기하는 발견의 여정을 들으니 내가 경험한 것처럼 생생하게 다가왔다.

쥐의 해마와 장소 세포에 관한 그의 이야기는 폐쇄 공간인 실험장에서 살아 돌아다니는 쥐를 통한 실험으로 시작되었다. 쥐의 해마 신경세포 하나에는 미세 전선이 삽입되어 있었다. 쥐의 해마 신경세포가 대략 18만 개인 것을 생각하면 이것만으로도 놀라운 일이다. 쥐는 살아서 자유롭게 돌아다녔다. 그 미세 전선은 구멍 난 해마 신경세포에서 발생하는 전기 활동을 기록하는 기계에 연결되어 있었다. 이를 통해 오키프와 그의 연구팀은 쥐의 해마에 묻혀 있는 기억 세포 하나에서 무슨 일이 벌어지는지 볼 수 있었다. 쥐가 실험장을 돌아다니는 동안 이 신경세포에서 무슨 일이 일어날까? 그 실험장은 마치 지도의 그리드처럼 작은 사각형으로 나뉘어 있었다. 쥐가 어떤 특정한 사각형으로 들어가면 기계에 신호가 나타난다. 쥐가 이 사각형에 다시 들어가면 같은 일이 다시 발생하지만 다른 사각형에서는 그렇지 않았다. 신경세포는 특정한 사각형을 '인식했고recognized' 다른 사각형은 인식하지 않았다. 오키프는 이런 신경세포를 '장소 세포'라 불렀다. 장소 세포는 어떤 특정한 외부 장소에 대한 고유한 식별자identifier 혹은 세포 기억이었다. 해마 신경세포 하나가 사각형 하나와 맞먹었다. 이것이 피질이 아님을 기억하라. 시각 피질도 아니고 그 외 다른 것도 아니다. 그것은 기억 기계인 해마다.

1971년에 이루어진 작고 특정한 장소와 해마 내의 단일한 기억 세포 간의 연결에 대한 이 충격적인 증명은 심오한 의미를 지니고 있었다. 해마가 감각 기능과는 구별되는 전문적 기억 센터의 기능을 한다는 것이 증명되었다. 쥐는 보고, 듣고, 건드리고, 냄새 맡았고, 온몸 전체의 감각 기능을 바깥쪽 피질을 통해 중개받았다. 쥐가 실험장을 돌아다니고 있을 때, 보고 냄새 맡고 실험장 바닥을 건드리고 있을 때, 이런 모든 감각 기능이 피질에서 발생하고 있었고, 해마 신경세포는 외부 세계 내의 장소에서 장소 세포로 이어지는 빈틈없는 과정을 통해 장소 기억을 만들고 있었다. 이런 기술을 사용하는 후대의 연구가 이룬 또 다른 발견은 외부 세계에서 인접한 장소들은 해마 내의 인접한 장소 세포에서 발화하지 않는다는 것이다. 장소 세포의 상이한 발화 패턴이 상이한 위치를 나타내기는 하지만, 신경세포 발화의 패턴은 지리적인 것이 아니라 추상적인 것이며, 외부의 공간적 구조를 나타낸다는 것이 명백해졌다. 장소는 세포 조립의 암호로 표현되는 것으로 보였다.

존 오키프가 한 것과 같은 해마 세포의 세포 간 기록intracellular recording은 정상 상태의 인간 해마를 대상으로 할 수는 없지만, 간질 수술을 받기 직전에 아직 의식이 있는 환자의 해마 세포로 시행될 기회가 있었다. 2003년 《네이처》에 발표된 한 임상 연구는 그런 환자 일곱 명에게서 **개별 세포**들이 보인 전기電氣 반응을 검토했다. 실험의 첫 단계에서 참여자들은 먼저 컴퓨터 게임에서의 가상 도시와 친숙해졌다. 실험의 두 번째 단계는 기억된 도시에서 환자들이 택시를 타고 특정한 장소로 가는 과정이었다. 해마의 특정한 세포들은 특정한 장소에 반복적으로 반응하며 장소 선택성place selectivity을 보여주었다. 정신없이 돌아가는 세상에서 장소에 굳게 뿌리내리고 있으면서 우리의 닻이 되어주는 세포가 두뇌에 묻혀 있다고 생각하면 위안이 된다.

해마 연구에 따르면 장소 기억은 우측 해마와 관련이 있다. 앞에서 택시 면허를 따기 위해 대도시의 광역 지도를 암기해야 했던 런던 택시 운전사들에 대한 연구를 보았다. 뇌 영상에 의하면 지리적 지식이 확대되면서 함께 커지는 것은 주로 우측 해마였다. 더욱 흥미로운 것은 숙련된 런던 택시 운전사가 도시의 복잡한 길을 머릿속으로 떠올릴 때 우측 해마가 선택적으로 발화한다는 사실이다. 여기서 기억과 상상이 두뇌 속 동일한 회로와 관련되어 있음을 알 수 있다. 이 주제에 관해서는 뒤에서 더 자세히 살펴보려 한다.

해마가 파괴되어 기억을 잃었던 환자 MM으로 잠시 돌아가 보자. 그녀는 방 안에 있을 때는 방향감각을 유지할 수 있었지만 일단 밖으로 나가고 나면 돌아오는 길을 찾지 못했다. 그녀에게서 장소에 관한 해마 기억은 사라졌지만, 방 같은 대상을 보는 감각 능력은 손상되지 않았다. 그런데 길을 잃지 않으려면 피질과 장소 기억 시스템이 함께 작동해야 한다. 온전한 인지가 이루어지려면 해마 기억에 투입되는 감각 정보 시스템이 있어야 하는 것이다.

존 오키프와 함께 노벨상을 공동 수상한 신경학자 부부인 에드바르와 마이브리트 모세르는 장소-세포 기억을 만들기 위해 감각이 어떻게 해마로 투입되는지 살펴보는 획기적인 실험을 수행했다. 두 사람은 2005년에 내후각 피질에서 발견된 세포 연구를 발표했다. 여러 상이한 피질에서 들어오는 통합된 감각 정보가 그곳에서 해마로 분배된다. 두 사람은 내후각 피질에서 나오는 신경세포가 고주파 전류로 해마 세포를 자극하면 해마 세포가 발화하여 가지돌기 단백질을 만들고, 그 단백질은 세포를 한데 엮어 장소 암호인 세포 조립을 형성하게 한다는 사실을 알아냈다. 내후각 세포는 직조기인 해마로 들어가는 실인 피질 감각을 공급한다. 밤이면 해마 세포 조립은 럼펠스틸스킨처럼 마법을 부려 피질 기억의 직물을 짜낸다. 장소 세포는 발견된 이후 이제 공간 세포로 진화했다. 대상이 그저 평평한 이차원적 장소 위치만이 아니라 공간적인 삼차원 맥락에 있는 것이기 때문이다. 이 주제에 대해서는 다음 장에서 다루려고 한다. 다만 이제부터 내가 '장소place'와 '공간space'을 동의어처럼 사용할 거라는 점을 기억해두자.

감각 피질의 춤에서 자극받아 해마에 전달하도록 선택되는 것 혹은 더 영구적인 피질 저장소인 감각 피질로, 또는 남은 평생 부피가 커지는 저장고인 전두엽 피질로 전달하도록 선택되는 것은 무한히 많은 가능성이다. 그것은 삶의 경험과 비슷하게 감각 피질의 각성과 해마 기억 암호가 어지럽게 뒤엉켜버린 편도체의 탱글tangle°이다. 경험과 기억을 창조하는 것은 일치단결하여 작업하는 전체 과정의 상호연결성이다. **당신은 어떻게 춤과 춤꾼을 구별할 수 있는가?**°°

뒤엉킨 편도체 덩어리

우리가 기억을 통해 원래 살던 집의 심리지리학을 따라가든, 아니면 기억이 담겨 있기 때문에 떠나고 싶지 않은 현재의 집을 따라가든, 장소는 일차적으로 이미지와 시각에 의해 방향을 찾는다. 우리가 탐구해온 대로 시각 피질은 다른 감각의 두뇌 영역보다 편도체에 더 많이 연결되어 있으며, 사람의 전기적 기억에서 장소 문제를 처리하려 하면 정서적 기억도 함께 자극된다. 장소에 정서적 기억이 접속되는 이야기는 2014년 노벨 문학상 수상자 파트리크 모디아노가 쓴 책 《감형》에 아름답게 표현되어 있다.

> 가끔 우리 기억은 폴라로이드와 같아 보인다. 거의 30년 동안 나는 잰슨에 대해 생각한 적이 거의 없었다. 우리가 서로를 안 것은 아주 잠깐뿐이었다. 그는 1964년 6월에 프랑스를 떠났고, 나는 이 글을 1992년 4월에 쓰고 있다. 그에게서 소식이 온 적은 한 번도 없었고, 그가 살았는지 죽었는지도 모른다. 그의 기억은 잠자고 있었다. 그런데 이제 그것이 1992년 이른 봄에 갑자기 둑이 터진 듯 몰려왔다. 내가 여

° 세포 내 단백질이 제대로 분해되지 않고 집적되어 뭉친 덩어리.—옮긴이
°° Y. B. Yeats, "Among School Children."

자친구와 함께 찍은 사진을 어쩌다가 보았는데, 그 뒷면에 찍힌 청색 스탬프에 "촬영 잰슨. 저작권 보호"라고 되어 있었기 때문일까?

이 문장의 출처인 아름다운 단편은 《감형》을 구성하는 삼부작 가운데 하나로, 오래된 사진이 불러일으킨 기억을 따라가는 여정이다. 모든 것이 흐릿하며 관계도 유동적이지만, 1964년 여름의 체험들이 영위되었던 파리의 유명한 거리과 카페는 독자가 젊은 잰슨의 정서적 '기억의 소로'를 따라가는 실오라기다. 시간은 화자가 첫사랑을 겪었던 여름, 한 여성과 하나의 사진과 함께한 때다. 저자는 기억과 느낌의 여과된 세계 속에서 장소에 따라 방향을 찾으면서 그해 여름을 살고 돌아다니는 것처럼 보인다. 장소는 파리로 고정되어 있고, 유령 같은 만남들이 모두 그곳에서 펼쳐진다. 그 단편은 〈잔상〉이라는 어울리는 제목을 달고 있다. 나는 그 이야기를 아주 좋아한다. 그들 시대의 찬란하거나 허름한 여건의 덫에 걸린 좀처럼 잊을 수 없는 인간 삶으로 구성된 장소의 영속적인 감각을 포착하고 있기 때문이다. 삶들이 왔다가 가고, 추억을 남긴다. 깨진 유리창 사이로 보이는 찢어진 레이스 커튼, 한때 위풍당당하던 집들이 삭아가는 거리.

장소와 감정적 기억을 함께 등장시키는 데 영화만큼 완벽한 시각 매체는 없다. 1949년에 나온 캐럴 리드 감독의 〈제3의 사나이〉는 명작이다. 주인공인 홀리 마틴스는 별로 전형적인 주인공 스타일도 아니고 안티히어로도 아니다. 그는 전쟁을 겪지 않은 미국인으로, '카우보이와 인디언' 소설을 쓰는 것을 생업으로 한다. 마틴스가 과거의 사건들을 조합해보려고 노력하는 동안 카메라는 그의 눈을 통해 죽은 친구가 남긴 기억을 따라 빈의 거리를 훑어나간다. 음악은 눈부시게 시대를 초월한다. 모든 것이 신비롭다. 우리는 돌이킬 길 없는 그림자 같은 과거 속에서 길을 잃었고, 도시의 거리를 지침 삼아 따라간다. 그 도시의 거리는 제2차 세계대전이 계속되는 동안 인간이 자행한 극단적 행태를 목격했다. 자기희생적 인내심이든 사악한 수탈이든. 쇠락한 도시는 전쟁의 섬뜩한 기억을 체현하는 것처럼 보인다. 오슨 웰스는 잠시 등장하여 수상한 표정으로 길거리를 훑어보다가 골목길로 사라진다. 유령 같은 과거가 설정된 지친 거리에 있는 건물과 문들의 불분명한 영상을 통해 정서적 기억이 환기된다. 대단원은 길거리에서 재연된 기억으로, 수수께끼를 그 음울한 결론으로 끌고 간다.

그러므로 〈잔상〉의 파리가, 〈제3의 사나이〉의 빈이 휘저어놓은 마법 같은 공명은 무엇인가? 파트리크 모디아노와 캐럴 리드는 자전적 기억의 환기에 채택되는 것과 같은 통로를 사용하여 독자/관객의 직관적·감정적 기억 시스템에 들어갔다. 감정은 편도체-해마 연결을 통해 장소 기억과 뒤얽힌다. 감정 기억은 해마와 편도체 간의 신경 연결 속으로 짜여 들어간다. 그렇게 하여 어떤 장소를 보면 뒤이어 어떤 감정을 일으키게 된다. 신경학은 이제 쥐의 편도체가 공포에 반응한 뒤 해마 세포가 만들어내는 단백질의 정체가 밝혀지는 지점까지 발전했다. 도시를 거점으로 하는 이런 예술작품의 마법은 그것이 개인의 두뇌 속에 있는 민감한 위치를 직관적으로 찾고 발화한다는 데 있다.

어떤 장소 기억의 이야기로 이 장을 끝맺으려 한다. 그 기억은 깊이 묻혀 있었던 것인데, 이 장의 초안을 쓸 때 내 주의를 끌어 표면으로 올라왔다. 그것은 3분에서 5분 정도 되는 어느 영화에 대한 '짧은'

기억 한 토막이다. 내가 어렸을 때는 예술 영화 극장에서 본편이 시작하기 전에 단편영화를 틀어주곤 했는데, 내 기억 속 장면은 그런 장소, 더블린의 애비가에 있는 라이트하우스 극장에서 있었던 일이라고 생각된다. 영화에 대해서는 흐릿한 스냅숏 같은 기억만 남아 있다. 헛간에 한 남자가 있고, 그는 라디오를 들으면서 자동차 보닛을 열고 엔진을 손보고 있다. 엘비스 프레슬리가 죽었다는 뉴스가 전파를 타고 들려온다. 헛간에는 등불 하나만 켜져 있었으므로, 그 남자와 연인이 춤추기 시작했을 때 렘브란트 그림에서 인물들 주위를 둘러싼 빛처럼 어두운 헛간을 밝히는 따뜻한 불빛의 원 안쪽이 그들의 무대가 되었다. 단편영화 뒤에 나온 본편의 내용도, 누구와 함께 갔는지도, 단편영화의 제목이 무엇인지도, 언제였는지도 기억나지 않는다. 나는 잊어버린 그 단편영화를 찾아 나섰고, 마침내 알아냈다. 〈괜찮아That's All Right〉라는 영화였는데, 그 제목은 그 인물들이 맞춰 춤을 추던 엘비스의 노래에서 따왔다. 1989년 개봉이었다. 나는 그 배우가 사랑받는 아일랜드 배우인 고 믹 랠리였다는 것도 기억하지 못했다. 오로지 장소만 기억했다. 애비가, 지금은 없어진 라이트하우스 극장의 실내…… 등불이 켜진 헛간…… 장소 안의 장소 안의 장소. 이 경우는 두 인물이 보편적으로 기억되는 순간을 공유한 장소, "엘비스가 죽었을 때 너는 어디 있었니?"의 순간이 발생한 장소다. 덧붙여 말하자면, 〈괜찮아〉는 존 휴스턴의 명작 〈죽은 자〉를 찍고 남은 자투리 필름을 모아 아주 적은 비용으로 만든 영화다. 대본은 제임스 조이스의 단편집 《더블린 사람들》에 실린 같은 제목의 정교하고 통렬한 단편소설을 충실하게 옮긴 것이었다. 이 유명한 단편소설들은 모두 더블린의 거리와 더블린 사람들의 집을 무대로 한다. 우연의 일치일 수도 있고 아닐 수도 있는데, 〈죽은 자〉는 거트루드의 아픈 마음이 숨겨져 있는 어린 시절 가족들이 살던 집을 무대로 하는 좀처럼 잊을 수 없는 결말에서 죽은 자가 산 자들의 기억 속에 어떻게 들어와 머무는지 느끼게 한다.

그래서 장소가 환기한 감정 기억의 마법적 공명은 계속 이어지고 끊임없이 되돌아온다. 어린 시절 집의 가장 오래된 기억으로 되돌아오고, 파묻혀 있던 해마의 장소 세포와 편도체-뇌섬엽 신경세포와 시간을 공유하는 뒤엉킨 덩어리로, 또 당신 자신의 심리지리학에 이르는 곳까지 깊이 내려간다. 우리는 도시를 걷다가 "그 길을 지나면서 한때는 나도 밝고 자유분방했던 느낌"을 기억한다.° 아니면 작은 묘비를 보고 무서워질 수도 있다. 장소—더블린의 거리, 파리의 대로, 빈의 골목길, 이디스의 묘비, 케임브리지의 허브 정원, 어린 시절의 집, 유령 들린 집, 추억 속의 헛간에서 추던 춤—들은 경험적으로 기억과 느낌을 붙들어주는 닻이다.

° Patrick Modiano, "Flowers of Ruin", *Suspended Sentences*.

7장

시간과 연속성의 경험

"어제! 그게 무슨 뜻인가? 어제라니?" 사뮈엘 베케트의 〈엔드게임〉에서 함은 클로브에게 묻는다. 함은 인간의 기억에 관한 중요한 질문 하나를 던지고 있다. 시간은 무엇이며 무엇을 의미하는가? 물리학자들은 수천 년 동안 장소와 공간과 운동을 측정하는 일에 매달려왔고, 더 최근에는 시간에 관심을 집중했다. 그것은 정말로 그들이 던지는 커다란 질문이다. 그들은 장소와 공간은 물질로서 측정될 수 있지만 시간은 장소와의 관계를 통해서만 측정될 수 있음을 오래전부터 알고 있었다. 가령 광년은 빛이 한 해 동안 갈 수 있는 거리—시간이 아니라—의 척도다. 시간 단위는 더 큰 우주 내에서 지구의 운동, 특히 지구와 별의 운동을 중심으로 구성되었다. 하루는 지구가 자체의 축을 중심으로 한 바퀴 완전히 회전하는 데 걸리는 시간이며, 한 해는 태양을 중심으로 하는 원운동에서 한 바퀴 돌아 같은 지점으로 돌아오는 데 걸리는 시간이라는 식이다.

시간은 모멘텀이나 해프닝과 비슷하다. 별에서 나온 빛의 파동, 지구가 태양이 붙들어주는 자력을 중심으로 회전하며 앞으로 달려가는 것과도 비슷하다. '사건 물리학Event physics'은 시간이 장소와 운동의 본질적 부분이라는 새로운 깨달음을 반영한다. 살아 있는 기억의 토대가 '사건'이라는 생각은 1950년대에 브렌다 밀너가 HM의 수수께끼를 붙들고 씨름한 이후로 줄곧 통용되어왔다. 해마가 없는 HM에게는 장소의 기억도 시간의 기억도 없었다. 그 이후 장소와 시간이 사건으로서 함께 기억된다는 사실이 알려졌다. 사건 기억과 사건 물리학을 이해하는 데는 시간, 장소, 모멘텀의 개념들이 근본적으로 중요하다. 이 장에서는 시간이 물리학의 세계에서와 비슷한 방식으로, 그러니까 위치와 사건을 이동시키는 역동적인 방식으로 두뇌 속에서 어떻게 측정되는지 살펴보려 한다. 앞 장에서 우리는 장소 세포가 감정 기억의 정신지리학을 탐구하는 과정을 따라갔고, 지금부터는 시간 역시 해마에서 장소의 나침반에 어떻게 접속되어 있는지를 탐구할 것이다.

시간 측정

흔히들 "시간이 어디로 사라졌지?"라고 말한다. 양극성 장애를 앓는 환자인 노라에게는 몇 년 전 입원했을 때 이 질문을 던질 이유가 충분했다. 양극성 장애란 울증과 조증이 번갈아 발동하는 질환이다. 울증은 끝없는 슬픔과 함께 일종의 탈진과 인지적 무력증이 일어나는 상태로, 그런 상태에서 기억은 손상되고 사고는 뒤죽박죽된다. 조증은 그와 정반대로 정서적 황홀경과 통제되지 않는 인지 각성을 겪는 상태다. 노라가 느낀 시간 경험의 사례는 기분 장애가 환자의 시간 감각에 미칠 수 있는 극단적인 영향을 보여주고, 또한 우리가 시간을 재는 데 기본적인 두뇌 기능을 얼마나 필요로 하는지도 입증한다.

노라는 성인 초반기부터 상태가 좋지 않았다. 그녀는 조증 상태에서 환자 병동에 입원했다. 그녀는 과잉행동 상태였고 전국을 돌면서 과거에 알고 지냈지만 그동안 연락이 끊어졌던 사람들을 만나고 다녔다. 또 거창하고 강박적인 생각을 저지할 수 없는 큰 목소리로 떠들어댔다. 그녀에게는 따지고 들면 버티지도 못할 피상적인 논리로 이루어진 망상이 여러 개 있었다. 노라는 시간 순서에 맞지 않게 자기 이야기를 하기 시작한다. 그 이야기에 반응하여 충분히 오래 들어주는 사람이 있으면 그녀는 그들을 자신에게 반대하는 이런저런 음모의 공범이라고 비난하기 시작한다. 상태가 점점 악화돼 몇 주일이 지나자 노라는 강제 치료를 받는 정신과 병동에 끌려왔다. 노라는 그 이전에 병원을 자주 들락거렸기 때문에 나이 든 간호사들은 그녀를 알고 있었는데, 수년 동안은 분명히 상태가 완화된 것처럼 보였다. (완화는 질병에서 병증이 없는 상태를 말한다. 병증이 다시 나타나는 것은 재발이라 부른다.) 노라가 호전된 것이 아니라 오랫동안 '폐쇄된shut down' 상태에 있었음을 깨닫자 상황은 분명해졌다. 그녀는 가족들의 집을 떠나지 않았지만 신문을 읽거나 TV를 보지 않았고, 대부분의 시간을 반쯤 깨어 있으면서 반응 없는 상태로 지냈다. 그러다가 아무 예고도 없이, 입원하기 몇 주 전에 조증 상태로 '깨어났다.' 노라의 증상에서 가장 특이한 점은 그녀가 세계에 대해 언급한 내용이 몇 년 전으로 거슬러 올라가 정신적 동면 상태로 들어가기 전의 일이라는 사실이었다. 그렇게 사라진 세월 동안 아일랜드는 경제 호황을 누렸고, 가속화된 경제의 번영은 새 건물 개발과 최신 대중교통 시스템에서 확연히 드러났다. 대도시의 중심가는 보행자 우선 도로로 변했고, 교통의 흐름이 바뀌었으며, 의복과 머리 스타일도 변했다. 노라는 울증의 기간에는 기억이 형성되지 않은 것 같았다. 새 기억을 만드는 능력은 두뇌의 동면에 영향받지 않았다. 시간 격차로 인한 방향 상실감을 극복하려고 노력하기 시작하자 그녀는 차츰 새 세계에 적응해나갔다.

동면 중의 노라는 저각성under-arousal 혹은 과각성hypo-arousal 상태에 있었다. 신경학자들은 이것을 축소된 인지 상태를 가리키는 '둔화 상태obtunded state'라 부른다. 양극성 장애에 포함되는 그런 종류의 우울증에서 이 현상이 발생할 수 있지만 장기간 지속되는 것은 매우 드문 일이다. 노라는 둔화된 우울증 상태에서 조증의 과자각 상태로 이행했다. 노라의 사연이 이처럼 교육적인 것은 그녀가 사라진 세월, 둔화된 인지 상태에 있을 때 아무 기억도 만들지 않았던 것으로 보이기 때문이다. 사라진 세월의 간극은 뉴스를 통해 소급하여 메울 수 있지만, 그녀 개인의 서사적 기억, 그녀 삶의 기록에는 그 기간의 생활 경험이 전혀 담겨 있지 않다. 노라에게 그때의 시간은 기록되지 않았으므로 존재하지도 않았다.

노라의 경험과 반대되는 것이 찰스 디킨스의 소설《위대한 유산》(1860)에 나오는 미스 해비셤의 경험이다. 미스 해비셤은 결혼식 날 아침에 약혼자에게 버림받는다. 그녀는 저택의 문을 닫고 웨딩드레스와 베일을 그대로 걸친 채, 약혼자에게서 버림받았던 시간으로 시계를 고정시켜놓았다. 해비셤이 아무리 애를 써도 시간을 정지시킬 수 없었다는 것이 아이러니다. 시계는 멈출 수 있어도 시간은 그녀를 위해 정지하지 않았다. 거미가 줄을 치고 웨딩드레스는 낡았고, 얼굴과 몸은 늙고, 그녀가 떠나기를 거부한 시간은 계속 흘러갔다. 그녀의 기억 형성은 계속되었고, 더 이상 낭만적이거나 당황하거나 기억을 상실한 상태로 있지는 않았다. 하지만 해마가 그 세월을 재고 있는 동안 그녀의 개인적 서사는 경화되고 감정은 쉬어버렸고, 그녀를 구원해줄 수도 있었을 미래가 가진 가능성은 미리 막혀버렸다. 사람은 시계를 멈추고 싶을 때가 가끔 있다. 시간 속에 어떤 순간을 고정시키고, 절대 일어나지 않은 척하고 싶고, 모든 것이 변하던 그 순간—과거와 영원한 미래가 있었다—을 남은 평생 잊고 싶을 수도 있다. 하지만 시간은 거꾸로 갈 수 없고 현재는 현재로 남을 수 없다. 우리가 원하든 원치 않든 사건들은 발생하지만, 사건 기억은 우리가 인식하고 의식이 있어야만 기록될 수 있다.[1] 각성arousal, 자각awareness, 의식consciousness은 우리가 기억을 하는지, 또 어떻게 기억을 하는지에 관한 핵심 개념이다.

노라의 경험은 시간에 대한 사람들의 평균적 경험에 비하면 특이값outlier°으로 보일지도 모른다. 그렇지만 과연 그런가? 오래전에 나는 외국에서 식중독에 걸린 적이 있었다. 조개를 먹고 두어 시간이 지난 뒤 몸이 아주 아팠던 일을 기억하는데, 기억에 남은 다음 순간은 놀랍게도 하루 뒤의 일이었다. 잃어버린 그날 하루 중에 내가 기억하는 것은 오로지 침대 맞은편 벽이 흔들리고 내가 몽롱하다는 것을 인지했던 몇 순간뿐이었다. 깨어 있고 의식이 있는 것이 시간을 경험하는 일차적 조건이다. 노라는 축소된 인식 상태에 있었고, 정상적으로 깨어 있고 감각 있는 인간처럼 주위 세계를 경험하지 않았다. 인식이 없으면, 혹은 현재의 의식이 없으면 사건은 기록될 수 없다. 소설 속의 미스 해비셤은 감각이 있고 의식이 있으므로 시간이 정지한 척할 수는 있지만, 실제로는 기민했고 기억을 만들어내고 있었다.

본질적으로 시간은 사건의 기록을 통해 측정된다. 1876년 이 통찰을 설명한 물리학자 제임스 클러크 맥스웰의 지적 탁월성을 생각해보라. "시간이라는 관념의 가장 원시적인 형태는 아마 의식의 순서에 대한 인식이었을 것이다."[2] 시간은 의식의 결정적인 문턱에 들어서야만 경험될 수 있는 것이므로, 의식을 살펴보기로 하자. 그 과정에서 노라의 잃어버린 시간에 대한 답을 찾을 수 있을지도 모른다.

의식 탐구

의식의 탐구는 좀 까다롭다. 영적 설명의 영역에서 돌아다니기를 좋아하는 성향의 소유자라면 의식은 이런 천국에 들어갈 가장 그럴싸한

° 특이값, 이상값은 동일 조건에서 얻어진 1조의 측정값 중에서 어떤 원인에 의해 다른 것과 현저하게 떨어져 있으며 동일 집단에 속하는 것은 아니라고 판단되는 값이다.—옮긴이

길이다. 우리는 두뇌 속에 있는 뭔가를 이해하지 못하면서 왜 '영혼'의 언어를 계속 사용하는가? '의식'이라는 단어는 깨어 있는 상태뿐만 아니라 고도로 각성된 상태, 초월경, 스스로를 제삼자의 입장으로 바라보기, 자신을 마치 타인처럼 상상하기 등 어떤 상태든 가리킬 수 있는 만병통치약 같은 용어이므로 문제가 있다. 게다가 당신은 자신의 의식을 의식하며, 타인의 의식도 의식한다. 그렇다면, 의식에 대해 이야기하는 우리는 무엇에 대해 이야기하는 것일까?

프로이트는 의식·무의식 개념과 문화적으로 결합되어 있다. 프로이트적 의미에서 무의식적 마음이란 인식 영역에 속하지 않는, 의식적 회상의 영역을 벗어난 곳에 있는 환상과 기억을 담고 있다. 프로이트적 원리에 따르면, 무의식적 기억과 환상이 세계에 대한 반응에 영향을 미치기는 하지만, 이 영향은 즉각적 의식의 범위를 벗어나 있다. 억압된 기억을 가진 사람들은 그럼에도 자신들이 인식하지 못하는 기억에 의해 느끼고 행동하지 않을 수 없다. 무의식적 기억은 우리가 자각하고 있는 것과 비슷하게 감정을 불러오는데, 때로는 그 감정이 예측 불가능한 행동으로 이어지기 때문이다. 이런 느낌과 행동은 그 사람의 서사화된 자아narrativized selves에 대한 그 자신의 믿음과 일관되지 않을 수 있으며, 따라서 개인은 그들 자신이나 세계와 불편한 관계에 있을 수도 있다. 어린 시절에 겪은 성적 학대에 대한 기억을 억압한 결과 성적 친밀함을 꺼리게 되는 것이 그런 예에 속한다. 이는 형태를 막론하고 모든 친밀성에 대한 거부로 이어진다. 그 피해자가 다른 사람들처럼 사랑받고 싶어하더라도 말이다. 앞서 나온 장들에서 약술했듯, 프로이트는 19세기 후반에서 20세기 초반에 팽배했던 소아성애론이 묵

인되는 분위기 속에서, 어린아이는 이성 부모에게 이끌린다는 이론을 전개했다.[3] 여자아이는 아버지에게 이끌릴 뿐만 아니라 그들의 남근에게 질투를 느낀다는 것이다! 프로이트식 여성혐오에 대한 내 반응이 날것 그대로의 원초적 편도체 반응으로 나타나는 경향이 있지만, 그의 유산 가운데 더 중요하고 수명이 긴 것은 느낌 상태로 연결되는 기억이 항상 의식적인 자각 차원의 기억은 아니라는 견해다.

실용주의의 전문가인 의사들이 보는 의식은 이와 완전히 다르다. 그들이 의식에 대해 내린 정의가 모든 의식을 판단하는 확고한 공통분모 역할을 한다. 아무리 난해하게 들릴지라도 말이다. 의학에서 의식은 깨어 있음의 등급으로 측정된다. 임상의학적으로는 대개 '각성arousal'으로 지칭되는데, 깨어 있음의 생리학적 기저에 대해, 또 그것이 무엇을 의미하는지 명료하게 밝혀져 있으므로 이를 출발점으로 삼기로 하자. 이 의식의 등급을 우리는 '각성 의식arousal consciousness'이라 부를 것이다. 깨어 있는 수준으로 각성되지 않으면 사건의 기록은 있을 수 없다. 정상적으로 깨어나고 각성할 수 있고, 각성 수준이 낮아질 수도 있다. 잠이 들거나 졸거나 혼몽한 상태처럼 말이다. 깨어 있음의 정상 범위 내에서 보자면, 사람들은 적당히 각성했을 때 더 잘 기억할 것이다. 이 정상 범위를 벗어나면 병적인 각성 상태가 된다. 충격적인 트라우마가 있거나 피를 너무 많이 흘리면 각성 불가능한 상태, 즉 무의식에 빠질 수 있다. 코마coma는 무의식이 길게 이어지는 상태다. 이는 침대 옆에서 하는 간단한 테스트로 측정될 수 있는데, 가장 흔한 것이 글래스고 혼수 척도Glasgow Coma Scale다. 이 테스트에서 정상은 15점, 3점에서 8점은 코마 상태다. 환자의 일상적 점검 중에 그들이 '세기준에 적응하는지' 보는 테스트가 있다. 즉 시간, 장소, 인물을 확인할 수 있는 언어 반응을 보이는지를 점검하는 것이다. 각성 범위의 정반대 끝으로 가면, 고도 각성의 단계가 있다. 강렬한 감정이나 트라우마, 긴박한 정신 증세를 겪거나 코카인 같은 자극 약물에 중독되는 경우다. 이 각성이 극심해지면 사건의 기록은 불가능해진다.

'깨어 있음wakefulness'의 좌표와 관련되는 두뇌 구조는 뇌간에서 시작된다. 뇌간은 척수와 피질 사이에 위치하며 숨어 있는 회로들이 여러 다른 두뇌 구역으로, 특히 감각 피질들로 연결된다. 감각 정보가 신체에서 피질로 들어가는 것을 관장하는 입구 메커니즘이 있는 것으로 보이는데, 그 입구가 닫히면—코마 같은 의식 손상 상태처럼—피질은 잠든 상태에 빠진다. 이는 각성을 위한 충전도가 낮은 상태다. 세포가 발화하고 감각과 기억 과정이 일어나게 하려면 충전이 필요하다. 뇌간의 '깨어남wake up' 스위치가 오작동하면 피질 신경세포는 깨어나지 않고 발화하지 않고 불을 질러 감각을 만들지 않고 감각 세계의 기억을 형성하지 않을 것이다. 뇌간이 파괴되면 뇌사상태로 간주된다. 깨어 있음의 의식 역시 뇌간 스위치에서 다양한 피질 구역으로 이어지는 긴 연결 궤도 여럿이 온전한 상태인지에 의존한다.

정신과에서는 환자들이 깨어 있으면서도 깨어 있음 상태와 각성 수준이 최저로 유지되는 경우를 종종 본다. 노라의 폐쇄된 기간이 그런 예인데, 그런 환자들은 깨어 있는 기간이 줄어들면서 그동안 여러 등급의 기억상실을 겪게 된다. 기억을 만들려면 우선 깨어나야 하고, 적절한 등급의 깨어 있음이 유지되어야 한다. 깨어 있으면서도 인식 손실이 있는 예로 흔히 볼 수 있는 것이 심한 알코올 의존증 상태다.

그 상태에서는 난폭한 행동을 하기도 하고 겉으로는 일관된 언어를 구사할 수 있지만 발생한 사건들을 기억하지 못하는 일이 자주 있다. 이것이 알코올성 '블랙아웃blackout'이다. 급성 정신의학에서 병적 각성의 사례—반혼수상태를 겪은 뒤 조증에 빠진 노라가 그런 예다—를 흔히 보지만 그런 병적인 고도 각성 상태를 판정할 일반적인 임상적 척도는 없다. 조증 상태에 있는 사람들은 수면 욕구가 극도로 줄어들며, 초각성 상태로 잠깐씩만 눈을 붙이면서 몇 주일을, 심한 조증일 때는 몇 달씩 버티기도 한다. 그런 병을 관리하는 방법은 항정신병 약물, 안정제, 리듐 등 약물의 적정 복용량을 조절하여 환자가 두뇌를 안정시키기 위해 절실하게 필요한 잠을 잘 수 있는 정상 범위에 도달할 때까지 계속 투약하는 것이다.

동면은 자연 속에서 수면과 각성 상태가 교대하는 주기를 보여주는 사례다. 어린 시절 나는 다람쥐가 겨울에 긴 잠을 자기 위해 가을에 바쁘게 돌아다니면서 도토리를 주워 모아 비밀스레 저장하는 이야기를 아주 좋아했다. 최근에 동면하는 다람쥐에 관한 논문을 읽고 이 느낌이 되살아나서 즐거웠다. 논문의 저자들은 다람쥐의 연례 주기 가운데 두 상태가 유지되는 동안 해마의 기능을 관찰했다. 관찰 결과, 동면 시 다람쥐의 해마 활동에서 변화가 감지되었다. 동면에 들 때는 연결성이 줄어들었고 가지돌기의 집중도가 낮아졌다. 깊은 잠에서 봄을 향해 전환하는 동안 그 과정은 뒤집어지고, 동면하던 가지돌기에서 열띤 활동이 보였다. 짐작건대 다람쥐의 해마 활동에서 깨어나기 전에서 깨어난 후로의 단계 이동은 양극성 기분 장애 환자가 보여주는 울증에서 조증으로의 전환과 어딘가 비슷할 것이다. 이어지는 다음 장에서는 의식에서의 복잡성의 다음 단계인 의식의 표상적 형태에 대해 탐색해 보려 한다.

시간 세포

정상적인 각성 상태에서 시간이 어떻게 측정되고 기록되는지 살펴보기로 하자. 지난 며칠 동안 당신이 무슨 일을 했는지 생각해보라. 당신의 기억은 시간에 따라, 아마 날짜별로, 또 그런 날 중 특정한 시간대에 따라 기억될 것이다. 약간 헝클어진 부분도 있겠지만 그럴 때조차 헝클어져 있다는 걸 당신은 알고 있다. 사건 순서가 기억나지 않는다는 것을 당신이 인식한다면, 당신은 시간 순서에 대한 기억을 갖고 있는 것이다. 이를 모든 형태의 기억에 일반화할 수 있다. 뭔가를 잊어버렸음을 아는 것은 기억의 한 형태다. 55세가 넘어가면서 그런 현상이 안경이나 휴대전화나 열쇠 같은 것을 쉴 새 없이 잊어버리는 형태로 나타나 아주 불만스러워질 때도 그렇다. 지난 며칠에 대해 생각할 때 당신이 생각하는 것은 사건들이다. 어떤 곳에 가고 다른 장소에 있고, 사람들을 만나고, 사적으로 교류하고, 식사를 한다. 시간 감각은 사건과 분리될 수 없는데, 이것이 시간의 **감각**이다. 시간은 장소 세포와 무슨 관계가 있을까?

20세기 중반에 신경세포가 한데 뭉쳐서 세포 조립을 형성한다는 것을 발견한 도널드 헤브는 해마가 어떤 순서에 따라 장소 세포의 조립을 기록할 수 있음을 알아냈는데, 나중에 그 순서가 우리가 '시간'이라 부르는 것을 반영하게 된다. 물리학자 맥스웰처럼 그는 시간이 별도의 시간 시스템을 따르는 것이 아니라 어떤 식으로든 장소 기억과 통합되어 있다고 추측했다. 이 세기의 첫 10년 동안 쥐를 이용하여 수행된 실험에서, 쥐가 경험한 사건들의 시간적 순서가 쥐의 해마 세포에서의 순차적인 세포 발화로 나타나는 것 같다는 사실이 밝혀졌다. 이 발상의 작동 방식modus operandi을 이해하는 열쇠는 사건이 순서대로 기록된다는 데 있다. 마치 오래된 영화 필름의 릴처럼, 각 스냅숏은 전진 방향으로 움직이는 시간 순서에 따라 이어진다. 이미지들은 외부적인 장소/공간과 마찬가지로 실체이며, 그것들이 병렬 배치되는 데서 시간 감각이 나온다. 영화에서 시간이 존재하는 것은 바로 앞의 스냅숏에서 앞으로 움직이는 감각을 만들기 위해 이미지들이 서로 뒤를 잇기 때문이다. 사건들이 전진 방향으로 계속 발생하는 것은 그것들이 이런 식으로 기록되기 때문이다. 시간 감각을 가져다주는 것은 이미지들의 모멘텀이다.

해마 안에서 순차적으로 발화하는 세포는 시간 세포라 불리며, 장소 세포와 비슷한 특성을 갖는 듯하다. 지금 보니 시간 세포와 장소 세포의 입력이 해마 내의 통합된 세포 조립 시스템으로 한데 모이는 것 같다. 그렇게 하여 형성된 시공간 기억은 가장 근본적인 층위에서는 사건 기억이다. 잠시 걸음을 멈추고 이 점을 숙고한 뒤 앞 장에서 나온 '장소'에 관한 질문으로 돌아가 보자. 즉 엘비스가 죽었을 때 혹은 9·11 사건이 터졌을 때 당신은 어디에 있었나? 하는 질문 말이다. 어디와 **언제**가 경험적으로 한데 엮인다. 이것이 해마의 신경-기억 생산 라인 내의 시공간 세포 조립에서 처리되는 것이다. 그런 다음 기억에 남을 만한 사건은 전두엽의 자전적autobiographical 저장고로 던져진다. 전기 기억 속에서 하나의 연결된 세포 유닛으로 공고해진 사건은 회수되는 것 역시 유닛으로서다. 확정적으로 입증되지는 않았지만, 전기 기억의 환기는 전두엽의 전기 기억과 해마의 영상 연출video-directing 특성에 관련되는 것으로 보인다. 내 생각에 오래된 기억은 최근 사건들의 영화 같은 기록의 모멘텀을 상실하여 과거에서 오는 장소의 스냅숏과 좀 더 비슷해지고, 그 일이 발생했을 때 함께했다는 감각만 남는 듯하다. 사건 기억이 노화함에 따라 시간보다는 장소가 더 확실하게 기억에 남는다. 가족이나 친구들과의 추억을 회상할 때 어떤 일이 일어났던 시간이 확실하게 기억나지 않는 경험은 아마 누구나 한 번쯤 있을 것이다. 누군가가 어떤 사건이 벌어졌던 장소를 기억해내면 대개 "아 그래, 나도 기억나"라는 말이 따르는데, "그게 언제였지?"라는 물음에는 기억이 저마다 달라진다. 시간을 따져보고 문제의 그 사건을 그 전이나 후에 발생한 다른 사건들과 짜맞춰 본다. 이처럼 익숙한 집단적 회고의 과정에서 우리는 다른 사건들과의 병치를 통해 사건을 시간 속에 자리 잡게 한다.

시간 경험의 유동성

그 모든 것이 그야말로 영리하게 작동되는 것을 보면 경악하지 않을 수 없다. 공간과 시간은 우리가 경험하는 그대로, 또 언제까지나 서술해온 그대로, 19세기 이후 물리학자들이 우리에게 말해온 그대로 함께 기록된다. 공간에 대한 시간의 상대성은 해마 기록의 과정에 이미 내장되어 있다. 이것은 신경학자 릴리언 매닝이 우리가 시간을 이해할 때 철학에서 신경학으로 나아가게 되는 여정을 다룬 사색적 논문에 깔끔하게 설명되어 있다. "경험된 연속성experienced continuity은 기억에 의해, 또 기억을 통해서만 가능하다." 경험된 연속성으로서의 시간에 대한 매닝의 설명은 21세기 신경학자의 관점에서 쓰인 것이지만, 시간이 '우리 의식에서의 순서의 질서'라고 한 19세기 물리학자 맥스웰의 직관과도 놀랄 만큼 비슷하다.

시간을 '경험된 연속성'이라 보는 매닝의 서술에는 복잡성이 숨겨져 있다. 루이스 캐럴의 《거울 나라의 앨리스》에서 앨리스와 여왕의 소소한 만남으로 훌륭하게 예시되는 그런 종류의 복잡성이다. 앨리스는 여왕의 경험에 충격을 받는다. 여왕의 "기억은 양방향으로 작동한다." 그러니까 앞쪽으로도 뒤쪽으로도 작동하는 것이다. 여왕은 앨리스가 깜짝 놀라자 이렇게 반응한다. "뒤쪽으로만 작동하는 건 기억치고는 빈약한 종류지." 우리는 기억을 오로지 뒤쪽으로만 작동하는 것으로 생각한다. 시간을 앞으로 나아가는 것으로 경험하기 때문이다. 하지만 어리석은 것은 여왕이 아니라 앨리스와 독자다. 시간은 한 방향으로, 과거에서 현재로, 또 미래로 나아가는 것처럼 보이지만 이것이 정말 우리가 의식적으로 경험하는 방식인가? 당신은 생애 어느 지점에서 바로 그 순간 겪고 있는 경험의 기억이 남은 평생 당신과 함께하리라고 느꼈을 수 있다. 행복이든 슬픔이든, 첫사랑을 하는 동안이나 결혼할 때, 아이를 낳을 때와 같은 강렬한 감정을 맛볼 때 이런 일이 일어날 수 있다. 현재에 있으면서 미래에도 존재하는 것처럼 느껴지고, 아니면 평소와 같은 나날이지만 완벽한 순간, 깊고 친숙한 감각, 그래서 만족감이 느껴지는 순간을 담고 있을 수도 있다. 나는 '아일랜드의 눈'이라는 이름을 가진 아일랜드 호스 해안의 작은 섬 해변에서 친구들과 우리의 아이들과 함께 보낸 뜨거운 여름의 어느 날 맛보았던 느낌을 떠올린다. 그날의 그 순간이 미래에 언제까지나 기억될 것이라는 느낌이었다. 아마 편도체-해마 시공간의 한순간을 포착하기로 결정한 것은 나였는지도 모르지만, 그보다는 오히려 그 순간이 나를 선택한 것 같다.

그런 순간에 경험은 현재와 미래를 포함한다. 당신의 전기적 삶에서 전진하는 여정을 가고 있기 때문이다. 이 경험을 나는 '예지적 기억 prescient memory'이라 부른다. 그것은 기억 형성의 의식, 남은 평생 이 순간을 회상하게 되리라는 느낌이다. 예지적 기억이라는 용어는 인공지능 분야에서 컴퓨터화한 예측 모델에서 사용되는 용어지만, 여기서는 경험적 맥락에서 사용한다. 예지적 기억은 현재의 강렬한 경험을 겪는 순간에 발생한다. 유달리 고조된 자의식이 있고, 약한 초지각이 있으며, 세계와 자신의 기억 속에서 시간 속에 있는 별도로 분리된 감각 존재로서의 자신을 자각한다. 이 친숙한 인간적 느낌은 우리가 더 많이 자각하고 주의가 더 깊어질수록 지속적 기억을 형성할 확률이 높아진다는 원리를 반영한다.

자녀가 있는 부모라면 그들이 어른이 된 이후에도 그들을 지켜볼 때 과거가 현재와 섞여드는 의식의 감각이 친숙할 것이다. 열여덟 살 된 내 아들이 골웨이의 대학에 가기 위해 집을 떠날 때, 그에게 작별 인사를 하는 내내 시각적 기억들이 빠른 속도로 연이어 떠올랐다. 그의 생애에서의 이정표들이 내 마음속을 달려 지나갔고, 이미지들이 빠르게 휙휙 스쳐갔다. 마치 흐릿한 감정적 톤을 배경으로 불빛을 비추는 구식 슬라이드 영사기 같았다. 태어난 직후, 흰 무명 담요로 아이를 감싸 안고 케임브리지에 있던 우리 집에 데려오던 날, 다시 출근하던 첫날 요람에 남겨두던 기억…… 바다를 등지고 호스에 있던 집 현관 밖에 서 있던 모습, 누이동생이 몬테소리 유아원에 가던 첫날 작은 점심 도시락을 들고 동생 손을 잡고 있던 모습. 불쑥 끼어든 친구들 곁에서 어린 소년 같은 모습을 하고 중학교에 가던 첫날 사진을 찍었던 일…… 그리고 이제 우리를 떠나면서 슬퍼하는 얼굴. 그 시간들이 전부 어디로 사라졌는가?

한 단계 더 나아갈 수 있다. 가끔 자신이 현재에 있음을 완전히 지각하면서도 동시에 앞으로 또 뒤로 가면서 시간의 주관적 경험을 할 수 있다. 밴쿠버에서 가족들과 휴가를 즐기던 어느 날 저녁, 나는 시간이 양방향으로 움직이는 감각을 느꼈던 것을 기억한다. 이른 저녁 남동생과 함께 해변에서 조깅을 했고, 그 뒤에는 모두 현지 레스토랑으로 몰려가서 각자의 아이들과 함께 어린 시절로 되돌아갔다. 장기적 기억이 당장의 기억 형성과 겹쳐졌다. 과거와 현재가 한데 모이고, 우리가 예전에 그랬던 것처럼 자녀들이 법석 떠는 것을 바라보고 있노라면 미래에까지 이어지는 어떤 연속감이 몰려온다. 그날 저녁에 시간이 양방향으로 전진하는 것처럼 느껴졌다. 현재에서 과거로, 또 현재에서 미래로. 우리는 시간을 거슬러 올라갔고, 그러면서도 예지적 기억이라는 의식적이고 현재적인 체험을 하고 있었다. 이것은 우리가 오래된 친구들과 함께할 때 느끼는 친숙한 기분, 자신의 삶이 연속된다는 느낌,

과거의 불빛을 받아 따뜻한 미래로 투사되는 만족스럽고 환히 빛나는 감각이다.

1899년 프랑스 철학자 앙리 베르그송은 "시간은 그저 발명된 것에 불과하다"라고 썼다. 사실 통상 이해되는 시간 개념은 역동적인 존재 속에서 벌어지는 일을 이해하는 데 부적합하다. 사건들은 발생하고 전기적 기억 속에 순차적으로 기록된다. 그리고 시간 감각을 이루는 것은 어떤 식의 순서를 따르는 이런 사건들의 환기다. 잃어버린 시간을 찾는 프루스트의 탐색은 그의 기억 속에 잠기는 것이다. 과거가 오직 기억 속에서만 존재한다는 것은 분명하다. 아마 '타임머신' 판타지가 모든 이성을 유보하고 존재 경험을 부정해야 하는데도 인기를 누리는 까닭은 과거가 사라지지 않았다는 판타지에 있을 것이다.

시간이라는 것도, 과거도 미래도 없다는 견해는 4세기 이후 내내 있었다. 히포의 성 아우구스티누스는 세 종류의 시간을 이야기했다. "지나간 것이 현존하는 시간, 현존하는 것이 현존하는 시간, 미래의 일이 현존하는 시간." 아우구스티누스는 현재만이 존재하며, 과거로든 미래로든 그것으로부터 미끄러져 나아간다고 말하는 것 같다. 그의 성찰은 15세기 뒤의 캐나다 신경학자 엔델 털빙의 저작에 반영되었다. 엔델은 시간과 기억 연구에 평생을 바친 사람이다. 영향력이 큰 그의 연구는 의식적으로 경험된 현재에 과거와 미래가 어떻게 실재하는지를 살펴본다. 털빙과 함께 연구한 대니얼 샥터는 뇌 영상 실험에서 시간의 경험에 대한 이해의 문제를 깊이 파고들었다. 그는 과거에 대해 생각할 때와 미래의 계획을 세울 때 사용되는 두뇌 회로가 동일하다는 것을 증명했다. 하지만 우리가 경험에, 기억에 의거하여 미래에 관한 결정을 내린다는 점을 고려하면 이 사실은 당연하다. 우리는 오직 기억 속에 엮여 들어간 경험을 가지고 환상을 꾸미거나 예견할 수 있다. 기억은 과거의 기록을 넘어서는 어떤 것이다. 그것은 상상된 미래를 위한 주형이기도 하다. 신경 회로에서 과거-미래가 융합되는 데는 여러 개의 통합된 영역, 특히 기억 기계의 허브인 해마와 통합적 화자인 전두엽 피질이 관련되어 있다.

이는 곧 과거만이 아니라 미래도 기억 회로 속에 자리잡고 있음을 의미한다. 알츠하이머 환자는 해마가 일찌감치 손상되어 그 질환의 첫 번째 징후인 기억 손실이 발생하는 것으로, 병이 진행되면서 시간 감각을 잃는다. 한 실험에서는 미약한 알츠하이머 증세가 있는 그룹과 정상적 인지 기능을 가진 동일 연령대 그룹의 통제 능력을 비교했다. 알츠하이머 환자들은 과거의 사실을 기억하는 능력과 미래의 사건들을 예견하는 능력이 똑같이 손상되어 있다는 것이 증명되었다. 이는 과거와 미래의 정신적 표상 사이에 밀접한 연결이 있다는 또 다른 증거다. 알츠하이머병에서 전두엽 피질에 저장된 과거의 기억은 병의 초기에는 비교적 손상되지 않으며, 가소적인 해마가 더 빨리 손상된다. 그러나 병이 점점 진행되며 전두엽이 더욱 잠식되는 후기 단계에 이르면 자전적 기억이 점차 파괴된다.

과거와 미래 시간의 유동성에서 볼 수 있는 또 한 가지 면모는 주관적으로 매력적이고 보편적인 인간 경험이기 때문에 언급해둘 만하다. 어린 시절에는 시간이 정지한 것처럼 느껴진다. 사실 경험적으로는 시간이 존재하지도 않는다. 시간은 모두 '현재'이며 하루하루는 끝이 없다. 그냥 사건 하나가 끝나고 다음 사건으로 넘어간다. 아이들은 융

통성이 별로 없고 부분적으로 기억을 잃기도 한다. 이 문제를 우리는 2부에서 다루게 될 것이다. 딜런 토머스는 이 점을 어린 시절의 좌충우돌하는 감각을 그린 서정적인 발라드 시 〈고사리 언덕〉에서 생생하게 표현했다.

> 시간은 나를 젊게 그리고 죽어가게 했다.
> 내가 나의 사슬에 묶여 바다처럼 노래했건만.

나이가 들어가면서 시간의 주관적 감각은 차츰 속도가 빨라지며, 성인 후반기에 들어서면 시간은 쏜살같이 날아간다.[4]

시간은 정말 의식인가

앞서 보았듯이 장소는 감각을 통해 확연히 보이고 객관적으로 측정될 수 있는 물리적 물질을 토대로 하는 데 비해, 기억은 시간의 척도에 불과할 수도 있다. 또 우리는 과거와 미래가 기억 회로 속에 자리잡고 있다고 본다. 시간이 과거의 기억 속이나 미래의 상상 속에만 존재한다면, 현재는 어떠한가? 성 아우구스티누스가 4세기에 성찰한 이후 20세기에 등장한 엔델 털빙의 신경심리학에 이르기까지, '현재'란 시간관념의 공통된 받침점이었다. 현재가 진짜 '시간'인가? 시간이라는 개념 전체가 물리학이든 신경학이든 과학을 이해하는 데 일반적으로 도움이 되지는 않는다. 현재를 시간 개념에서 완전히 빼내 와서 의식 개념에 재등록하는 것이 개념적으로 더 일관성 있다. 사건의 기록이라는 시각에서 본다면 현재는 의식이다. 얼핏 아이러니하게 비틀리는 일은 있지만, 나도 시간이 존재하지 않는 유일한 장소는 의식의 순간이라고 생각한다. 과거와 미래는 우리가 '시간'이라고 생각하는 것과 더 비슷하지만 현재는 의식에 속한다.

시간과 기억에 대한 이해에 있어서 물리학과 신경학 과목이 지적으로 한데 모이는 것은 정말로 흥미롭지만, 기억은 일반적인 물체의 물리학big physics보다는 입자 물리학과 더 비슷하다. 입자 물리학에서는 한 사건의 엄밀한 위치 규정이 본질적인 불확실성 때문에 달성될 수 없다. 이것이 불확정성 원리라 불리는 개념이다. 미세 물질이 중력에서 멀어질수록 예측 가능성이 낮아지는 것과 마찬가지로, 기억은 상대적으로 확실한 현재 의식에서 멀어질수록 확실성이 줄어든다. 사건은 계속 발생하고 가지돌기는 계속 재배열되어 원래 기억의 정확도가 낮아진다. 쉬지 않고 움직이는 신경의 활동, 신경세포 속에서 또 신경세포 사이에서 일어나는 전기화학적·물질적 교환의 끝없는 모멘텀, 신경세포가 다음 신경세포로 발화하며 신호가 켜짐에 따라 가지돌기 분지의 뒤엉킴이 늘어나거나 줄어드는 활동은 끝이 없다. 인간에게 있는 680억 개의 신경세포가 세계에서 오는 외수용적 감각과 신체의 내수용적 감각에서 끊임없이 전해지는 입력으로 취할 수 있는 방향은 무한하다. 유일하게 확실한 것은 세포 조립을 재형성하게 될 사건들이 계속 일어나리라는 사실이다. 우리 두뇌는 우주처럼 엔트로피가 끓어오르는 솥단지다.

현대 물리학자이자 작가인 숀 캐럴은 신경학과 물리학을 간명하게 한데 합친다. “시간은 장소나 물질과는 달리 물리학에서 측정될 수 없다. 그것은 오직 주관적으로만 이해될 수 있다.” 저서 《빅 픽쳐》에서 그는 시간을 외부 물리적 세계의 잠재적 개념이 아닌 경험으로 바라본다.[5] 하지만 내가 볼 때 시간의 주관적 이해에 관한 숀의 관찰에는 더 근본적인 요점이 있다. 우리는 자신과 타인들, 세계와 우주를 우리가 사용할 수 있는 유일한 시스템을 통해 이해한다. 기억의 세포적·네트워크적 조직이 그것이다. 기억을 만드는 신경세포—해마, 편도체, 피질 세포들—는 피라미드처럼 사면체의 형태를 띠고 있으며, 이 때문에 피라미드 세포pyramidal cell°라 불린다. 시공간 개념이 공간의 차원 셋과 시간이라는 네 번째 차원을 합한 사차원인 것이 우연의 일치일까?[6] 아마 물리학의 시공간 이해는 우리가 삼차원적 공간과 시간을 통합된 사건으로 해석하고 기억하는 네 개의 면을 가진 피라미드 신경세포를 통해 물리적 세계의 패턴을 보고 익힐 수 있는 유일한 방법에 기초한 것일지도 모른다. 물리학자들은 우아하게 축소된 미시 과학을 하면서 실제로는 우리가 어떻게 기억하는지를 보고 있는가? 위의 추측은 최소한 당신이 움직이는 생명의 사차원적 시공간을 탐구하고 반영하는 사면체 피라미드 신경세포들을 기억하도록 도와줄 것이다. 정신과 의사들이 돌보고 고치는 기관, 시공간 세포를 담고 있고 우리의 개인적 서사를 수용하며, 물리 세계에 대한 가장 복잡한 이해를 넘어선 곳에서 작동하고 있는 기관이 흔히 물리적인physical 것으로 간주되지 않는다는 사실은 참으로 놀랍다.

° 추체세포錐體細胞라고도 하며 대뇌 피질, 해마, 편도체에 분포하는 다극성 신경세포의 일종이다. 포유류의 전전두피질과 피질척수로에서 신경 흥분의 가장 큰 원인이 된다.—옮긴이

우리가 시작한 지점, 즉 '어제'가 무슨 뜻인지 클로브에게 물어보는 함의 일화로 논의를 마치기로 하자. 과학자라면 어제란 지금으로부터 거꾸로 돌아가서 지구가 자전축을 중심으로 완전한 한 번 자전하는 동안 발생한 사건이라고 말할 것이다. 신경학자라면 자전 동안 발생한 사건들이 유발한 가지돌기의 분지화에 나타나는 차이점들이라고 말할 것이다. 하지만 아마 중요한 질문은 어제나 내일의 의미가 아니라 현재가 무엇을 의미하는지일 것이다. 과거의 사건을 기억하고 앞으로 다가올 계획을 위한 환상과 전략을 결정하는 것은 현재이기 때문이다. 의식적 경험은 시간이 정말로 경험적으로 존재한다고 생각되지 않는 곳이지만, 거기서 우리는 과거를 만들고 아직 일어나지 않은 사건들의 방향을 결정한다. T. S. 엘리엇이 행복한 시를 쓰는 사람으로는 유명하지 않지만 순수한 현재를 그리는 시 〈네 개의 사중주〉의 한 구절은 행복하고 또 현명하다.

가라, 새가 말했다. 잎사귀는 아이들로 가득하나니.
신이 나서 숨어 있으면서, 웃음을 참고 있구나.
가라, 가라, 가라, 새가 말했다. 인간은
많은 현실을 감당할 수 없다.
지나간 시간과 미래의 시간
무엇이 있을 수 있었고 무엇이 있었는지
한쪽 끝을 가리키면, 무엇이 언제나 존재하는지.

나는 엘리엇의 새가 '지금'이라는 영광스러운 감각 속에서 지저귄다고 생각하곤 한다. 우리에게 무엇이 있을 수 있었는지에 대해, 미래의 시간에 대해 잊어버리라고 말해주고, 현재의 흥분감 속으로 가라, 가라, 가라, 하고 말해주는 새가 말이다.

8장

스트레스: 기억하기와 잊기

아무리 단순하더라도 매 순간 변하지 않는 마음 상태란 없다.

_앙리 베르그송

앞 장에서 확인했듯이, 현재를 기록하려면 그리고 기억을 만들려면 최소한 깨어남awake 수준의 의식이 있어야 한다. 이는 깨어 있음wakefulness을 위한 뇌간 스위치가 켜져 있어야 하며, 해마와 피질 신경세포에서의 신경 활동이 최소한의 각성 수준에 도달해야 한다는 뜻이다. 기록하는 신경세포의 각성 수준은 무엇이 기억되는지의 문제에서 근본 요건이 된다. 우리가 무엇에 의해 각성되는지는 개인에 달려 있고 모든 개인의 삶에서 일어나는 사건마다 다르겠지만, 각성을 주도하는 메커니즘은 모두 동일하다.

각성은 시상하부의 두 출구 시스템인 자율신경계와 코르티솔 스트레스 시스템과 관련이 있다. 이는 신경세포가 당신이 각성했다고 느낄 때 각성한다는 뜻인데, 그 때문에 당신이 기록하고 기억할 수 있는지 아닌지를 확인하기가 쉬워진다. 언젠가 스트레스 및 스트레스와 우울증의 관계 연구에 매우 흥분한 적이 있다. 내 평생의 연구 작업에서 그 분야는 큰 비중을 차지하고 있다. 1980년대와 1990년대에는 스트레스 연구가 별로 관심을 끌지 못했고, 우리 연구팀에는 인원도 몇 없었다. 그 연구 분야는 정신신경내분비학psychoneuroendocrinology이라 불렸는데, 거의 모든 질환에 적용되는 근본적 지식을 쌓기 위한 전문적 연구 과목으로서 역할을 계속해왔다. 스트레스에 관한 과학적인 저술은 내분비학에서 시작되었다. 코르티솔은 호르몬인데, 정신과 의학에서 정신병에는 심각한 두뇌 스트레스가 따르고, 그것이 우울증과 관련된 원인이 될 수도 있기 때문이다. 지금은 상식이 된 스트레스 호르몬 코르티솔이 생리학적·심리학적 스트레스를 나타내는 지표라는 견해는 당시에는 아직 확립되어 있지 않았다.

이 장에서는 스트레스가 기억에 미치는 영향을 살펴보려 한다. 이를 제일 잘 알 수 있는 것은 우울증 연구를 통해서다. 2003년에 나는 모즐리 대중 토론 시리즈에서 루이스 울퍼트와 같은 편에 서서 토론하는 행운을 얻었다. 우리는 "항우울증 약물이 의존성을 유발한다고 믿는다"는 주장에 반대하는 입장이었다. 루이스는 자신이 겪은 우울증 경험보다 과학에 관한 투명한 글쓰기로 더 잘 알려져 있기는 하지만, 저서 《악성 슬픔: 우울증의 해부》는 그의 뛰어난 과학적 재능이 우울증이라는 주제에 집중적으로 발휘된 책으로, 충분히 읽을 가치가 있다. 나는 루이스가 청중에게 자신의 우울증이 사랑하는 아내의 죽음보다 더 나쁜 경험이었다고 말하던 것을 기억한다. 그는 우울증을 겪은 사람들이 다들 그렇듯, 우울한 경험이 가진 가장 파괴적인 힘은 기억과 사유를 뒤죽박죽으로 섞어버리는 데 있다는 것을 알게 되었다. 사람들이 치료받으러 나오는 것은 흔히 이 때문이기도 하다. 그들은 절망과 자기혐오, 피로와 불면증, 심지어 자살 충동까지도 견디고 분투할 수 있다. 하지만 자신들이 집중하지 못하고 기억하지 못하고 일을 하지 못하게 된다는 것을 알게 되면 치료를 받고 싶어한다.

이제 내 환자였던 샐리의 이야기를 해야겠다.

샐리

임상 병동에서 일하는 한 동료가 내게 샐리에 대한 의견을 물어왔다. 샐리는 며칠 전에 갑작스럽게 신체 상태가 전반적으로 나빠져서 응급실을 통해 입원한 환자였다. 그녀는 집에서 일주일 정도 자리에서 일어나지 못했으며 먹지도 마시지도 못했다. 그녀는 가족들에게 반응하지 않았고 점차 침묵 상태에 빠졌으며 그런 다음 코마 상태에 들어갔다. 나는 샐리의 남편과 면담했는데, 그는 입원하기 며칠 전까지만 해도 그녀가 분명히 정상적으로 움직였다고 말했다. 다만 그 전 몇 주간 평소보다 말이 좀 적어지고 활동성이 줄어들었다고 했다. 샐리는 감정적으로나 개인적으로나 안정적인 생활을 해왔다. 우울증을 앓은 적이 있었는데, 우울증 증상이 처음 나타난 것은 5년 전이었다. 첫 번째 발병했을 때는 사회생활을 그만뒀고 피곤해했으며 소통도 단절했지만, 이후 완전히 회복되었다. 첫 발병 이후 그녀는 몇 년 동안 항우울제를 먹어오다가, 현재의 증상이 나타나기 넉 달 전에 약을 끊었다. 입원한 뒤 증상은 더 나빠졌는데, 그 속도가 매우 빨랐다. 결국 그녀는 코마 상태에 빠졌고, 바늘로 가볍게 찌르는 정도의 약간 아픈 자극을 가해도 반응하지 않았다. 의료진은 여러 실험과 방사선 검사를 해보았지만 어떤 비정상 상태도 발견되지 않았다. 이상한 점은 그녀의 바이탈 신호나 혈압, 맥박, 심지어 체온까지 높은 수준이었고, 비정상적으로 기복이 심했지만 의학적인 질환은 없는 것 같다는 것이었다. 그녀는 생리학적으로 각성돼 있었지만—그녀의 자율신경계는 과잉활동 상태였다—동시에 코마 상태이기도 했다. 자율신경계의 각성은 대개 전체적으로 흥분한 느낌을 유도한다. 뭔가 큰 병이 진행되고 있었지만 무엇인지 밝혀낼 수가 없었다. 그녀의 임상적 양상을 보면 뇌막 감염증인 뇌염일 가능성이 점쳐졌지만, 두피에서 읽어낸 전기 신호(뇌파 검사)에 따르면 전압은 낮았지만 두뇌 활동은 정상적으로 이루어지고 있었다. 뇌 영상 스캔 역시 정상이었다. 허리 천자를 시행했지만 척수액에서는 감염이나 면역 장애의 신호도 감지되지 않았다. 코르티솔 수준은 매우 높았지만, 증세가 그토록 심하다는 점을 생각하면 이는 그리 특별한 사항으로 여겨지지 않았다.

우리는 침대 발치에 서서 샐리를 지켜보고 있었다. 그녀는 눈을 감고 아무런 움직임도 없이 드러누워 있었고, 입술은 살짝 벌어져 있었다. 그녀는 15분 간격으로 바이탈 신호를 체크해야 했기 때문에 간호사실에서 가장 가까운 병실에 있었는데, 그 전 24시간 동안 움직임이 없었다고 보고되었다. 샐리는 수액으로 수분 공급을 받고 있었고, 여러 날 음식을 먹지 않았다. 나는 그녀의 손을 잡고 말을 걸었다. 손을 살짝 쥐어도 아무런 반응이 없었다. 나는 다른 손으로 그녀의 팔꿈치를 잡고 침대에서 팔을 들어 올렸다가 천천히 놓아보았다. 그녀의 팔은 몇 초간 공중에 그대로 있으면서 아래로 이동하지 않았고, 그러다가 천천히 내려와서 침대 위에 뻣뻣하게 놓였다. 샐리의 얼굴을 가까이 살펴보니 눈에서 소금기 흔적이 내려온 것이 보였다. 그 흔적은 코와 얼굴 사이의 곡면을 따라 윗입술로 이어졌다. 우리는 이것을 긴장성 분열증catatonia이라고 진단을 내렸다.

긴장성 분열증은 특히 동작과 언어 활동에서의 비정상적 운동 활동을 가리킨다. 긴장성 분열증을 확인해주는 특정한 움직임이 있는데, 바로 비정상적이거나 불편한 자세가 그대로 유지되는 것이다. 샐리의 팔이 괴상한 위치에 그대로 멈추어 있던 것이 그 예다. 이처럼 어색한 위치가 유지되는 것은 '밀랍 같은 신축성waxy flexibility'이라 알려져 있다. 긴장성 분열증의 또 다른 임상적 신호는 불편한 자세와 관련된 것으로 '심리 베개psychological pillow'라 불리는 것이다. 여기서 환자는 머리를 베개에 뉘지 않고 살짝 위로 들고 있다. 긴장성 분열증에 따라오는 극도의 근육 긴장과 정신적 고통은 상상하기도 힘들다. 샐리와 같은 갑작스럽고 극단적인 긴장성 분열증 사례는 드물다. 대개는 치료받지 않거나 치료가 불충분한 기분 장애 단계에서부터 서서히 진행된다. 긴장성 분열증은 동물들이 공포감으로 얼어붙을 때의 상태가 인간에게서 발현된 것이라고 보는 주장이 정신과 의사들 사이에서 공감을 얻고 있다. 겁에 질려 뻣뻣해진 것은 죽음을 가장함으로써 포식자를 속이려는 메커니즘일 수도 있고, 더 정교한 인간 경험의 유연한 연결 속에 일반적으로 묻혀 있는 고정 연결된 행동일 수도 있다.

긴장성 분열증은 벤조디아제핀—발륨과 비슷한 약물—을 다량으로 투여하여 치료한다. 이 방법이 각성 수준을 낮추고 긴장성 분열증 상태를 해동시키는 것으로 보인다. 디아제팜을 식염수 수액 작은 병에 희석하여 혈관 내에 주사했더니, 한 시간 뒤에 샐리는 정신을 차렸고 그날 밤 늦게 차와 토스트를 먹었다. 그다음에는 벤조디아제핀을 직접 복용하게 할 수 있었고, 항우울제를 다시 처방했다. 그녀는 24시간 이내에 운동성을 완전히 회복했지만 동작이 매우 느렸고, 며칠 뒤에는 퇴원했다. 나는 샐리가 트라우마에서 회복되고 나서 그녀와 이야기를 나누었다. 그녀는 입원하기 전이나 환자로 지낸 시간 대부분을 기억하지 못했다. 기억상실증이 시작되기 전 두어 주 동안 머리가 빙빙 도는 증상이 있었고, 이 상태가 시작되기 직전에는 기분이 저조해지고 불안해지던 것이 마지막 기억이라고 회상했다.

심각한 우울증이 발동되는 동안에는 다양한 정도의 기억상실증을 체험하게 되는데, 그 정도는 대개 우울증의 강도에 비례한다. 이 기억상실증은 소소한 전기적인 사실들을 망각하는 데서 전면적인 기억상실에 이르는 넓은 범위에 걸쳐 있으며, 우울증이 계속 재발하는 사람들에게서 자신의 일을 좀처럼 기억하지 못하는 형태로 나타날 수 있다. 일상적 기억 곤란은 아주 초보적인 일을 하는 동안에도 나타난다. 영화의 줄거리를 이해하거나 신문을 읽는 정도의 일도 하지 못할 수 있다. 아마 여러분에게도 익숙할 이 경험은 스트레스가 너무 심하여 생각하는 능력이 줄어들고 뭔가를 자꾸 잊어버리는 모습에서 볼 수 있다. 기억상실증은 가끔 제기되는 주장처럼 우울증 치료제 때문에 생기는 것이 아니다. 약물 치료 과정이 끝나면 실제로 기억은 돌아온다. 스트레스로 인한 기억상실증을 이야기할 때 흔히 인용되는 경험은 의사로부터 나쁜 소식을 들은 경우다. 그럴 때 사람들은 대부분 의사가 병이나 치료 계획에 대해 무슨 이야기를 했는지 거의 기억하지 못한다. 감정적으로 충격을 받은 상태일 때 기억 능력이 상실된다는 사실을 유념하는 것은 나쁜 소식을 전하는 방법을 배울 때의 기본 원칙이다.

이 기억상실증이 우리가 이미 입증한 이론, 각성 수준이 더 높아지거나 주의력이 더 양호해지면 기억 형성이 더 나아진다는 이론과 어떻게 부합되는가? 이론적으로는 더 많이 각성한 사람이 더 많이 기억해야 하지 않을까? 여러 생리학적 시스템과 비슷하게 기억은 온건한 수준의 각성 상태에서 가장 잘 작동하며, 초저(낮은) 각성이든 초고도(높은) 각성이든 각성 수준의 양극단에서는 그 기능이 손상된다. 아주 대충, 주먹구구식으로 본다면 낮은 수준의 코르티솔은 낮은 수준의 각성과 빈약한 기억 형성을 유발하지만, 높은 수준의 코르티솔이 유발한 고도 각성 역시 기억 형성을 저해한다. 따라서 코르티솔이 낮은 수준에서든 높은 수준에서든 학습은 그리 효율적이지 않으며, 적절한 각성 수준을 유지할 때 가장 잘 진행될 확률이 높다. 주의력이 너무 낮거나 반대로 극단으로 가서 과도하게 각성하고 불안해하면 학습이 이루어지지 않는다는 것을 우리는 직관적으로 알고 있다.

앞 장에 등장한 노라는 각성 정도가 너무 낮아서 거의 아무것도 기록하지 못했기 때문에 세상을 기억하는 시간을 잃어버렸다. 반대로 샐리의 이야기는 심한 각성 또한 기억상실증의 원인이 될 수 있음을 보여준다. 샐리의 자율신경계는 과도주행 중이었고, 코르티솔 수치는 매우 높았다. 그 경험을 상상해보면, 그녀는 아마 공포감으로 마비되어 자기 신체 속에 갇혀 있었을 것이다. 지난 몇십 년 동안 우울증이 높은 코르티솔 수치와 관련이 있으며, 이 연관성은 우울증이 심할 때 더 뚜렷이 나타난다는 주장이 입증되었다. 샐리와 노라의 경험을 이해하려면 코르티솔 스트레스 시스템을 살펴보아야 한다. 특히 신경세포 활동에 미치는 스트레스 호르몬 코르티솔의 효과를 알아야 한다. 나와 내 임상 과학 동료들은 그것을 '두뇌 스트레스'라 부른다.

시상하부-뇌하수체-부신축

스트레스 생리학에 관한 저술은 하나의 과목으로서의 의학이 처음 시작된 기원전 4세기에 활약한 히포크라테스까지 거슬러 올라간다. 스트레스 시스템을 이론적으로 처음 제기한 사람이 바로 이 위대한 철학자이자 의학적 개척자였다. 그가 내세운 이타적 원리는 지금까지도 현대 의학의 기초로 남아 있다. 이런 원리는 인체에는 쉬지 않고 작동하여 우리를 건강하게 만들고 병illness과 질병disease°에 대항하기 위해 더 활성화되는 시스템이 있다는 믿음을 기초로 한다. 바로 우리가 스트레스 시스템이라고 알고 있는 것이다. 히포크라테스의 중요한 교리 가운데 하나는 건강 유지인데, 현대의 의학적 용어로는 '과도한 스트

° 병은 외인성만이 아닌 병 전체를 일컬으며, 질병은 감염 등 외부 인자에 의해 발생한 병증을 말한다.—옮긴이

레스 줄이기'라고 번역될 수 있다. 우리도 지난 세기에야 파악해낸 개념이다.

현대인은 어느 정도의 스트레스는 건강한 신체 기능에 필요하다는, 스트레스가 좋은 것이라는 히포크라테스의 견해를 잊어버린 것 같다. 지금은 스트레스가 과도한 스트레스로 인해 발생한 병과 동의어가 되어 있다. 스트레스는 좋은 것일 뿐만 아니라 실제 생명을 유지하는 데 필요하며, 파괴적으로 작용하는 것은 만성적이거나 장기적으로 과도한 스트레스에 노출될 때다. 1990년대에 나는 만성적 피로 증후군에 관한 일련의 연구를 수행했는데, 그것은 신체와 두뇌의 피로—'중추central' 피로라 불리는—를 특징으로 하는 진단하기 까다로운 신체 상태를 가리킨다. 우리는 이 증후군에서 코르티솔 수치가 평균보다 낮음을 발견했는데, 우울증일 때는 이와 반대로 코르티솔 수치가 평균보다 더 높다. 나는 코르티솔이 스트레스 호르몬이라기보다는 활성화 호르몬, 우리를 살아 있게 하고 기민하게 만들어주는 호르몬이라고 생각한다.

히포크라테스가 직관적으로 파악한 시스템이 생리학적으로는 2000년도 더 뒤에 한스 셀리에에 의해 최초로 확인되었다. 셀리에는 1930년대에 신체의 스트레스 시스템에 대해 처음 설명하고, 신체의 주된 스트레스 분자로서 코르티솔의 존재를 확인했다. 스트레스 시스템은 궁극적으로 두뇌에 의해 통제되며, 코르티솔 분배를 통제하는 데 관련되는 두뇌 중추와 신체 기관들과 관련하여 '시상하부-뇌하수체-부신축hypothalamic-pituitary-adrenal axis: HPA axis'이라 불린다. 시상하부는 무지개처럼 다양한 감정 상태를 만들어내는 자율신경계의 본부로서 두뇌로부터 혈관 시스템을 통해 운반되는 호르몬인 부신피질 자극호르몬 방출 호르몬CRH, corticotropin releasing hormone을 만든다. 이 두뇌 호르몬은 궁극적으로 부신 분비샘에서 코르티솔의 분비를 유발한다.[1] 앞 장에서 조사한 대로, 기억 통로는 자율신경계를 활성화하여 감정 체험으로 이어지도록 할 수 있다. 시상하부로 입력되는 감각 정보의 그물망은 기억의 수지상樹枝狀 성장 과정을 거치면서 세공되었고, 이런 방식으로 두뇌 네트워크 속에 설치된 기억 역시 HPA 축을 활성화하게 될 CRH 호르몬의 분비를 통해 코르티솔 스트레스 반응을 유발할 수 있다.

혈관 시스템 속 코르티솔의 분비는 두뇌에 의해 통제되며, 부신에서 분비된 코르티솔은 두뇌를 포함한 신체 내 모든 기관으로 운반된다. 두뇌 기능과 기억에 미치는 코르티솔의 영향에 대한 이해와 관련하여 가장 중요한 발견은 1968년 해마 내 코르티솔 수용체의 발견이다. 브루스 매큐언은 쥐의 해마에 코르티솔 수용체가 있음을 밝힌 논문을 공동 집필했으며, 맨해튼의 록펠러 대학에서 스트레스 연구팀을 이끌었다. 그곳은 이 학문이 성장하던 초반, 흥분이 끓어오르고 생산 활동이 왕성하게 이루어지던 벌집 같은 장소였다.[2] 하지만 이 발견의 중요성을 두뇌 스트레스 연구자 공동체가 제대로 이해한 것은 오랜 세월이 흐른 뒤의 일이었다. 이에 대해 알고 싶다면 레이던의 론 더 클룻의 실험실로 돌아가야 한다. 레이던은 종교 박해가 벌어지던 17, 18세기에 감각론자들이 의지하던 지적 피신처 같은 곳이었다. 더 클룻은 왕립 예술과학 아카데미의 학술 교수로, 그의 연구는 단 하나만 남을 때까지 질문을 최대한 줄여나가면서 중심 질문을 고수하는 단계적인 실험을 통해 답을 찾아가는, 질문에 대한 답이 일관되고 부정 불가능할 만큼 단순하게 드러나게 하는 우수한 과학적 방법을 잘 보여준다. 가장 어려운 점 가운데 하나는 중심 질문을 고수하고 그 과정에서 출현하는 수많은 흥미로운 부수 질문으로 이탈하지 않는 것이다.

론은 쥐의 해마 속 신경세포 각각에서 코르티솔이 어떻게 작동하는지를 살폈다. 신경세포가 인접한 신경세포에게 하나의 흐름을 전달하려면 최소한의 충전 수준에 도달해야 한다. 하나의 기억을 구성하는 세포 집합을 만드는 새 시냅스에 필요한 단백질을 형성하기 위해서는 전기화학적 에너지가 필요한데, 이를 달성하려면 최소한의 기간 이상 신경세포가 각성 상태를 지속해야 한다. 론은 코르티솔이 가지돌기의 성장에 필요한 기간만큼 신경세포를 발화한다는 것을 보여주었다. 코르티솔이 일정 수준에 미달할 경우 왜 기억이 등록되지 않는지는 이로써 설명된다. 두뇌처럼 신경세포도 잠자고 있거나 졸고 있다. 두뇌 전반에 걸쳐 무슨 일이 벌어지든 그것이 벌어지는 장소는 궁극적으로 세포 차원임을 기억하라. 기억이 형성되려면 코르티솔 수치가 최소 수준을 넘어서야 하며, 우리는 이것을 '좋은' 스트레스라 부를 것이다.

거꾸로, 코르티솔 수준이 항상 높은 상태로 유지되면, 해마 신경세포는 긴장성 분열증 환자처럼 과도 각성이 끊임없이 지속되는 상태에 있게 된다. 이 경우 과도 기억 형성super memory formation이라는 결과를 예상할 수도 있겠지만, 실제로는 그렇게 되지 않는다. 신경세포가 다른 기억을 형성하기 위해 재충전되려면 전기電氣 활동 수준을 도로 낮추어야 하기 때문이다. 과도 각성된 신경세포는 초과 발화된 상태에 고정되어 있고, 새로운 자극에 사용되지 못한다. 코르티솔이나 나쁜 스트레스가 높은 수준으로 유지될 때 기억 형성이 저지되는 것은 이 때문이다. 자율신경계의 각성에서도 사정은 마찬가지여서 신경세포가 발화될 필요가 있다. 노르아드레날린의 수위가 낮으면 신경세포가 제대로 발화되지 않으며, 수위가 너무 높으면 신경세포가 기본 수준으로 내려가서 재충전할 수 없게 된다. 즉 충전을 막는 저항력이 있다는 말이다.

론이 높은 코르티솔 수준이 해마 발화에 미치는 억제 효과에 관한 동물 실험 연구를 발표하던 무렵, 샐리 이후에 내가 담당했던 또 다른 환자 이야기를 하려 한다. 그때 나는 가족과 함께 케임브리지에 살다가 돌아온 후 더블린 병원에서 정신과 의사로 일하고 있었는데, 대니얼이라는 청년을 만나달라는 요청을 받았다. 론이 실험실에서 해낸 발견을 실제 생활에서의 정신과 의학으로 통역해낼 수 있다는 것은 매우 흥분할 만한 소식이었다.

대니얼

대니얼은 내분비학과로 입원했다. 그의 가족 주치의는 일상적인 혈액 검사에서 높은 혈당치와 과도한 긴장 상태를 발견했다. 대사 불안정성이 급속도로 진행되었는데, 이는 젊은 사람에게는 매우 드문 사례였다. 그는 검사를 받기 위해 입원했다. 내분비학자들은 그에게 코르티솔을 분비하게 하는 종양이 있을 것으로 짐작했다. 코르티솔은 혈류 내 포도당 분비를 관장하며 그럼으로써 인슐린의 생리적 적대자 기능을 하는데, 검사실에서 알아낸 바에 따르면 그의 코르티솔 수치가 매우 높았으며, 이는 종양이 있을 가능성과 부합했다. 가족들은 그의 행동이 한동안 점점 더 이상해졌으며, 짧은 기간 즉 최대 2, 3주 내에 더 소원해졌다고 진술했다. 그의 정신 상태는 급속히 악화되고 있었고, 나는 치료 과정에서 필요한 조언을 해달라는 요청을 받았다.

대니얼은 침대 가장자리에 앉아 몸을 앞뒤로 흔들고 있었다. 손을 앞으로 뻗고 꽉 쥐고 있었는데, 마치 상상 속의 어떤 물건을 쥐고 있는 것 같았다. 몇 분간 지켜본 뒤 나는 그 상상 속의 물건이 장미일 것이라고 추측했다. 그는 되풀이하여 말하고 있었다. "……장미 냄새, 장미, 장미…… 장미 냄새, 장미, 장미……." 그에게 말을 걸자 그는 내가 한 말의 마지막 단어를 계속 반복했다. 그의 시야 앞으로 지나가자 그의 눈이 한두 번 깜박였지만, 침대 주위에 모여 있던 정신과와 내분비학과 사람들을 알아차리지 못하는 것 같았다. 그는 모두의 뒤쪽을 바라보고 있었다. 나는 그에게 일어서보라고 했는데, 여러 번 거듭 요청한 뒤에야 그는 아주 천천히 일어나서는 반쯤 일어선 이상한 자세로 동작을 멈추고, 몇 분 동안 완전히 정지된 상태로 뚫어지게 앞을 쳐다봤다.

대니얼은 전형적인 긴장성 분열증 양상을 보였다. 긴장성 분열증을 앓는 환자들은 이상하고 불편한 자세와 꼼짝하지 않는 것 외에, 여러 단어나 상대방이 말한 문장의 마지막 단어를 계속 되풀이하기도 한다. 대개 이 극단적 상황에 처한 개인들은 다른 사람에게 반응하지 않으며, 눈을 마주치더라도 유리알처럼 초점이 없다. 예상과는 달리 대니얼에게는 코르티솔을 분비하는 종양이 없었다. 긴장성 우울증에 시달리고 있었기 때문에 코르티솔 수치가 극도로 높아진 것이었다. 우리는 그에게 벤조디아제핀과 안정제를 처방했고, 그는 며칠 이내에 상태가 호전되어 몇 주 만에 정상 상태를 회복했다. 정신 상태가 정상으로 돌아오자 코르티솔 수치도 낮아지고 대사 체계도 안정되었다. 혈압은 정상이 되었고, 포도당 관리도 건강했을 때와 똑같았다. 대니얼은 입원했을 때부터 치료가 시작된 뒤 며칠 동안의 기억을 전혀 하지 못했다. 그의 사례는 내가 긴장성 분열증에 대해 짐작하고 있던 사실을 확인해주었다. 긴장성 분열증을 앓는 사람들은 말이나 움직임이 없더라도 자율신경계의 고도 각성, 코르티솔의 과열 상태에 있다.

나쁜 스트레스와 두뇌

예나 지금이나 스트레스 관리에 대한 책은 많지만 스트레스를 유발하는 요인들은 줄어들지 않고 있다. 빈곤, 사회경제적 결핍, 폭력, 인종차별 같은 것들이다. 삶은 어떤 사람에게는 잔혹할 정도로 힘들다. 특히 사회경제적으로 불리한 처지에서 태어나거나, 어린 시절 학대를 겪은 경험이 있는 사람들은 더더욱 그렇다. 초년 시절에 두뇌와 신체가 겪는 곤경이 주는 부정적 영향에 관한 과학적 저술들은 스트레스 관련 저술과 나란히 늘어났다. 이 과정이 태아 시절부터 시작될 수 있다는 증거가 존재하는데, 내 연구도 여기에 속한다.

1980년대에 발표된 록펠러 연구소의 학술적 보고서는 어미 쥐가 핥아주고 쓰다듬어주는 애정 표현을 받고 자란 새끼 쥐는 어른이 되어 심각한 스트레스를 접할 때 어미의 보살핌을 덜 받은 새끼 쥐보다 더 침착하게 반응하며, 코르티솔 스트레스 분비량이 낮음을 보여주었다. 이러한 발견은 생애 극초반에 겪은 일들이 그 이후의 스트레스 반응을 결정하는 데, 또 그럼으로써 평생의 전반적인 건강에 얼마나 중요한지를 보여준다. 새끼 쥐가 지속적으로 높은 수준의 코르티솔에 노출될 경우 해마 내 세포에서 가지돌기가 복잡성을 잃고 시냅스의 연결이 끊어지는 현상이 나타났다. 브루스 매큐언은 이 과정을 "경험에 의해 수정될 수 있는 동적인 두뇌 구조dynamic brain architecture"라고 훌륭하게 설명했다. 비정상적인 스트레스 반응과 해마 가지돌기의 풍부함이라는 측면에서 어린 시절 방치에 대한 '생물학적 각인'이 나타난다는 것은 오늘날 잘 확립된 견해다.

만성적인 두뇌 스트레스의 원인이 무엇이든—어린 시절의 곤경, 계속되는 사회경제적 압박, 유전학적으로 발동하는 일그러진 스트레스 반응, 중증 정신 질환—해마는 만성적 코르티솔 노출에 해로운 영향을 입고 기억 시스템은 손상될 것이다. 우울증에 걸렸을 때 해마의 손상이 인간 뇌 영상 연구에 미치는 가시적인 영향에 대해서는 이미 언급한 바 있다. 국제적 협업 체계인 ENIGMA(Enhancing NeuroImaging Genetics through Meta-Analysis)는 전 세계 15개 센터에서 수행된 연구를 한데 모으는 곳으로, 우울증에 걸렸을 때 해마가 손상되거나 눈에 보일 정도로 줄어들었다는 논박 불가능한 최신 증거들을 제공해왔는데, 그중에는 건강한 사람 7199명과 우울증 환자 1728명으로부터 수집한

뇌 영상 자료가 포함되어 있다. 다른 팀들과 함께 우리 연구팀은 특히 많이 줄어든 것이 좌측 해마이며 손상된 부위는 기억을 만드는 과정이 발생하는 층위에 한정되는 것으로 보인다는 사실을 발견했다. 요즘은 치료되지 않은 우울증은 해마 내 기억 생산 공정을 파괴하는 질병임이 알려져 있다.

이는 매우 우울한 이야기다. 어린 시절의 트라우마가 있으면 성인이 되어 두뇌 장애를 겪을 것이라고 예언하는 것 같다. 하지만 모든 것을 다 잃지는 않는다. 해마는 파괴되기 쉽고 비교적 쉽게 손상되지만, 가소성이 있어서 수리 가능하기 때문이다. 항우울제와 이야기 요법이 해마 내 가지돌기의 풍부한 상호연결성을 복원할 수 있다는 증거가 더 많아지고 있다. 항우울제 같은 치료제는 해마, 전두엽 피질, 편도체 내에서 신경세포 연결의 '가역적 리모델링'을 이끌어낼 수 있을지도 모른다. 가지돌기의 위축 증상이 역행될 수 있다는 이 행복한 발견은 약학적·심리학적 두뇌 치료로 효과를 얻을 가능성이 있다는 희망을 줄 수 있다.

사람들은 흔히 자기가 뭔가를 기억하지 못한다고 말한다. 같은 경험을 한 타인들이 기억하는 사건을 그들은 '잊었다.' 개인의 경험이 어긋나는 것은 아마 그 사건이 어떤 사람에게는 별로 중요하지 않지만 어떤 사람에게는 감정적 공명을 일으켰기 때문일 것이다. 주의를 기울이지 않으면 기억하는 데 필요한 각성 수준에 도달하지 않는다. 신경학에서 가장 집중적으로 탐구된 영역 가운데 하나는 왜 특정한 신호에는 주의를 쏟고 다른 신호에는 관심을 보이지 않는가 하는 것이다. 신경학자들은 이런 선택적 주의를 '현저성salience'이라 부른다. 각성과 주의는 개인적으로 중요하거나 돌출한 정보를 기억하고 더 사소한 감각적 입력 내용을 폐기할 수 있는 메커니즘을 제공한다. 신경학적으로 말하자면 우리는 대상에게서 호기심을 자극하는 요소에 관심을 가진다. 나와 협업했던 토머스 프로들이 주도한 연구에서 우리는 우울증을 앓는 환자들이 감정적 자극에 비정상적으로 주의를 기울인다는 사실을 발견했다.

내 친구들은 대부분 55세가 넘었는데, 그들은 "난 왜 자꾸 잊어버릴까?" 하고 자주 묻는다. 노라와 샐리, 대니얼의 사례에서 배운 게 있는 사람이라면 그들이 뭔가를 잊어버린 게 아니라고 대답할 것이다. 애당초 기억이 만들어지지 않은 것이다. 기억 시스템은 특정한 각성 수위보다 낮거나 높을 때는 작동하지 않는다. "왜 뭔가를 잊어버릴까?"라는 물음이 친숙하게 들린다면, 당신은 일단 뭔가를 잊어버렸다는 사실을 기억하는 것이 기억의 한 형태라고 스스로 확신할 수 있다. 다음으로 당신이 그 사건을 기록했는지 물어봐야 한다. 주의를 끄는 활동과 주의를 쏟는 행위는 낮은 코르티솔 수위를 높이고, 정보의 기록을 발전시킬 것이다. 다른 연구팀들과 마찬가지로 우리 팀은 훈련이 각성을 자극하며 기억 기능을 개선시키고 해마를 성장시킬 수 있음을 발견했다. 또는 당신의 해마 신경세포가 해로운 스트레스 때문에 과열 상태로 고착되어 있을지도 모른다. 이 경우 햇볕을 쬐면서 치료를 위한 휴가를 보내는 것 외에는 치료법이 없을지도 모른다. 시상하부-뇌하수체-부신축은 다른 모든 생리적 시스템처럼 가끔은 환경에 의해, 가끔은 개인에 의해 결정되는 다양한 범위의 조건들 내에서만 신체의 평형 상태를 제대로 유지할 수 있다.

1부 결론

지금까지 나는 감각론 철학에서 찾은 신경학의 기원에서 시작하여 절충주의적 혼합을 거쳐 최근 들어 신경학과 물리학이 시간과 기억의 개념에서 수렴하는 것으로 마무리하는 길을 개척해왔다. 그 길의 주제는 경험, 과거의 철학자들이 지식은 신이 주신 것이라는 논리를 떠나 세계에서 감각을 통해 받아들인 지식의 각인이라는 쪽으로 입장을 바꿀 때 받은 시련에서 시작된 경험이다. 우리는 외수용적 세계와 내수용적 신체에서 신경을 통해 몰려드는 감각 경험이 해마와 편도체의 기억 속으로 엮여 드는, 그런 다음 피질 기억으로 통합되거나 통합되지 않는 과정을 따라왔다. 또한 신경의 입력이 하나의 단위로 발화하게 될 세포 조립 속으로 어떤 식으로 조직되는지, 또 이런 단위들이 어떻게 연결되어 세계의 이해가 발전할 여지를 주는지를 탐구해왔다. 우리는 사건 기억을 소환하는 가장 오래되고 직관적인 구조—시간, 공간, 인물이라는 이야기 포맷—를 따라 해마의 심층부까지 왔으며, 이 유기체적 기억 기계가 시간과 공간을 어떻게 기록하는지 바라보고자 했다. 장소는 필름 릴처럼 움직이는 삶의 사건들이 그것을 중심으로 기록되는 견고한 요소다. 물리학에서처럼 우리는 시간이라는 본질적 차원을 가진 삼차원 공간을 해마와 피질 세포들의 4차원적 구조물에 기록한다. 우리는 자율신경계의 감정적 체계와 시상하부-뇌하수체-부신 스트레스 시스템에 의해 조절되는 각성과 자각의 경험을 따라왔다. 그 여정은 가지돌기의 돌출을 형성하기 위해 전기화학적 에너지를 필요로 하는 신경세포의 수준에서부터 개별적 돌출이나 각자의 주의를 끄는 어떤 것으로 이어진다.

살아 있는 두뇌인 신경의 끊임없이 징징대는 소리에서 기억들이 만들어진다. 감각 신호는 크리스마스트리에 켜진 장식등처럼 신경세포에 불을 켜고, 온 사방으로 반짝반짝 점멸하며 우리에게 마구 달려들어 인간의 피질에 각자의 세계를 나타내는 개별적인 'www'를 만들어 넣는다. 여기서 요점은 감각의 흐름이 당도하는 곳에는 어떤 중재자도 개입되어 있지 않다는 것이다. 기억 격자 구조의 그물망에 신경세포 조립이 놓인 곳에서 그저 신호가 수신될 뿐이다. 이는 곧 인간 경험이 오로지 기억의 산물에 불과하다는 뜻인가? 어떤 두뇌에서 신경세포들이 만드는 특정한 기억의 지도가 끝없이 이어져 점점 더 결정론적인 방식으로 세계를 해석한다는 뜻인가? 그렇다, 우리에게 있는 것이 기본적인 하드웨어와 과거 경험으로 구성된 네트워크뿐이라는 의미에서는. 하지만 이 680억 개의 신경세포로 이루어진 무한히 복잡한 네트워크는 절대 끝나지 않는 역동적 변화를 계속해나간다. 우리 감각을 통해 세계에서 들어오는 새 경험은 '최선의 조합'을 따르겠지만, 또한 세포 조립 통로의 변경으로 이어지는 새로운 연결도 형성할 것이다. 배치되고 재배치되며, 격자 구조들이 가지를 치고 부서지면서, 기억들이 엮이고 보충되고 해체될 것이다. 그렇다, 인간은 자신의 기억으로 이루어진 구조물이다. 그러나 이런 기억 시스템은 의식이 있는 어떤 순간에도 절대 똑같은 반복이 없는 엔트로피의 역동적인 균형을 이루고 있으면서 외부 세계에서 들어오는 감각 정보가 상대적으로 안정된 피질 기억 지도에 신경의 각인을 남긴다.

이 신경의 모멘텀 속에서 개인은 경험으로 엮은 유동적인 신경 통로를 설치하며, '그들'이 되는 서사 프레임을 어떤 식으로든 형성한다. 어떻게 신경의 혼돈 상태에서 이 서사 프레임이 형성되는지, 그러니까 기억이 어떻게 우리를 만들어나가는지 살펴보기로 하자.

2부 | 기억은 어떻게 우리를 형성하는가

9장

자기 인식: 자전적 기억의 출발

우리 기억은 우리의 일관성, 이성, 느낌, 또 행동이기도 하다.

그것이 없으면 우리는 아무것도 아니다.

_루이스 부뉴엘°

시간이 있기 이전에

인간이 아기 때 배우는 것이 생애의 다른 기간에 비해 훨씬 많기는 하지만, 이때의 일은 거의 기억으로 환기되지 못한다. 아기들은 언어 학습이나 걷기처럼 자동화되거나 암묵적인 것으로 변하는 엄청난 분량의 지식을 습득하지만, 서사적 기억은 없는 것 같다. 당신이 제대로 떠올릴 수 있는 첫 기억은 무엇인가? 그때 당신은 몇 살이었는가? 두 살, 세 살 아니면 네 살? 내 첫 기억은 상자에 앉아서 투명한 오렌지색 단

° Luis Buñuel, *My Last Sigh*(University of Minnesota Press, 2003).

추가 달린 오렌지색 손뜨개 카디건을 내려다보던 것이다. 돌이켜보건대, 그 기억은 우리 가족이 처음 이사하던 날로 판단된다. 아마 세 살이 다 되어갈 무렵이었을 것이다. 어머니가 털실로 짠 손뜨개 카디건은 내 어린 시절의 연속적인 단계들을 나타내는 것으로, 이 기억이 그중 첫 번째다. 이 스냅숏 같은 기억은 대개 자신이 어딘가에 있다는 식의 단순한 감각으로서 회상되는 첫 기억의 전형적인 특징이다.

오렌지색 단추가 기억되던 순간 이전의 내 세계는 선사시대다. 각 개인이 어떤 주장을 하든 일반적으로 갓난아기 때의 기억은 남아 있지 않다. 앞에서 확인했듯이 누군가의 삶이나 어떤 사연의 좌표는 시간, 장소, 인물이다. '인물'은 자신을 비롯한 어떤 인물이 존재한다고 기록되기 전에는 기억될 수 없다. 나는 내가 기록되는 첫 순간을 오렌지색 단추의 순간으로 설정했다. 내 생각에 사람들의 첫 번째 의식적 기억은 자기 인식self-recognition 또는 자각self-awareness의 첫 순간이다. 누구든 자신을 보아야만 그 다음에 기억이 시작된다.

이 장에서 우리는 '자각'이 어떻게 두뇌에서 발전하는지, 어떻게 삶을 기억하게 하고 그 뒤에 짧은 이야기로 구성하게 하는지까지 살펴볼 것이다. 우선 인격의 시작 지점에서 인간과 일부 동물이 자기 스스로에 대한 인식을 어떻게 개발하게 되는지의 문제를 알아보기로 하자.

자아 의식의 진화

집에서 글을 쓸 때 정원에 오는 딱새가 지저귀며 자신의 존재를 알리는 것을 보면 기분이 유쾌해진다. 그는 관심받는 것을 의식하고 햇빛이 비치듯 밝고 민첩하다. 또 다행스럽게도 우리 집 뒷마당에 되돌아오는 것으로 보아 기억력을 갖고 있다. 자신이 기억하는 영토의 용감한 합법적 수호자로서 돌아오는 것이다. 하지만 그 새에게 어떤 형태로든 자기 인식 능력이 있을 가능성은 없다. 우리는 직관적으로 딱새에게 고등 의식 형태가 없다고 추측한다. 의식적으로 감정을 경험할 수 있다거나 노래로 미래의 침입자를 쫓아내며 활약하는 자신을 상상한다거나 다른 새들을 의식 있는 존재로 본다거나 하는 그런 의식 형태 말이다. 딱새가 자신을 의식하지 않는다는, 따라서 의식적인 전기적 기억을 갖지 않는다는 것은 거의 틀림없지만, 자기 영토를 침범하는 다른 딱새를 쫓아내는 것을 볼 때 기본적으로 다른 새를 의식하기는 한다. 딱새는 살아남기 위해 다른 새를 의식해야 하지만 자기 자신을 의식할 필요는 없다.

자기 인식 같은 인간적 특성의 발달을 이해하는 유용한 방법은 더 오래된 동물종에서 이 특성이 진화하는 과정을 살펴보는 것이다. 이는 계통분류학phylogenetics으로 알려진 것으로, 주먹구구식으로 보자면 배아에서 인간으로 발전하는 과정은 진화적 발달 과정을 따른다.[1] 딱새의 작업 기억은 계통분류학적 기준으로 아직 의식이 생기지 않은 인간 아기의 수준에 해당한다. 계통분류학적 원리에 따라 인간에게서, 또 딱새의 관점에서 예견할 수 있듯이, 타자의 인식은 자기 인식보다 앞선다. 생후 6, 7개월쯤 되면 아기는 부모가 타인임을, 자신과 별개의 인물임을 알게 되며 분리된다는 불안을 처음 겪기 시작한다. 이 시기쯤에 아기는 분리된다는 감각을 느끼기 때문에 부모와 떨어질 때 스트레스를 받기 시작한다. 아기는 독립적 존재가 되려면 태중에서부터 시작되는 어머니와의 단일한 연대에서—"하나의 알껍데기 속 노른자와 흰자"°—부드럽게 달래어 분리되어야 한다. 아기가 너무 오랫동안 혼자 방치되거나 위로를 통해 불안감을 줄이지 못하면, 혹은 아주 민감한 성향이라면, 신뢰받는 관계 형성에서의 어려움, 즉 '불안정 애착'이라 불리는 것이 이 시점에 시작되어 평생 정서적으로 불안정한 타인에 대한 집착 패턴이 생길 수 있다.

생후 18개월쯤 되면 아기는 자신을 인식하기 시작한다. 거울 인식 테스트라는 간단한 검사로 초보적인 자기 인식 형태를 입증할 수 있다. 그 테스트는 현재 기초적인 자기 인식이 가능한지 식별하는 기준으로 인정된다. 동물이나 아기의 코에 붉은색을 칠한 다음 거울 앞에 앉혀둔다. 코의 붉은 점은 거울에 비친 모습을 통해서만 보인다. 동물이나 아기가 붉은 점을 닦아내려고 자기 코를 만지면, 이는 거울 속에 비친 모습이 표상이며 자신의 실체가 아님을 그들이 알고 있음을 시사한다. 그렇게 되면 테스트를 통과, 자기 인식을 한다고 간주된다. 인간 아기는 자기가 거울 속이 아니라 자신의 사적인 내성 세계에 있다고 느낀다. 반면, 거울 속에 비친 자기 모습을 향해 손을 내밀어 붉은 점을 닦아내려 한다면 그들은 자기 인식이 없는 것으로, 그러니까 거울 속

° W. B. Yeats, "Among School Children."

에 비친 모습이 자신의 반영이 아니라 바로 자기 자신이라고 여긴다는 뜻이다. 인간 아기는 시간이 흐르면서 단계를 밟아 순차적으로 처음에는 거울 속에 보이는 것이 다른 아기가 아님을 알고, 두 번째로 거울이 자신의 움직이는 동작을 모두 흉내 낸다는 것을 알며, 세 번째로 거울 뒤에 다른 아기가 없다는 것을 알고, 마지막으로 거울에 비친 자신의 모습을 바라보고 있다는 것을 알게 된다.

개를 키우는 사람이라면 개가 첫 단계를 넘어서지 못한다는 것을 알 것이다. 개들은 유리문에 비친 자기 모습이 자기 자신임을 모르고, 사교성이 아주 좋은 우리 개 넬리처럼 아마 유리문에 앞발을 문지르며 밖으로 나가서 마당에 있는 것으로 보이는 유리에 비친 그 개와 놀고 싶어한다. 반영된 모습이 자신임을 알아보지 못하는 넬리는 그 개와 놀고 싶어 열성적으로 뛰어오를 것이다. 넬리는 다른 개가 없음을 알고 놀라서 주위를 둘러볼 것이고, 잠시 뒤에 당혹스러워하며 귀와 꼬리가 축 처지고 다른 데로 관심을 돌릴 것이다. 다른 것들에 대한 지각 수준이 높고 또 우리의 느낌과 의도까지도 민감하게 잘 알아차리지만 넬리는 이런 형태의 자기 인식을 갖고 있지 않다. 배울 수도 없다. 단순히 그런 신경 기구가 넬리에게는 없다.

거울 인식 테스트를 통과하는 동물은 몇 없다. 오랑우탄, 보노보, 침팬지, 코끼리, 고래와 돌고래 같은 대형 해양 포유류가 이에 속한다. 이런 포유류는 발전된 자기 인식 형태를 가졌다고 여겨지며, 인간과 더 비슷하기 때문에 우리는 그들에게 합당한 존중을 표한다. 더 최근에는 거울 앞에 선 까치가 목에 찍힌 붉은 점을 쪼는 것을 본 적이 있다. 그들은 부리로 점을 쪼고 발톱으로 찍어 지우려고 애썼다. 까치가 얼마나 영리한지 안다면, 또 나쁜 짓을 하기 위해 사람이 보이지 않을 때까지 기다리는 행태를 감안한다면, 그런 행동은 놀랍지 않다. 까치의 발견은 자기 인식—자기 전기autobiography와 고차적 의식의 기초인—이 오로지 인간만의 혹은 인간의 가까운 진화 선조에게만 한정된 것이 아니라는 신호다.

타인들로부터의 분리

알베르 카뮈는《시시포스의 신화》에서 이렇게 말한다.

> 내가 숲속의 한 그루 나무라면, 동물들 속 고양이라면, 이 삶은 의미가 있거나 적어도 문제가 일어나지 않았을 것이다. 이 세계에 속한 존재일 테니까. 나는 지금 내가 의식 전부를 들어 대립하고 있는 이 세계가 되어야 한다. (…) 그 갈등의 토대를 구성하는 것, 그 세계와 내 마음 사이의 균열을 이루는 것은 바로 그 인식 아닌가?

카뮈는 지난 세기의 여러 실존철학자처럼 자각self-awareness과 의식의 개념을 붙들고 씨름했다. 우리는 **숲속의 한 그루 나무도, 동물들 속 고양이도** 아니다. 우리는 **그 세계와 마음 사이의 균열을** 직관한다. 세계는 저기 바깥에 있고 당신, 인물은 사적인 내수용적 세계 속에서 그것이 내다보는 외수용적 세계의 문 뒤에 있다. 당신은 자신을 세계뿐만 아니라 다른 인물들로부터도 분리된 존재로 본다. 당신이 자신을 오로지 자신일 뿐 다른 존재가 아니라고 느끼고 생각한다면, 자신이 타인과 별개의 존재라야 한다는 것은 당연한 말로 들리겠지만 이는 깊은 의미가 담긴 논점이기도 하다. 정신이상 장애가 간혹 그렇듯이, 이 인식이 부재하고 나서야 사람들은 자각과 그에 따라오는 자신은 타인과 별개의 존재라는 인식이 그 자체로 하나의 과정임을 알게 된다. 우리는 대개 이것을 경험적 수준에서 자동으로 안다. 당신이 뭔가를 생각하고 행하고 느낄 때, 그 생각을 하고 그 느낌을 맛보고 그 행동을 수행한 것이 당신임을 안다. 당신의 생각이나 느낌이 다양한 요소에 의해 영향받았을 수는 있어도, 그런 것이 당신 자신의 머리와 신체에서 발원했다는 것을 안다.

조현병에 걸린 사람은 감각, 감정, 심지어 행동까지도 자신의 것이 아니라고 느낄 때가 많다. 경험이 자신에게서 나오는 것 같지 않기 때문에 대개 다른 사람이나 다른 사물의 경험으로 돌리곤 한다. 자각은 인간의 경험에서 워낙 근본적이기 때문에 피할 수 없는 것이고 저절로 이루어진다고 여길 수도 있다. 경험이라는 단어 앞에 '주관적'이라는 형용사를 붙이는 것도 불필요하게 보일지도 모른다. 모든 경험은 주관적이니 말이다. 그러나 조현병 환자에게는 이 주관성 부재의 증상이 극명하게 드러난다.

해나는 내가 여러 해 전에 치료했던 환자로, 조현병 진단을 받았다. 그녀는 자신의 내면 경험이 다른 사람의 것이라고 느꼈다. 왜 내가 그녀의 이야기를 기억하는지는 다음에서 밝혀질 것이다.

해나

해나는 젊은 여성으로 입원하기 몇 년 전부터 괴상하게 행동하기 시작했다. 그녀는 가족과 친구들과 멀어져 주변부 문화로 이동했고, 점차 이들과도 거리를 두고 은둔했다.

치료받기 시작할 무렵 그녀는 지하실에 갇힌 한 아이의 고통과 아픔을 자신이 겪고 있다고 굳게 확신했다. 몸속에서 이상하고 불쾌한 느낌이 일어나고 있었고 가끔은 신체적으로 통증이 나타났으며, 때로 숨이 막히는 느낌을 받았고 더 나아가 갇힌 여자아이의 감정이라고 이해되는 불행한 감정을 느꼈다. 그녀는 그 아이의 신체적·감정적 통증이 텔레파시로 전달되고 있다고 믿었고, 그 여자아이에 대해 신고하려고 경찰서에도 여러 번 갔다. 그 고발에 대한 조사가 여러 차례 이루어졌지만 그 이야기를 뒷받침하는 증거는 발견되지 않았다. 어느 날 그녀는 길 건너에서 이웃 한 명을 보았는데, 그가 소아성애자이며 아동학대범이라는 것을 금방 깨달았다.

이와 같은 갑작스러운 깨달음은 (1장에 나왔던) 이디스가 겪은 깨달음, 작은 묘비를 보는 즉시 자기 아기가 그 아래 묻혀 있다고 확신하게 된 깨달음과 비슷하며, 정신병 환자들이 갖는 경험의 특징이다. 우리는 이것을 '망상 지각delusional perception'이라 부른다. 뭔가를 본다. 묘비든 이웃 사람이든. 그와 동시에 강력한 깨달음이 갑자기 들이닥치는데 그것이 망상이다. 묘비는 아기의 무덤을 가리키며, 이웃 사람은 사악한 소아성애자다.

해나는 이웃 사람과 경찰에게 '소아성애자'의 정체를 말해주었다. 이 지점에서 그녀의 불쾌감은 통제 불가능한 상태로 치달았고, 가족과 지역사회는 더 이상 그녀를 감당할 수 없었다. 그녀는 강제로 억류되어 우리 병원에서 치료받게 되었다. 입원할 때 해나는 자신이 겪고 있는 일, 목소리, 감정적 불쾌감, 내적인 감각이 아이의 경험이었다고 말했지만 아무도 자신을 믿어주지 않아 심히 분노하고 좌절해 있는 상태였다. 그녀는 투약을 거부했다. 그걸 먹으면 텔레파시 경험이 사라지고 아이가 완전히 차단될 것이기 때문이었다. 해나는 그 몇 년 전에도 똑같은 망상 때문에 강제로 입원한 적이 있었다. 그 전 입원 당시 먹은 항정신병 약물은 효과가 있었고, 그녀의 비정상적 감각 경험은 사라졌다. 그런데 퇴원하여 집에 간 뒤로 그녀는 약을 먹지 않았다. 약 때문에 아이와 소통할 정신적 능력을 잃었다고 여겼던 것이다. 해나는 약이 자신의 정신세계에서 사라지자 아이가 다시 소통을 하기 시작했다고 믿었다. 현재 해나는 자신에게 '육감'이 있는데, 항정신병 약물이 그것을 억제한다고 믿는다.

입원한 뒤 처음 몇 시간 동안 투약 문제를 두고 끝도 없이 협상을 시도해보았지만 소용없었다. 아이에게는 그녀가 필요했고, 소아성애자의 정체는 폭로되어야 했다. 약을 먹으면 아이가 위험해진다. 우리는 해나에게 약물을 강제로 먹이고, 장기간 입원시키는 것이 그녀를 위한 최선의 방안이라고 판단했다. 그렇게 해야 회복할 기회를 얻고 망상에서 벗어나 세계에 다시 참여할 수 있을 테니까. 우리는 병원 사무실에서 항정신병 약물의 근육 내 주사를 즉각 놓는 것을 시작으로 그녀를 보살필 계획을 짜고 있었다. 그때 간호사가 얼굴이 잿빛이 되어 달려와서는 해나가 침대를 둘러싼 커튼 봉에 목을 맸다고 알렸다. 해나는 병원 직원을 속여 자신이 욕실에 있다고 여기게 만들었고, 간호사가 욕실 문밖에서 기다리고 있는 동안 병실로 돌아가서 목을 맸다. 그녀를 내려놓았을 때는 이미 사망한 뒤였다. 그녀의 침대 위에는 서둘러 갈겨쓴 것으로 보이는 메모가 있었다. "이제 날 믿나요. 그 아이를 도와주세요."

세월이 흐르면서 나는 상상 속에서 해나의 주관적 경험을 여러 번 재구성해보았다. 그녀는 자신의 입장에서 아이를 구하기 위해 죽었다. 오랫동안 아이가 그녀에게 전한 그 강력한 감각적 경험을 어찌 잊을 수 있겠는가. 그것은 그녀가 깨어 있는 모든 순간, 그녀가 가진 모든 주의력의 초점이었고, 기억의 먹이였다. 치료받고 회복되면 그 여자아이가 보내는 소통의 사연을 포기하게 될 것이다. 갇혀 있는 아이를 포기하면 자신의 삶이 살 만한 가치가 있는 것일까? 그 목적 없이 살아갈 수 있을까? 그녀는 자살하는 것 외에 세계가 자신을 믿게 만들 방법이 없다고 생각했을지도 모른다. 또 두 번째 강제 입원에서 자신이 더 심각하고 장기적인 정신병 환자라는 끔찍한 의심을 품었을 수도 있다. 만약 그렇다면 정신병 발작에서 회복한 환자들의 이야기처럼 그녀는 자신이 미쳤다고 느꼈을 것이다. 어느 쪽이든 견디기 힘들었을 것이다. 해나의 사례는 항정신병 약물이 비정상적 외수용적·내수용적 감각을 통제하는 데 실제로 효과가 있지만, 그것이 만성적 정신병 경험으로 설정된 그 사람의 세계관을 지우지는 못한다는 걸 보여주는 예시다. 당시 나는 이 사실의 중요성을 알지 못했다. 항정신병 약물은 정신병 증세를 통제할 수 있지만 기억을 통제하지는 못한다. 동시에 해나는 한 개인의 경험이 그가 현재 세계를 이해할 수 있는 유일한 필터라는 사실을 증명한다.

해나는 자신의 내수용적 느낌 상태를 다른 어떤 사람, 즉 유령의 소녀에게 돌렸다. 그것들이 해나 자신이 아니라 그 소녀의 느낌인 것처럼 말이다. 정신과 의학에서는 이런 경험을 '만들어진 감정made emotions' 혹은 '외부 감정alien emotions'이라 부른다. 1부에서 이미 확인했듯이 우리는 모호한 뇌섬엽 속 신체body-in-insula 지도에서 뇌섬엽의 숨어 있는 피질을 통해 감정을 해석한다. 토론토에서 몇몇 과학자들이 간질 신경외과 수술을 받으러 들어가기 직전에 의식이 남아 있는 환자들에게 통각 테스트를 시도했다가 인간이 통증을 느끼는 방식에 관한 매우 특별한 사실을 발견했다. 통증은 인정하기가 비교적 단순하며 실험에서 측정하기가 쉽기 때문에 두뇌 속 정서-느낌 회로를 점검하는 데 흔히 이용된다. 토론토 연구팀은 두뇌의 나머지 부분 전부를 전두엽으로 연결하는 대형 신경 통로의 일부를 제거하는 신경외과 수술을 받기 직전의 환자들에게 단일 세포 기록single-cell-recordings을 시도했다. 이 통로를 대상속帶狀束, cingula이라 부른다. 그것은 해마와 편도체, 뇌섬엽, 피질을 전두엽 피질로 연결하여 일관된 전체를 이루며 '일소一掃하는' 큰 회로다.

토론토 연구팀은 환자의 피부에 그리 세지 않은 통증 자극을 가했더니 예측대로 통각이 뇌섬엽 신경세포를 발화했다는 것을 발견했다. 이것은 예상된 현상이었다. 그들이 놀란 것은 바늘 끝이 시험자의 손가락에 닿는 것을 보기만 해도 '통증 신경세포'가 발화됐기 때문이었다. 이후의 뇌 영상 연구 결과, 두뇌 속에 뇌섬엽에서 시작되는 통증의 통로가 있음이 확인되었고, 그곳에서는 개인의 통증이 지도화된다. 대상속 시스템으로 이어지는 이 회로에서 타인의 통증은 대상속 시스템에 지도화되었다가 전두엽 피질로 전이된다.[2] 통증 신경세포는 자신의 통증과 타인이 느끼는 동일한 통증을 나타낸다. 자신의 감정을 인식하는 신경 시스템은 타인이 느끼는 것을 인식하는 데도 똑같이 사용되기 때문에, '감정 거울 시스템emotional mirror system'이라 불린다. 우리는 문자 그대로 타인에 대해 **느끼는데**, 이는 자신에 대한 느낌에서 나온다. 뇌섬엽-대상속 거울 감정 회로는 공감력이 큰 사람에게서 더 활발하며, 예상할 수 있듯이 타인에 대해 느끼는 것이 힘든 사람, 예를 들어 반사회적 성향이나 사이코패스적 특성을 가진 사람에게서는 덜 활발하다. 우리는 흔히 사이코패스의 행태를 들어 그들을 비난하지만, 경험을 위한 연결 가운데 어떤 부분이 그들에게서 누락되어 있는지를 가르치는 편이 더 생산적일 것이다. 타인의 느낌을 이해할 때 뇌섬엽이 수행하는 핵심 역할은 뇌섬엽의 진화적 발전 과정과 일치한다. 타인에 대해 느끼는 능력과 감정적 인식이 발달하면서 딱새, 개, 인간으로 나아갈수록 뇌섬엽의 형태와 복잡성이 커진다. 포유류들 사이에서도 뇌섬엽의 해부와 조직은 상당히 다르다.

감정 거울 시스템에 관련된 네트워크는 사회적 두뇌라 일컬어지기도 한다. 두뇌 기능을 '사회적 두뇌', '감정적 두뇌', '사유하는 두뇌' 등으로 쪼개는 것을 나는 별로 좋아하지 않는다. 감정, 기억, 인지 같은 경험의 기저에 깔린 회로는 상호연결되어 있기 때문이다. 이런 경험에 관련된 두뇌 회로는 분리되어 있지 않고, 통합된 경험을 전달하는 조밀한 네트워크를 형성하고 있다. 그렇기는 해도 이는 전체 두뇌 네트워크 내에서 특정한 기능, 이 경우에는 '감정 오귀인emotional misattribution'이라는 기능의 문제를 설명하기 위해 주요 구성 회로를 불러올 수 있다는 사실을 이해하게 하는 관례다. 뇌섬엽-전두엽 회로가 자아와 사회적 인식을 중재하는 데 개입한다는 가장 강력한 증거는 전두측두엽 치매frontotemporal dementia라는 두뇌 질환이다. 이 질환을 앓으면 자기 인식과 사회적 기량이 대폭 하락하며, 그것에 상응하는 아주 특정적인 뇌섬엽-대상속 신경 통로의 위축이 함께 나타난다.

조현병과 비교했을 때 자폐 스펙트럼 장애ASD, autistic spectrum disorders 환자가 겪는 느낌 이해의 어려움에 대해서는 일반적으로 더 잘 알려져 있고 공감대도 형성되어 있다. 자폐 스펙트럼 장애는 매우 광범위한 진단으로, 나뿐만 아니라 수많은 임상의가 그 명칭의 범위가 너무 넓어, 사실은 그 장애가 아니지만 성격적으로 같은 특성을 보이는 이들까지도 포함한다고 생각한다. 어쨌든 사회적·감정적 자각 능력의 손상은 자신의 느낌을 인식하고 타인의 느낌과 의도를 판독하는 능력의 결여와 함께 진짜 자폐 스펙트럼 장애를 규정하는 핵심 요소다. 이 진단이 내려진 사람들에게 뇌섬엽-대상속 영역의 활동이 줄어들었다는 증거가 있다. 이는 자신과 타인의 느낌을 해석할 때 이 회로가 중요하다는 사실을 알고 있다면 예측할 수 있는 현상이다. 조현병에서는 자폐 스펙트럼 장애의 증상인 빈약한 감정 인식과는 뭔가 근본적으로 다른 것이 나타난다는 점을 강조해야겠다. 자폐 스펙트럼 장애에서는 사회적·정서적 인식이 전반적으로 손상되어 있지만, 조현병의 경우 자신과 타인의 내수용적 경험이 전부 뒤섞여버린다.

정신이상 환자가 경험하는 만들어진 감정의 뒤엉킴을 인간이면 거의 누구나 겪는 경험인 타인에 대한 공감과 혼동해서는 안 된다. 해나의 사례에서 보듯 조현병 환자가 자신에게서 유래하는 느낌을 타인의 것으로 오귀인하는 증상은 조현병에서 감정 거울 회로에 문제가 있을 수도 있음을 시사한다. 런던 대학교 신경학과 정신과 의사인 레이 돌런은 20년쯤 전에 조현병을 앓는 사람들은 이 회로에 병변이 있을지도 모른다는 가설을 세웠다. 이후의 연구 결과 그의 가설이 확인되었고, 이제는 뇌섬엽에서 전두엽 피질로 가는 통로에 있는 신경세포 기능이 파괴되었을 수도 있다는 더 구체적인 증거가 나왔다. 조현병을 앓는 특정한 가족 유전자가 이 통로의 위축과 관련된다는 사실의 발견은 이 견해를 뒷받침한다. 돌런의 가설은 다른 모든 정신이상 장애의 신경 메커니즘처럼 추정의 단계에 머무르고 있고, 조현병에서의 정신병 경험을 유발하는 여러 메커니즘 가운데 하나에 그칠 가능성이 크다. 해나가 느꼈던 것과 같은 만들어진 느낌은 급성 조현병 환자들의 증상인 더 일반적인 경험적 문제 유형에 속한다. 그런 분열증의 경우 느낌뿐만 아니라 생각과 행동 역시 자신에게서 발생한 것이 아니라 다른 사람이나 힘이 이식된 것으로 경험될 수 있다.

거울의 나라에서

《거울 나라의 앨리스》는 혼란스러운 나와 타인의 관계에 대한 환상적인 서술이다. 루이스 캐럴이 의식 변조 약물을 먹은 경험을 바탕으로 쓴 것인지, 미발현 정신병 경험에서 나온 서술인지, 아니면 19세기 후반 열광적으로 일었던 의식에 대한 탁월한 내성적 탐구에서 나온 것인지에 대한 추측은 수없이 많았다. 캐럴 본인이 어떤 식으로든 그런 경험을 하지 않고서는 정신병 경험을 그토록 정확하게 묘사하기는 힘들었을 것이다. 앨리스는 상상에만 존재하는 체스판 위에서 이리저리 움직이면서 때로는 졸이 되고 때로는 나이트의 움직임에 의해 이리저리 끌려다니고, 퀸의 방해로 일관된 자기표현을 하지 못하는 등의 일을 겪으면서 타인들의 주도에 예속되는 양상을 보인다. 그녀는 자신이 레드킹의 꿈속에 나오는 상상 속 존재로서만 존재하고, 그가 잠에서 깨면 자신의 존재가 사라지게 될지도 모른다고 걱정한다. 그녀는 해나가 갇힌 아이와의 관계에서 그랬듯, 일종의 타인의 반영물로서 존재한다.

앨리스에게 앞으로 어떤 일이 일어나는가? 나이트가 그녀를 태우고 말을 달려 앞으로든 뒤로든 옆으로든, 오른쪽 왼쪽으로든 달아날까? 퀸이 너무 분노한 나머지 앨리스의 생각을 훔치고 앨리스가 퀸의 목을 조를 것이라는 자신의 생각으로 바꿔 넣을까? 아니면 앨리스가 킹의 지시를 받아 퀸의 목을 조르게 될까? 그런 상태에서 편집증이 생기고 타인에 대한 분노가 쌓여간다는 것을 쉽게 알 수 있다. 자신의 행동이 통제되는—여기서는 인간화된 체스 말에 의해—앨리스의 경험은 '만들어진 행동made actions'이라 불린다. 만들어진 생각과 행동made thoughts and actions 시스템의 은유로 거울을 선택한 루이스의 판단은 아주 훌륭했다. 그가 이 글을 쓴 것은 거울 신경세포가 발견되어 자타를 식별하는 신경 통로에 대한 첫 힌트가 알려지기 100년 전이었다. 또 그 힌트의 발견이 미치는 영향이 이해되기까지는 시간이 좀 더 지나야 했다. 1992년 자코모 리촐라티는 이탈리아 파르마에서 한 사람의 두뇌 속에 다른 사람들의 행동이 나타날 수 있다는 이해를 이끈 획기적인 연구를 진행했다.

원숭이를 대상으로 한 그들의 실험은 원숭이가 뭔가를 쥐려고 손 근육을 움직일 때 두뇌 속 운동 피질에 나타나는 전기電氣 기록을 살펴보는 것이었다. 운동 피질은 두뇌 표면에서 감각 피질의 앞쪽에 있고, 호문쿨루스로 신체를 나타낸다는 점에서 감각 피질과 구조가 비슷하다. 운동 피질 내 특정 세포의 발화는 그와 짝을 이루는 손 근육의 움직임에 상응하며, 과학자들은 원숭이의 손 움직임에 대한 운동 피질의 움직이는 지도를 그릴 수 있었다. 실험 과정에서 그들은 뭔가 예상치 못한 현상을 관찰했다. 원숭이가 물건을 쥘 때 운동 피질에서 운동 신경세포가 예측 가능한 패턴으로 발화할 뿐만 아니라 운동 피질의 앞에 있는 전운동 피질premotor cortex의 특정 신경세포 역시 발화된 것이다. 이런 전운동 '쥐기' 신경세포는 운동 피질에서 각각의 상응 신경세포와 동시에 발화했다. 이런 신경세포의 기능은 무엇인가? 그러다가 놀랍게도 원숭이가 시험자가 자기와 비슷한 방식으로 쥐는 것을 바라볼 때 운동 신경세포 없이 동일한 전운동 쥐기 신경세포가 발화한다는 것을 발견했다. 그 전운동 신경세포는 원숭이가 실제로 움직이지 않고도 운동 움직임을 **나타내고** 본질적으로 두뇌가 움직임을 상상할 수 있게 해주는 듯 보였다. 파르마 연구팀은 이런 신경세포를 '거울 신경세포'라 불렀다. 그 신경세포는 꽉 쥐는 동작에 관련된 해당 운동 신경세포의 행동, 그러니까 원숭이가 상상하는 쥐는 움직임과 타인의 쥐는 움직임을 반영하기 때문이다.

거울 운동 신경세포는 자신과 타인의 운동 기능을 '나타내며' 자신과 다른 움직임을 구분할 수 있는 시스템의 일부다. 자타 식별 장애가 있으면 당신 자신이 어떤 일을 하고 있는지 아니면 다른 누군가가 그 일을 당신에게 행하고 있는지 판별하기 어려워진다. 이는 주관적으로 끔찍한 일이다. 자타 식별 장애를 겪는 사람은 자신의 행동이 통제되지 않는 상황과 맞닥뜨리게 될 테니까. 이는 앨리스가 자신의 움직임이 의인화된 체스 말의 자비에 달려 있는 경험을 한 것과 비슷하다.

미러링, 기억과 예측

거울 운동 신경세포 이야기에는 기억과 관련하여 또 하나의 층이 있다. 미러링(거울 비추기)은 학습되는 것이며, 비슷한 현재 경험으로 자극하면 이 기억은 인출된다. 거울 운동 신경세포는 자신과 타인의 실제 움직임에 대해서만이 아니라 예측되거나 상상된 움직임과 느낌에 대해서도 반응하여 발화한다. 골키퍼가 골대 사이를 움직이는 것을 보면 거울 운동 신경세포의 발화가 생각난다. 그들은 움직임의 관찰에서 의도를 예견하고 이로 도약하도록 고도의 훈련을 받았다. 공격수의 발이나 허벅지, 눈이 움직이는 작은 동작이 왼쪽이나 오른쪽, 높게 또는 낮게 차는 킥의 예고인가, 아니면 골키퍼를 잘못된 방향으로 보내려는 공격수의 기만전술인가? 페널티킥에서 공격수와 골키퍼는 모두 서로의 거울 운동 시스템을 활용하는데, 그들은 치열한 관찰을 통해 바로 그 순간 예상되는 움직임을 예측하고 상대의 거울 예측 시스템을 짐작해 추상적인 구현을 예상한다. 이는 거울에 비친 예견을 거울로 다시 비추는 어지러운 반영이다. 지금은 운동선수들이 거울 운동 시스템에 따라 심상 훈련을 하면서 경기 능력을 개선한다는 것이 알려져 있다. 움직임을 상상하면서 운동 수행을 발전시키는 것이다. 같은 예견이 감정의 미러링에도 적용된다.

사춘기 청소년은 그들이 겪는 감정을 타인들 역시 겪어보았다는 사실을 **배운다**. 이 지식은 선천적인 것이 아니다. 거울 감정 시스템은 전두엽 피질로 운반되고 통합되어 작동하는 기억 시스템의 일부가 된다. 토론토의 과학자들은 수술받기 직전에 대상속을 노출시킨 환자에게 한 번 이상 통증을 가하면, 바늘이 피부에 닿기도 전에 대상속에 있는 통증 신경세포가 먼저 반응한다는 것을 알아냈다. 통증의 감각을 예상하며 발화하는 것이다. 통증이 예상될 때 사람들이 움츠러들고 타인이 통증을 겪는다는 생각만 해도 움찔하는 것은 이 때문이다.

'만들어진 생각'

거울 속에 있을 때 앨리스 역시 퀸이 자신의 생각을 훔쳐 가고 퀸의 생각으로 바꿔치기하는 것을 경험했다. 이 경험은 조현병에서 빈번하게 일어나는 것으로 '사고 탈취thought withdrawal'—앨리스의 사고 훔치기—와 '사고 주입thought insertion'—앨리스의 생각을 퀸의 생각으로 바꾸기—이라 불린다. 자신의 두뇌에서 일어나는 생각을 다른 사람이나 주체로 오귀인하는 것이다. 예전에 오언이라는 청년을 치료한 적이 있는데, 그는 자신의 생각이 다른 누군가로부터 혹은 사물로부터 이식되었다고 믿었다. 누가 그렇게 했는지는 전혀 몰랐지만, 대개는 가까이 있는 사람일 것이라고 여겼다. 성도착을 주제로 한 그런 생각은 매우 불쾌했다. 누군가가 그를 바라보면 상대방이 자신의 생각을 읽을 수 있다고 느꼈다. 오언은 아무와도 눈을 마주치지 않았는데, 사람들이 이 이상하고 불쾌한 생각에 접속하지 못하도록 방어하려고 눈을 돌리는 것이었다. 거울 저편의 앨리스 세계의 은유를 쓰자면, 오언은 킹이나 퀸이 자기 머리에 생각을 이식할 수 있을 뿐만 아니라 그렇게 이식된 생각들이 눈을 마주치는 사람들에게 전해질 수도 있다고 생각했다. 그의 어머니는 그가 거울을 볼 때 안절부절못하고 당황해하며, 자기 모습을 보고 소리를 지르거나 공격한다고 알려주었다. 상태가 좀 괜찮을 때 그에게 이에 대해 물었더니, 거울에 비친 자기 모습을 바라보기가 끔찍해서였다고 대답했다. 그 모습이 자신이 아니라고 느껴졌기 때문이다. 거울에 비친 자기 모습을 바라볼 때 환청도 동시에 들렸다. 이식된 사고가 수치스럽고 저열한 말을 크게 지껄이는 소리가 들렸다. 오언은 정신병에 걸린 초반에는 불쾌한 '외부 생각alien thoughts'—정신과에서 종종 이렇게 불린다—이 빚어내는 혼란 속에서 살면서도 도움을 거부했다. 버스 정류장에서 낯모르는 사람을 공격한 뒤에야 그는 강제로 구금되어 병원 치료를 받게 되었다. 다른 사람들과 눈을 마주칠 수 있기까지는 오랜 세월이 지나야 했다.

특정한 유형의 환청—큰 고함, 대개 뒷담화하거나 소리를 지르는—은 조현병에서 가장 흔한 병적 경험이다. 정신병에서 들리는 목소리의 원인이 내면의 말inner speech을 외부 출처에서 나오는 것으로 오귀인하는 데 있다는 흥미로운 견해가 있다. 내면의 말이라는 견해가 생소하다면, 이 책을 읽고 있는 지금, 당신이 무슨 일을 하고 있는지 곰곰 생각해보라. (나 또한 오래전에는 이 개념을 있는 그대로 받아들이기 힘들었다. 그것이 내가 세계를 이해하는 방식에서 두드러진 부분이 아니기 때문이다. '생각'보다 '느낌'이나 시각적인 것에 더 큰 비중을 두는 사람들이 있다.) 이 문장을 읽으면서 당신은 내면의 말을 이용하여 이해하려고 한다. 사람들은 깨어 있는 시간 중 25퍼센트를 내면의 말을 하는 데 할애한다고 하는데, 말과 언어는 워낙 복잡하고 때로는 제한적이어서 그 주제를 잠깐 탐색하는 것만으로도 이 책의 범위를 넘어서기 때문에 그 영역을 건드리지는 않겠다. 다만 내면의 말이 사유 과정의 표현이라는 것만 이야기하고자 한다. 환청이 한 사람의 고유한 내면의 말이 외부 매체에서 오는 것처럼 들리는 소리라는 이론은 정신이상 상태에서 자신에게 무엇이 발생했고 발생하지 않았는지에 대한 혼동이 있음을 지적한다.

나는 자기 인식과 타자 인식의 통합을 인위적으로 해체하여 각기 영역을 나누었다. 자신의 감정과 타인의 감정을 거울 감정 시스템을 통해 인식하는 것, 자신의 움직임과 타인의 움직임을 거울 운동 시스템을 통해 인식하는 것, 내 생각이 주관적 경험임을 아는 것 등이다. 현재와 기억 속의 세계에서 자아 감각sense of self—나라는 감각one's sense of self—을 형성하는 것은 위 시스템 모두의 통합 경험이다. 이 통합 경험은 아기가 자신을 인식할 수 있을 때 비로소 자기 기록이 시작될 수 있다는 점에서 전기 기억과 관련된다. 자아가 하나의 실체로서 기록되려면 먼저 인식되어야 한다. 조현병의 증상인 오귀인을 겪은 이에게서 배울 수 있는 것은 자신의 움직임과 느낌과 생각을 나타내는 데 사용되는 신경 절차가 타인들의 동일한 경험을 확인하는 데 쓰이는 것과 같다는 것, 또한 일관된 경험과 기억을 얻으려면 자신과 타인이 구분될 필요가 있다는 것이다. 어쨌든 타인과 구분되는 자신의 경험을 암호화하는 내재적 신경 메커니즘이 있는데, 조현병 환자의 경우 이 신경 메커니즘이 무너진 것으로 보인다.

모든 정신이상 경험 가운데 가장 이해하기 어려운 것은 자신의 주관적 경험—자신의 느낌, 생각, 행동—이 다른 사람에게서 유래한다는 확신이다. 우리는 어떤 다른 힘이 아니라 우리 스스로 이 책의 페이지를 넘기고 있음을 안다. 우리는 운동 자의식을 갖고 있다. 글자를 보거나 들을 수 있고, 글이 저자에 의해 쓰였다는 것을 안다. 감각적 자의식이 있다. 누군가가 그들의 생각을 우리 두뇌 속에 내적인 대화로 집어넣을 수 있다거나, 우리 생각을 다른 누군가의 두뇌 속에 집어넣을 수 있다거나, 모두가 각자의 사적인 생각에 접속할 수 있다거나, 그래서 때로는 그 생각이 큰 소리로 말해지기까지 할 수 있다고 믿지 않는다. 감정적 직관이 뛰어날 수도 있지만, 내 느낌이 실제로 다른 누군가 혹은 다른 어떤 것에 의해 이식되었다고 믿지 않는다. 나는 해나와 오언의 경험을 생생하게 상상해보려고 여러 번 시도해보았지만 할 수 없었다. 그래서 차선책을 선택했고, 이런 장애 경험의 유형과 그것이 관찰자에게 나타나는 방식에 친숙해졌다. 이제는 관찰 대상을 재빨리 훑어보고 이런 경험을 한 적이 있는지 없는지 판단할 수 있다. 대개 모든 정신과 의사가 그렇듯, 어떤 환자는 내가 탐정과 비슷하다고 했다.

경험의 무정부 상태

오귀인 상태와 혼동된 영역을 가장 잘 설명한 사람은 정신과 의사 로널드 랭이다. 유명한 저서 《분열된 자아》(1960)에서 그는 전통적인 정신과 의학의 언어가 정신이상 환자의 경험이 아니라 의사의 객관적 관점에서 보이는 징후에 집중했다고 지적한다. 정신의학적 경험에 대한 이런 목석같은 객관화는 지금도 여전히 존재하지만, 나는 임상의 일차적 초점이 주관적 경험 쪽으로 옮겨지고 있다고 생각한다. 랭은 징후를 바탕으로 하는 접근법에서 경험적 접근법으로 이동하는 급진적인 변화를 이끌었으며, 정신 질환의 생활 경험을 최초로 묘사했다. "통합된 자아 감각과 인격적 정체성을 가진 사람은 (…) 자신을 정당화하는 확실한 (…) 경험이 전혀 없을 수도 있는 사람의 세계로 들어가기가 어려울 때가 많다." 그런 '자신을 정당화하는 확실성'의 가장 기초적인 것은 당신이 당신이며, 그럼으로써 당신이 존재한다는 것을 아는 것이다.

정신병의 경험적 측면에 대한 랭의 통찰은 그의 유산의 일부인 조현병에 대한 잘못된 확신과 환자들에 대한 거친 대우 때문에 그늘에 묻힌 면이 없지 않다. 그는 전통적인 정신과 의학에 맞서 반란을 일으켜 나중에 반정신과 의학 운동이라 불리게 되는 움직임을 주도한 사람으로 악명 높았다. 그는 정신이상이 개선된 자아 감각이라는 해결책으로 이어질 수 있는 인격 탐색의 여정이라고 믿었다. 정신이상이 트라우마 때문에 생긴다는 믿음은 1960년대와 1970년대에 유행했는데, 정신이상을 '견뎌낼' 수 있다면 정신이상의 치료법을 찾아낼 수 있으리라는 것이 그 논리다. 이는 우울증, 불안, 강박 등 그가 하나로 뭉뚱그려 '신경증'이라 부르는 다양한 정신이상 장애가 어떤 과거의 트라우마에 연유하며, 그 트라우마를 노출시키면 장애가 사라진다는 프로이트의 믿음과 비슷하다. 이 목표를 위해 랭은 1965년에 런던 중심부에 정신이상 환자를 위한 치료소를 열었다. 입원 환자는 항정신병 약물을 먹지 않았다. 규칙이나 개인적 제약은 없었고 환자, 직원, 방문객들(주로 유명인사들이었으며 항상 유행을 추종하는 반정신의학 진영의 인물들이었다)이 수시로 함께 파티를 열었다. 환자들은 정신병에서 정상으로 나아가는 계몽의 여정을 떠날 수 있게 해주는 LSD 등의 향정신병 약물을 복용했다. 그로 인해 랭 본인이 '경험의 무정부 상태'라 부른 혼란 사태가 벌어졌고, 그 와중에 환자 두 명이 지붕에서 투신하여 목숨을 잃었다. 자살 사건이 일어난 뒤 이 치료소는 문을 닫았다.

그의 치료 실험이 비극으로 끝나리라는 것은 누구나 예상할 수 있었다. 정신이상이 있는 사람들에게 실제로 필요한 것은 정신이상으로 인해 붕괴된 자타 경계를 더 무너뜨리는 것이 아니라 자기 영역의 강화, 이전에는 없던 '자신을 정당화해주는 확실성'을 구축하는 일이었다. 과학적·경험적 반증 사례가 얼마든지 있음에도 여전히 조현병에 대한 항정신증 약물 치료를 반대하는 정신과 의사와 영매 등의 자칭 '치유자healer'가 일부 있다는 사실을 알아야 한다. 이러한 반대 입장은 예를 들면 종양학 같은 의학의 모든 분과에 존재하지만, 정신의학에서는 문화적 편견으로 인해 또는 정신이상을 겪는 사람이 자신을 정신이상 환자로 볼 때 겪는 어려움으로 인해 더 심한 추세다. 어떤 인간도 자신의 두뇌 밖으로 벗어날 수 없다. 단지 감각 피질에 전달된, 또 거기서 더 높은 두뇌로 넘어가서 통합되는 감각 정보를 이해하려고 노력할 뿐이다.

돌이켜보면, 랭이 정신병적 붕괴라는 본인의 경험을 탁월하게 관찰했기 때문에 정신이상 환자의 파열된 세계를 묘사할 수 있었음은 분명하다. 그는 녹아버린 경계를 체험했다. 아마 약물, 특히 1960년대의 반문화 운동이 이용했던 환각제와 알코올의 남용을 통한 체험이었을 것이다. 어쨌든 런던에서 행한 실험은 수많은 샤먼 치료사의 치료법처럼 이미 정신 질환에 굴복해버린 사람들에게 겪지 않아도 되고 견딜 수도 없는 고통을 더 키웠을 뿐이다.

미러링과 기억

제대로 작동하는 거울 시스템이 없을 때는 세계에서 입력되는 내용을 조합하는 데 일관성이 없으며, 그 뒤로 이어지는 이야기에도 일관성이 없다. 두뇌는 결과적으로 현실적인 **의미**가 없어도 계속 가지돌기를 만들고 신경세포를 연결할 것이다. 그런 과정이 신경이 작동하는 메커니즘이다. 두뇌는 입력되는 내용에 전반적으로 타당한 의미가 없다고 해서 작동을 멈추지는 않는다. 기억은 계속하여 형성된다. 세포 조립이 해마에서 설치될 것이고, 두뇌의 생물학적 삶인 동적·기능적 연결성 속에서 피질로 운반될 것이기 때문이다. 급성 정신병을 앓은 경험이 있는 사람은 대개 시간이 흐르면 자신의 경험을 설명해줄 서사를 구성하게 된다. 해나는 자신의 소외된 감정 경험을 설명하기 위해 사로잡힌 아이가 자신의 경험을 텔레파시로 이식했다는 서사를 만들어냈다. 이렇게 경험을 한데 모아 서사를 만드는 과정에 간혹 약간의 피상적인 개연성이 생긴다. 하지만 더 자세히 살펴보면 그 개연성이 대개는 순식간에 허물어진다. 정신이상이 있든 없든, 주관적 경험은 신경 연결의 어지러운 그물망, 즉 기억 속에 생물학적으로 자리잡는다. 현재의 경험이 연합되는 과정을 거쳐 기억 네트워크에 설치된다는 기본 원리는 정신이상 경험 못지않게 정신이상이 아닌 경험에도 적용되며, 시간이 흐르면서 정신이상 환자의 기억과 세계 내 존재 방식은 점점 더 공통의 현실에서 멀어질 것이다. 경험의 망상적 그물망이 다듬어질수록 그들을 정상적 경험의 공통된 현실로 도로 데려오기는 더 힘들어질 것이다.

이 장에서 우리는 기억이 없는 유아기에서 자기 인식의 출현에 이르는 전기 기억의 기원을 추적해왔다. 또한 자기 인식이 어떻게 계통발생적으로 진화했으며, 유아의 신경발달 과정에 반영되는지를 살펴보았다. 자기 인식은 단지 '자아'에 대한 의식의 출발점이며 평생 발전을 계속할 자아 분리의 시작에 불과하다. 자기 인식을 슬쩍 경험한 아기가 결국은 복잡한 자기 인식 시스템과 동일한 특성을 가지는 타인에 대한 이해를 어떻게 발전시키는지는 아직 분명하지 않지만, 그것은 기억 조직이 점점 더 복잡해지는 상황과 나란히 발생한다. 이제 우리는 이 발전하는 복잡성을 살펴볼 것이다.

10장

생명의 나무: 수지상 분기와 솎아내기

존재한다는 것은 변화하는 것이다. 변화한다는 것은 성숙하는 것이며,

성숙하다는 것은 자신의 창조를 끝없이 계속하는 것이다.

_앙리 베르그송

한 사람이 세계 내에서 존재하는 방식은 나이를 먹으면서 변한다. 그 변화 과정은 태어날 때부터 시작된다. 이는 두뇌가 외부 세계와 그 사람 내부의 내수용적 세계를 이해하는 점점 더 복잡한 방식을 개발하기 때문이다. 기억 시스템 조직의 발전은 삶의 상이한 단계를 표시하는 주관적 지각의 패턴 변화에서 확인할 수 있다. 인간 기억의 전체적 생명 주기 패턴은 두뇌 해부학 전체의 변화 패턴에 반영되어 있다. 두뇌 시스템의 구조적·기능적 변화는 평생 계속되지만 생애 초반의 두뇌 변화가 더 많이 중요시되는데, 이때의 변화가 근본적인 것이고 동시에 일반적으로 믿을 만한 궤적을 따라 성인의 삶으로 이어지기 때문이다. 흔히 '베토벤 현상Beethoven phenomenon'이라 불리는 두뇌 기억 시스템에서 **비교적** 단순한 발달 과정을 살펴보는 것으로 시작해보자.

베토벤 현상

루트비히 판 베토벤은 이십대 때 청력을 잃기 시작했지만 세상을 떠날 때까지 계속 작곡을 했다. 최고 걸작으로 꼽히는 몇 곡은 그의 청력이 가장 약해진 시기에 만들어진 것이다. 소리를 거의 들을 수 없는데 어떻게 곡을 썼을까? 그 답은 그의 청력 약화가 어느 부위에서 발생했는지를 보면 알 수 있다. 부검 결과 그 위치는 청각 신경이었다. 청각 신경은 외부 세계에서 소리를 인도해 두뇌의 청각 피질로 끌어오는 감각 신경이다. 베토벤의 청각 신경은 병에 걸렸지만 소리, 음표, 곡조, 음악을 기억한 청각 피질은 그대로 남아 있었던 것이다.[1]

음악을 들으면 청각 피질이 발화된다. 음악을 **상상할** 때는 청각 피질만이 아니라 전두엽 피질도 발화된다. 상상된 곡조는 전두엽에서 청각 피질로 던져진 소리 기억이다. 외부 세계에서 들어오는 소리가 차츰 사라지면서 베토벤은 신경의 표상을 통해 듣고 있었다. 청각 피질과 전두엽은 함께 춤을 추면서 가상의 음악을 작곡했다. 베토벤은 청각적 감각 경험이 피질의 기억 시스템 속으로 변형되고 그다음 피질 기억이 일종의 '내적' 감각 경험으로서 전두엽 피질에서 작동하는 놀라운 사례다. 그의 창조적 천재성은 입이 떡 벌어질 정도로 복잡한 음표와 그 배열의 피질 표상 형태로부터 아름다운 음향 패턴을 이끌어냈다.

베토벤 현상은 누구나 겪을 수 있는 현상의 극단적인 사례다. 아주 어렸을 때부터 계속되어온 엄격한 음악 훈련 과정에서 베토벤은 그의 청각 피질 속에 음악성의 신경세포 미궁을 창조해냈다. 감각적 기억을 수집하고 체계화하는 과정은 점점 성장하는 유년기의 피질 네트워크에서 빠른 속도로 진행되었다. 아이들은 감각 세계에 푹 잠겨 있다. 그곳은 더 체계화되는 피질과 함께 발전하는 추상적 '지름길'로부터 비교적 자유로운 세계다. 아이들이 이야기하는 방식에는 추상적 사고의 부재가 잘 드러난다. 사건들이 별다른 의미 없이 차례로 이어진다. 아이들은 이미지를 시간 순서로 기억하고 또 같은 순서로 불러낸다. 아이들에게서 보이는 동화되지 않은 이미지의 출력, 맥락도 의미도 없는 상태는 즐겁고 순진하면서도, 세계를 바라보는 유식한 방식에 통찰을 주고 때로는 깨우침도 준다.

이 때문에 아이들의 세계는 끊임없이 새롭고 어른들이 느끼는 것보다 더 즉각적으로 감각적이다. 어린 시절 감각 경험을 그린 딜런 토머스의 시 〈고사리 언덕〉에 나오는 황홀한 묘사를 충분히 감상하려면 울림 깊은 그의 웨일스식 음성으로 하는 낭송을 들어야 한다. 음악적 이미지를 뚫고 어린 시절의 생생한 감각적 흥분을 느낄 수 있다. 모든 것은 움직인다.

해가 있는 동안 내내 달리고 있었다. 사랑스러웠고,
집채만큼 높은 건초 밭, 굴뚝에서 나오는 노래, 공기와
놀이, 사랑스럽고 촉촉하고
풀처럼 푸른 불

춤추며 뛰어노는 이 시를 읽을 때마다 나는 나만의 고사리 언덕으로 돌아간다. 외갓집 식구들이 농장을 일구던 시골 마을 케리, 나는 그곳에서 어린 시절 여름철을 보냈다. 베어진 건초 냄새가 코에 스며들고 그 껄끄러운 풀줄기가 느껴지고, 짐 아저씨가 설탕을 진하게 탄 냉차가 담긴 잼 병을 커다란 손으로 감싸면서 거인처럼 내려다보는 모습이 보인다. 유년 시절의 감각 학습이 늘어나는 동안 신경 회로에서는 무슨 일이 일어나고 있는가?

우리는 인지와 행동 발달의 순차적 단계를 반영하는 두뇌 구조에서 가시적 변화가 일어나고 있음을 안다. 인지적·행동적 변화는 기억 시스템보다 문화적으로 친숙하지만, 인지와 행동 변화의 기저에 깔린 것은 기억 조직의 변화다. 성장하는 아기는 두뇌 발달 단계에 적합한 방식으로 학습한다. 손으로 만지고 눈으로 보고 들어서 배우는 감각 세계, 엄마의 젖꼭지에서 자신의 발에 이르는 모든 것을 입으로 맛보고 시험하는 세계에 푹 잠겨 있는 아기는 사물과 사람, 색깔과 소리에 이름을 붙이며 간단한 감각 정보를 배운다. 이 시기는 두뇌 감각 시스템에서 급속한 변화가 일어나는 기간이며, 그 변화는 감각적 피질 두뇌의 부피 팽창으로 관찰될 수 있다.

캘리포니아의 UCLA와 메릴랜드의 국립정신건강연구소가 아동 두뇌의 변화를 추적한 기초 연구에서, 연구자들은 4세에서 21세까지 다양한 연령대의 아동 13명의 발달 과정을 계속 관찰했다. 아동기에서 성년기 초반까지 피질의 발달은 2년을 주기로 순차적인 뇌 영상 스캔으로 지도화되었다. 아동들 사이에 큰 차이가 나타났지만, 계통발생적 기준에서 더 오래전에 등장한 동물에서 더 최근에 등장한 동물로 나아가는 두뇌의 진화적 발달 과정을 따라가는 통상적인 발달 패턴도 있었다. 일반적 패턴은 감각과 운동 피질의 크기가 증가하는 데서 시작된다. 이 성장은 상대적으로 단순한 감각적·운동적 학습의 급속한 팽창을 반영한다.

그런 다음, 상이한 감각 피질 사이에서 신경의 연결이 정밀하게 다듬어지며, 다중감각적 지각multisensory perception이 발달하여 소리, 시각, 촉각, 맛, 냄새가 통합된다. 시간이 지나면 아이는 짖는 소리가 들리면 개가 보일 것이라고 예상하면서 그 소리가 나는 쪽으로 머리를 돌릴 줄 알게 된다. 시각적 깊이의 지각, 삼차원적 시야는 시각적·방향적 지성을 포함하는 다중 피질 영역multiple cortical area의 조직화의 좋은 보기다. 태어날 때부터 시력을 잃은 사람은 삼차원으로 상상하지 못한다. 삼차원 지각을 가공하기 위해 시각 세계에서 들어와야 하는 입력이 없기 때문이다. 개인의 신경발달과 마찬가지로, 또 시각 미술의 역사에서처럼, 시야perspective는 학습되는 것이다.

두뇌 발달에서 두 번째로 중요한 측면은 신경세포 중에서 가지돌기 연결을 '솎아내는pruning' 과정이다. 그것이 '솎아내기'라 불리는 것은 과일 생산을 최대한 늘리기 위해 과수 가지를 쳐내는 것과 비슷하기 때문이다. 신경세포는 정확한 출력을 최대화하기 위해 가지를 솎아낸다. 지식이 증가하면 가지돌기가 늘어난다고 생각할 수도 있지만, 짐작과는 반대로 태어날 때 이미 가지돌기를 많이 가지고 태어나며 출생 후 1년간 가지돌기의 과잉 생산이 계속된다. 세포 차원에서 본다면, 작은 아기의 신경세포는 과도 연결되어 있으며 너무 많은 감각 입력 때문에 쉽게 과부하 상태가 된다. 신경세포가 제멋대로 온갖 방향으로 발화하기 때문이다. 그래서 우리는 그것들을 달래고, 간단한 감각 정보를 가르치고, 지시하고 억제한다. 감각 신경세포는 이 단기간의 팽창이 있은 뒤 제일 먼저 솎아내져야 하는 대상이다. 이 과정은 감각적 학습의 경험에 반영되는데, 감각 학습은 실제로는 식별 과정이다. 예를 들어, 아이는 나무가 다른 식물이 아니라 나무임을 알아보고, 그다음에 그것이 큰 나무인지 작은 나무인지 등을 배운다. 나중에는 어떤 나무가 겨울에 잎을 떨어뜨리고, 어떤 나무가 상록수인지도 배울 것이다. 그들은 그 나무를 알게 되고 잎사귀, 크기, 가지가 자라는 방향, 나무껍질과 꽃과 열매를 보고, 혹은 그런 것들을 모두 합쳐 살펴보고 어떤 종인지 확인하게 될 것이다. 이 지점에서 그들은 인식의 패턴, 더 중요하게는 나무들을 식별하게 해주는 훌륭한 피질 네트워크를 개발한다. 그들은 더 이상 나무의 구성을 부분부분 뜯어볼 필요가 없다. 한번 보기만 해도 어떤 나무인지 알 수 있다.

실제 존재는 점점 더 정밀해지는 추상적 표상으로서 피질에서 재현되고 분류 정리된 다음 자동적으로 처리된다. 더 수준 높은 정보를 처리하려면 이런 지름길이 필요하다. 그렇지 않으면 우리는 나무를 확인할 때마다 평생 학습되어온 모든 정보 조각을 처리하느라 불필요한 시간을 쓰게 될 것이다. 내가 사는 곳에서는 대부분 호랑가시나무를 슬쩍 보기만 해도 알아차린다. 겨울에 호랑가시나무 잎사귀를 바스락대는 소리가 들리면 그것이 그 나무에 겨울나기 둥지를 튼 큰 지빠귀임을 예측한다. 호랑가시나무는 열매를 먹을 수 있고 삐죽삐죽한 잎사귀가 있어서 방어에 유리하기 때문이다. 이번 겨울에 우리 집 호랑가시나무에서 바스락대는 것이 지빠귀임을 나는 금방 알았다. 지난겨울에 평균보다 몸집이 더 큰 겨우살이개똥지빠귀mistle thrush 한 마리가 우리 집 정원 호랑가시나무에 둥지를 튼 것을 보았기 때문이다. 사람은 다중감각적 지각—바스락대는 소리와 호랑가시나무 가지의 움직임—에 올라타서 사전 지식에 근거한 즉각적 지각으로 나아간다. 호랑가시나무의 바스락 소리와 지빠귀 사이에 가지돌기의 연결이 형성되어 지각을 형성하고, 이런 감각들의 연결된 경험을 용이하게 하여 지름길에 도달하게 한다. 아프리카에서 멀리 서 있는 흰 꽃 핀 나무 한 그루를 보았을 때 내가 그랬던 것처럼, 흰 꽃송이가 아니라 흰 나비가 나풀대는 것을 볼 자세가 되어 있을 수도 있다. 흰 나비가 날아와 앉은 나무를 본 것은 그 여러 해 전의 일이지만, 아프리카에서 흰 꽃이 핀 나무를 볼 기회는 많지 않았다. 사람들은 자동차 소리를 들으면 자동차를, 디젤 엔진이 크게 우르릉대는 소리를 들으면 트럭을 볼 것이라고 예상한다. 부드럽고 매끄러운 신음을 들으면 경주용 차의 모습이 떠오른다. 이런 자동적 지각과 예측은 존 버거가 설명한 '보는 방식'으로, 3장에서 잠깐 언급된 바 있다.

아기가 세계에 대해 배워가면서 피질 내 신경세포들 사이의 연결은 느슨해진다. 감각 피질에서의 솎아내기가 가장 심해지는 것은 세 살 무렵인데, 이 시기를 지나면 속도는 느려지지만 그 과정은 아동기 내내 계속된다. 전두엽 두뇌는 더 이후에 더 느린 속도로 발달한다. 그곳이 피질 감각 영역에서, 편도체-뇌섬엽에서, 또 해마에서 들어오는 입력이 한데 모여 분류되는 중심 두뇌 영역이기 때문이다. 그곳은 여러 개의 영역에서 들어오는 정보가 조작되기 위해 '붙잡혀 있는' 장소다. 활성화된 작업 기억에서 또는 침묵의 상황에서 은밀하게 외부의 감각 세계를 초월하여 상상하거나 예견하거나 창조하거나 조작하는 것은 전문 마술사가 부릴 법한 재주다. 두뇌 전체 대비 전두엽 두뇌 부피의 비율은 모든 동물종 가운데 인간이 가장 크며, 인간의 발달 과정이 진화적 발달 과정을 따르므로—계통발생학의 기초를 이루는 원리—이 영역은 사춘기와 성인기 초반에 상당히 발달한다.

전두엽 솎아내기

전두엽의 발달 과정을 보여주는 것이 아동기 후반에 시작되는 전두엽 피질의 변화다. 그때 시냅스는 솎아내져 세계를 이해하기 위한 안정적인 신경 패턴을 형성한다. 솎아내고 나면 지나치게 넓게 퍼진 신호 영역이 잘려나가 신호들을 구별하는 신경 통로가 새로 만들어지고, 체계적 사고나 추상적 추론의 영역이 발달하게 된다. 솎아내기는 방대한 분량의 입력을 체계화하기 쉽게 만들어 발달하는 두뇌가 이미 학습된 지식의 통로를 통해 지름길로 갈 수 있게 해준다. 전두엽 솎아내기는 사춘기 두뇌의 신경 발달상의 특징이지만 이삼십대가 되어도 계속 일어나는데, 이 사실은 비교적 최근에야 발견되었다.

두 번째로 중요한 변화는 백질白質의 성장이다. 이 역시 두뇌가 발달하는 과정에서 발생한다. 두뇌는 회질灰質과 백질이 이루는 패턴들로 구성되어 있다. 회질은 신경세포 덩어리이며, 백질은 신경세포에서 뻗어나와 신호를 가지돌기로, 또 다음 신경세포로 운반하는 축삭돌기로 이루어진다. 축삭돌기는 '수초화髓鞘化, myelination'라는 중요한 작용 때문에 흰색을 띠는데, 지방질의 수초myelin° 나선—현미경으로 봐야 보이는 크기의 스위스 롤빵처럼 생긴—이 신경세포 둘레를 빙빙 감은 형태다. 이 지방질의 세포가 신경세포를 고립시켜 신호의 전달 속도가 빨라지는데, 수초화되지 않은 신경세포에 비해 최고 100배는 더 빠르다. 수초화는 신호가 축삭을 따라 내려갈 때 신경세포들이 서로에게 마구잡이로 발화하는 것을 중지시키며, 신호가 주요 방향으로 가도록 설정하는 기능의 일부다. 예전에는 제멋대로 발산되던 신호가 방향을 갖게 되는 것은 우선 몇몇 시냅스가 강화되고 다른 것들은 시들기 때문이며, 둘째로 신경의 고립이 강화되어 신호 전달 속도가 빨라지기 때문이다.[2]

솎아내기와 신경 고립을 통한 은밀한 통로가 발달한다는 것은 곧 신경세포 간의 일부 연결이 다른 연결을 강화하기 위해 희생된다는 의미다. 초기 발달 단계에서의 일반적 구도는 신경세포가 태중에서, 또 생후 초기의 두뇌 발달 단계에서 근본적 정보를 극대화하기 위해 제멋대로 뻗은 가지를 솎아내어 어린 시절의 감각적 입력값을 식별하고 예리하게 다듬는 방식이다. 유년기 후반에 이르면 전두엽의 가지돌기 가지가 솎아져 세계를 이해하는 인지적·감정적 방식이 마련된다. 신경 사이의 일부 통로는 자주 발화되기 때문에 강화되는 한편, 다른 것들은 시들어 상대적으로 고정되고 자동적인 해석 네트워크를 형성한다.

생애 초반에 새 정보가 과도하게 가공된다는 패턴은 새로 정보가 들어올 때마다 평생 일어나는 일이며, 인터넷에서 정보를 가져오는 데

° 신경세포의 축삭 주위를 둘러싸고 있는 지방질의 백색 피막.—옮긴이

그치지 않고 새로운 지식 영역을 탐구하는 사람이라면 이에 익숙할 것이다. 새로운 정보의 바다에서 허우적대고 과도한 일반화에 빠지는 초기 단계가 있고, 이를 거친 뒤에야 새로운 주제에 관한 체계적이고 맥락 있는 이해가 출현한다. 지식의 팽창은 지식이 식별된 뒤에 일어난다.

신경 발달 장애

사춘기 시절과 성인기 초반에 전두엽 회로에서 일어나는 인지 두뇌 발달은 올바른 방향으로 진행되지 않을 수도 있다. 최근 들어 솎아내기 과정에서 생긴 병변이 어떻게 자폐 스펙트럼 장애와 조현병 같은 발달 장애로 이어질 수 있는지에 관심이 집중되었다. 조현병의 전형적인 경험과 행동 양태는 일반적으로 사춘기와 성인기 초반에 나타난다. 사춘기를 지나던 어느 날 눈을 떠보니 조현병 환자가 되어 있었더라는 그런 일은 없다. 조현병은 오랜 시간에 걸쳐 진행되는 것이기 때문이다. 예상할 수 있겠지만, 조현병을 앓으면 두뇌가 정상적인 방식으로 작동하지 않으며, 작업 기억에도 체계가 없어진다. 몇몇 연구자는 조현병에서는 솎아내기가 과도하게 행해지고 자폐 스펙트럼 장애에서는 부족하게 행해진다는 가설을 세웠다. 케임브리지의 연구팀 중 하나는 솎아내기와 수초화에 관련된 유전자들이 조현병을 일으킬 위험이 있음을 밝혀냈다. 이 탐구 노선은 이론적인 성격이 너무 강하기는 해도 '네트워크 병리학'이라 불리는 연구 분야로 발전했다. 이는 조현병의 유발 요인이라고 순진하게 인식되던 도파민 신경전달물질의 단일 통로 병리학과는 구별된다. 이 병리학에 대해서는 나중에 검토하겠다.

레이철은 어린 시절에 정신병이 발병하여 감각 입력이 정상적으로 통합되지 않은 환자다. 타인이 볼 때 그녀의 세계에는 일관성이 없었고, 생각과 발언에는 의미의 연속성이 없었다. 그녀에게는 자전적 기억이 극히 적었다.

레이철

레이철은 어렸을 때부터 정신이상 증세가 심하여 아동기 이후에는 안전을 위해 정신과 병원에서 살았다. 치료해도 나아지지 않는 심한 조현병 외에 간질 증세도 있었다. 그녀는 내가 종합병원에서 신경과 의사들과 함께 일하고 있을 때 내게 왔다. 그녀의 가족은 당시 최고의 항정신병 약물로 꼽히던 클로자핀을 써보기를 원했다. 클로자핀은 심각한 부작용이 있었기 때문에 다른 치료법이 모두 듣지 않을 때만 처방할 수 있었다. 부작용 가운데 하나가 간질의 악화였다. 그녀는 엄청난 양의 항정신병약과 항간질약을 복용하고 있었지만 증세는 여전히 매우 나빴고, 가족은 절망했다. 우리는 그녀를 급성 신경과 병동에 입원시키기로 결정했다. 그곳에서는 클로자핀 투약을 시작하기 위해 간질과 정신이상을 지속적으로 관찰할 수 있었다.

레이철은 내가 치료한 환자들 가운데 자신과는 이야기하지만 타인과는 말을 나누지 않는 몇 안 되는 사람 중 하나였다. 그녀는 침대 옆 의자 혹은 침대에 앉아서 간호사들이 매일매일의 병동 일정을 수행하면서 그녀에게 말을 거는 동안 여러 다른 목소리로 자신과 말을 하고 있었다. 우리는 매일 그녀에게 말을 걸었지만 우리가 말을 하고 있다는 것을 한 번도 인정받지 못했다. 다만 예외적으로 그녀의 발언이 적대적인 어조를 띠고 표정이 사나워질 때가 가끔 있었다. 물론 우리는 그녀의 환각적 대화를 불쑥 가로채곤 했다. 그녀는 누군가의 목소리로 말을 했는데, 그 목소리는 매일 달라졌다. 깊은 남자 목소리도 있었고 때로는 여자 목소리도 있었다. 대화는 무의미해 보였지만, 가끔 세계와의 연결이 중얼거림 속으로 슬쩍 끼어들 때가 있었다. 한번은 자신이 줄리어스 '시저Seizure'라고 말한 적이 있다. 자신의 간질 발작seizure 증세를 가리키는 말장난이었다. 우리는 그 말에 웃음이 새어 나왔고, 정신이상에 시달리는 와중에도 기본적인 천성이 형성되었는지 궁금해졌다. 가끔 그녀는 마리 앙투아네트나 또 다른 유럽 왕족이 되었다. 한번은 자신이 그레인 웨일Graine 'Whale'이라고 말했다. 이는 당연히 아일랜드 신화 속의 전설적 여성인 16세기의 아일랜드 여자 해적 그레인 웨일Grainne Uaile(발음은 '웨일wail'이다)을 가리키는 이름이었다.

클로자핀 투약을 시작한 지 두어 주일 지났을 때 내 기억에 남은 일이 일어났다. 자주 회상하는 상황이기 때문에 더 잘 기억난다. 병실로 들어갔더니 그녀가 처음으로 나와 눈을 맞추고 '굿 모닝'이라고 인사하면서 부끄러운 듯이 웃었다. 나는 정신을 똑바로 차리려고 애쓰던 것을 기억한다. 우리는 몸이 얼어붙어, 어찌 된 상황인지 거의 믿지 못하고 있었다. 우리는 아침 식사로 무얼 먹었는지, 몸은 편안한지, 잠은 잘 잤는지, 병실은 마음에 드는지 등의 짧은 대화를 나누었다. 그녀는 제대로 대답했다. 우리는 그만하면 정상적인 하루치의 대화로는 충분하다고 생각하여 방에서 조용히 물러났다.

신경과 병동 복도에 서 있던 연구팀이 서로를 바라보면서 아무 말도 하지 않고 벅차오르는 순간의 감정을 공유하던 것을 기억한다. 의사 생활 초반에 나는 감정 표출을 다분히 억제해왔지만, 그 일이 있고 난 뒤로 변했다. 외부인은 그런 변화의 방향이 거꾸로 되었다고 여길지도 모른다. 보통 처음에는 고통에 대한 주관적·감정적 반응에 대응하려고 애쓰다가 차츰 객관적인 태도로 나아가는 것이 아니냐고 말이다. 실제로 나는 환자를 대할 때의 감정적 치열함에 적응하는 데 1년쯤 걸렸다. 첫해는 매우 힘이 들었고, 그런 다음 임상의라면 그러하듯 적응하고 최선을 다하는 법을 배우게 되었다. 이제 임상 정신과 분야에서 37년을 일했는데도 예측 불가능한 상황에서 생소한 방식으로 본능에 충격을 받을 때도 있다. 우리는 중환자들이 보여주는 순전한 인간적 인내력에 존경을 바치면서 절할지도 모르지만, 적대적인 세계 속에서 이런 고통에 시달린다는 것…… 지금 내게 충격을 주는 것은 바로 이것이다.

레이철은 정신이상 증세에서 벗어나자 매력적이고 어린아이 같은 성격을 드러냈다. 그녀가 자신을 되찾는 과정은 복잡해 보이지 않았고, 일단 정신이상 증세가 해소되자 허구로 내세웠던 정체성에 대해서는 입에 올리지 않았다. 자신의 삶에 대한 기억이 거의 없었고, 입원한 사실에 대해서는 모호하게만 말했다. 그녀가 가진 사건 기억은 매우 드물었지만 어휘력은 훌륭했고, 글자도 알았으며, 똑똑해 보였고, 모두를 알아보았다. 정신이상 증세가 해소된 뒤 레이철은 퇴원하여 지역 정신과 병원으로 돌아갔다. 그녀가 잃어버린 유년 시절이 남긴 폐쇄된 혼돈에서 빠져나와 클로자핀 요법에 의해 어떤 식으로든 풀려난 두뇌가 체계화되기까지의 완전한 회복 과정을 겪었는지 관찰할 기회를 얻지는 못했다. 그녀의 어머니는 내가 자문관으로 일하는 동안 계속 편지를 보내왔다. 레이철은 점점 나아졌으며, 우리 병원에서 퇴원하여 지역 병원으로 돌아갔다가 두어 달 뒤에는 가족들과 함께 집에서 살게 되었다.

레이철의 두뇌는 정신이상의 감각이 주는 혼란 때문에 뒤죽박죽인 상태였다. 그것은 감각 신호가 비체계적으로 통합되었기 때문이기도 했다. 아니면 정말 그 때문인지도 모른다. 그녀의 기억 네트워크는 체계가 없어서 세계에서 들어오는 신경 입력 자료를 일관성 있게 처리하거나 일관된 서사를, 아니 어떤 서사든 만들어낼 수 없었다. 레이철에게서 보이는 정상적 기억 체계의 부재는 두뇌 네트워크 발달 조직이 어떤 식으로 전기 기억과 작업 기억의 기초가 되는지를 입증한다. 레이철은 의미가 통하는 방식으로 경험을 기록할 수 있게 될 때까지는 자신이 누구인지도 제대로 몰랐다.

클로자핀이 어떤 방식으로 작용하여 효과를 내는지는 몰라도 그 효과 덕분에 그녀는 사유 장애와 환각이라는 만성적이고 파괴적인 경험에서 극적으로 해방되었다. 항정신병 약물이 어떤 식으로 작동하는지 질문할 때 질문자는 흔히 이런 말을 덧붙인다. "그게 도파민과 무슨 관련이 있습니까?" 도파민은 '보상reward' 신경전달물질로 익히 알려져 있다. 대중문화에서 한때 사람들은 즐거운 일에는 거의 언제나 도파민 분비를 끌어다 댔고, 도파민이 모든 인간적 즐거움으로 가는 공통된 신경 통로인 것처럼 알려졌다. 모든 즐거움을 설명해주는 도구로서 도파민을 끌어와 과도하게 단순화한 이론은 아마 십중팔구는 틀렸을 것이다. 두뇌 내 신경전달물질 함량 가운데 도파민이 차지하는 비율이 1퍼센트 정도라는 사실만 봐도 그렇다. 신경전달물질 기능에 관한 일반화는 경험과 행동을 설명하는 수단으로 매력적일 수 있겠지만, 대개는 틀렸다.

도파민 회로가 보상에서 맡은 역할이 있기는 하다. 그것은 아마 수많은 두뇌-보상 처리과정을 위한 최종적인 공통 통로일 것이다. 그런데 도파민 회로에 수렴하는 궤도는 수없이 많은데, 어느 것이든 보상을 중재할 수 있고, 그중 어느 것이든 말썽을 일으킬 수 있다. 도파민은 '히트hit'—초콜릿이 주는 즐거움, 헤로인을 맞은 뒤의 황홀경, 오르가슴, 술 마신 뒤의 취기—를 유발하는 원인이 아니라 히트를 기억하기 위해 설정되는 통로에서의 신경전달물질이다. 모든 항정신병 약물이 발휘하는 공통의 행동 메커니즘은 도파민 분비의 감소인데, 조현병이 도파민 시스템의 과도활동성 때문에 발병한다는 이론이 수십 년 동안 살아남은 까닭은 이로써 설명된다. 도파민 신경전달의 감소가 어떻게 항정신병 약물의 치료 효과에 연결되는지에 관한 우리 생각은 아직 추측에 불과하지만, 기억하기 쉽도록 개념화하자면 전두엽 피질로 전달되는 감각 정보를 걸러내는 과정으로 설명할 수 있다. 통합적 두뇌로 들어가는 걸러진 정보는 더 일관성 있게 조합될 수 있다.

신경학의 범위가 분할 불가능하게 연결되고 뒤엉킨 신경세포 덩어리인 두뇌에 대한 이해로 확장되면서 조현병의 정의는 과도활동적 도파민의 신경전달이라는 단순한 설명에서 대개 두뇌 발달 과정에서 시작되는 무질서한 네트워크의 병증이라는 설명으로 바뀌었다. 내가 갓 출범한 신경 발달 연구에 들어간 것은 1990년대에 신경 발달에 관한 발상을 정신과 의학의 신경학 속으로, 나아가서 주류 정신과 의학 속으로 가져온 세계적 지도자인 로빈 머리를 통해서였다. 조현병 특유의 경험과 행동은 일반적으로 사춘기와 성인기 초반에 등장한다. 사춘기 청소년이 하루아침에 조현병을 앓게 되는 것은 아니다. 조현병은 세월을 두고 진행된다. 나는 운 좋게 로빈이 정신의학연구소 소장으로 재임할 때 정신과 강사로 근무했다. 그는 상의 가슴 주머니에 작은 수첩을 넣고 다녔는데, 거기에는 환자들의 출생일이 기록되어 있었다. 그는 1958년에 태어난 환자에게 특히 관심을 보였다. 대규모 인플루엔자 유행이 있던 해였기 때문이다. 그는 인플루엔자 바이러스 혹은 모체의 면역 시스템에 속하는 단백질이 성장하는 태아의 두뇌에 들어가서 신경 연결상의 오류, 특히 신경전달물질인 도파민을 사용하는 전두엽 신경 회로가 잘못 연결되도록 만들었을지도 모른다는 가설을 세웠다. 도파민을 사용하는 전두엽 회로는 성인기 초반에 큰 폭으로 발달하는데, 그렇기에 두뇌 문제는 도파민 회로가 사춘기 시절에 재조직되기 전에는 제대로 눈에 띄지 않을 것이고, 그리하여 조현병 같은 병증을 낳을 가능성이 잠복하게 된다고 그는 추측했다.

자궁 내 바이러스가 조현병의 몇 가지 형태를 유발할지도 모른다는 발상은 그때는 비약이 너무 심하다고 여겨졌지만, 그 이후의 연구 결과에서 출산 전의 환경이 신경 연결의 기초 조건이며, 조현병은 아마 두뇌 연결 과정에서 일어난 신경 발달 장애일 것이라는 견해가 확인되었다. 중요 논점은 통합 회로에서 잘못된 연결과 발화 오류를 일으키는 원인이 다양하다는 점이다. 임신한 어머니의 감염, 초기 발달 과정에서 겪은 두뇌 부상, 아동 학대나 방치, 어린 시절이나 사춘기 시절에 겪은 신체 학대 등이 그런 원인에 포함된다. 면역 시스템, 감염, 신경 시스템에 형성된 항체가 미치는 영향이 그 이후 신경학 주류의 연구 주제가 되었다.[3] DNA 배열 순서가 물려받은 유전자의 잘못된 두뇌 단백질 암호를 담고 있으면 정신이상이 필연적으로 나타날 수 있다. 혹은 더 가능성이 큰 것은 정신이상 장애란 사소한 영향을 미치는 다양한 원인이 누적되고 복합적으로 작용하여 결국은 발달하는 두뇌를 일관된 네트워크 연결이 결정적인 수준에 도달하도록 끌어올리지 못하는 데서 나오는 결과일 수도 있다는 견해다.

추상과 상상

가끔 우리는 나무에 대해 배울 때처럼 식별적 학습 패턴을 여러 층 겹치고 있음을 알고 있다. 또 가끔은 옳고 때로는 거의 옳으며 때로는 틀린 직관을 이끌어내는 토대가 되는 지식을 알아차리지 못하기도 한다. 앙리 베르그송은 주관적 관찰과 내성에 근거하여 직관이 기억 위에 세워진다고 믿었는데, 그가 옳았다. 직관적 지식은 추측처럼 보일 수도 있겠지만 엉성한 추측은 아니다. 그것은 자동으로 깨달아지는 수준의 숨은 정보를 기초로 한다. 당신은 자신이 뭔가를 알고 있다는 것은 알지만 어떻게, 왜 그것을 아는지는 확실히 모를 수 있다. 호랑가시나무가 바스락대면 지빠귀가 거기에 둥지를 틀었을 것이라는 즉각적 직관은 내가 이 감각 연합을 보고 들을 때 활성화되는 여러 층의 피질 연합 기억cortical association memory 위에 구축되었다. 사람들이 가진 직관은 작업 기억 속에 있는 신경 패턴에 맞서 현행의 두뇌 입력이 던지는 출력이다.

추론하는 능력, 정보를 추상적으로 사용하는 능력은 전두엽 두뇌 솎아내기와 동시에 발달한다. 성인기 초반에 수초화가 진행되면서 정보가 더 영구적으로 조직되어 신경 패턴을 형성하게 되고, 상대적으로 고정된 사유와 상상과 느낌의 방식, 세계 속에 존재하는 일반적 방식이 발전한다. 전두엽의 수초화와 함께 추상적 정보를 통한 지름길을 택할 능력도 얻게 된다.

성인기 후반에는 추론과 예측 능력이 발전하며, 감각 기능은 쇠퇴하지만 감각 인식sensory appreciation은 쇠퇴하지 않는다는 점이 중요하다. 성인기 중반에서 후반에 걸쳐 발생하는 두뇌 변화에 대해서는 아직 알려진 것이 거의 없지만, 외수용성에서 추상적인 내면세계로 이동하는 변화의 일부로서 해마의 부피와 효율성이 낮아진다는 사실은 알려져 있다. 그런데 요즘은 효율성의 하락이 노년 초기에 발생할 확률이 훨씬 낮아졌다는 사실에 주목해야 한다. 백내장 수술이나 정교한 청력 보조 기구 등 감각 결손 치료 방법이 개선되었기 때문이다.

노년기와 심층 지식

성인기에서 노년기로 넘어갈 때 일어나는 사유 패턴과 세계 내 존재 방식의 변화는 모든 것을 집어삼키는 젊은 시절의 감각 팽창에서 나이 든 성인들의 통찰력과 정교해진 창조성과 지혜로 넘어가는 기억 역동성의 변화를 반영한다. 이 변화가 주는 이득은 아직 그다지 많은 관심을 끌지 못하지만, 평균 수명이 늘어나면서 상황은 달라질 가능성이 높다. 나이가 들어가면서 감각은 더 이상 두뇌의 문을 활짝 열어젖히고 몰려들지 않는다. 그것은 별로 관심받는 일도 없이 점점 더 교묘하게 진행된다. 심지어 성인들은 너무 익숙해진 자연 세계의 아름다움이나 수십 년 살아온 도시의 감각적 활력 같은 것을 제대로 음미하지도 않고 기계적으로 처리하는 지경에 이를 수도 있다. 그래도 사람들은 가끔 어린 시절로, 살아 있는 세계를 해석하기보다는 경험하는 단순성의 시절로 돌아가면 좋겠다고 생각한다. 하지만 우리는 상대적으로 복잡하지 않은 어린 시절의 해석에서 벗어나 성인기의 다층적인 해석으로 가지 않을 수 없다. 흔히 '순진함'이라 불리는 감상적인 관점을 가질 수도 있다. 문학에서 낭만주의 시대는 잃어버린 순진함의 이상화에 푹 빠져 있었다. 하지만 성인 시절에 전두엽 네트워크가 정련되면 이해와 예견 능력이 개선되고 자기효능감self-efficacy° 과 자아실현 정도가 전반적으로 더 높아진다. 이 지혜가 발전하면 크나큰 마음의 평화와 사회의 안정을 가져올 수 있다. 민담에서나 실제 삶에서나, 지혜로운 자

° 어떤 상황에서 자신이 적절한 행동과 대응을 할 수 있다는 기대와 믿음.—옮긴이

는 대개 노인이다.

노년기에 도달하면 감각 시스템은 쇠퇴한다. 신경생리학적 과정으로서 기억은 성능이 떨어진다. 젊은이와 비교했을 때 늙은이는 단기 기억력은 나쁘지만 문제 해결과 추측에 더 능하다. 추상적인 전두엽 기능은 나아지지만 대신 기억 형성 능력은 나빠진다. 이로써 성인기 초반에서 후반의 사람들이 서로 다른 방식으로 정보를 처리하면 모두가 성공할 수 있다. 더 우수한 기억에서 끌어낸 시각과 더 깊이 있는 지식에서 끌어낸 시각은 제대로 작동하는 사회에서는 상호보완적일 수 있다.

물리학에서 자연 세계의 관찰은 분량을 차츰 줄여나가 보편적으로 적용 가능한 중력, 물질, 음향, 운동, 엔트로피, 사건 등의 법칙에 도달할 수 있다. 자연 세계 엔트로피의 군더더기를 깎아내어 방정식과 원리를 구성하려면 상상할 수 없을 만큼 영리해야 하지만, **이것**이 바로 실제로 영위되는 삶을 이해하기 위해 모두가 따르는 핵심적 처리 과정이다. 정보를 한데 모으는 과정에서 감각 정보가 입력되고 뒤이어 가지 돌기가 정련되어온 결과로 섬세하게 가공된 네트워크가 출현하게 되는 지점이 있다. 심층적 지식은 이 지점에서 얻어진다. 방대한 경험의 중첩과 정련을 통해 얻어진 이 심층 지식을 오늘날 흔히 보는 상황, 즉 기성품 정보가 사람들을 하룻밤 새 전문가로 만들어주는 상황과 비교해보라.

질병에 쓰러지지 않고 노년까지 살아남은 사람이 세계에서 감각적·경험적으로 최종 퇴장하는 일은 흔히 있다. 감각 시스템이 쇠퇴하여 세계에서 점점 더 차단되는 사람은 감각 세계를 포기하는 어떤 지점에 이르게 되는 것 같다. 다행히 감각 보조 기구의 성능이 개선됨에 따라 이 현상은 더 효과적으로, 또 더 오래 저지되고 있다. 약해지면 움직임이 감소하게 되고, 세계의 모멘텀과 거리를 두게 된다. 샨도르 마러이는 소설 《엠버스》에서 감각 세계에서 최종적으로 삶이 미끄러져 내려가 추상적인 영역으로 들어가는 과정을 탁월한 파토스를 담아 묘사했다.°

> ……모든 것이 점차 너무나 생생해지고, 우리는 모든 것의 중요성을 이해한다. 모든 것이 뭔가 고통스럽고 지루하게 되풀이된다. 그것이 노년이다. 점차 우리는 세계를 이해하게 되고 그러다가 죽는다.

이 문장에 내가 공감한 이유는 아마 세월이 흐르고 삶의 패턴을 이해하기 시작하면서 본능적으로 두려움 섞인 예감을 오랫동안 갖고 있었기 때문일 것이다. 그것은 삶이 가진 가능성의 감각에서 어쩔 수 없는 예견으로, 무언가 '고통스러운 지루함'으로 전환하게 되리라는 예감이었다. 그러다가 어느 날, 어째서인지는 몰라도 나는 두려워하던 정체 상태를 예견하지 않고 현재의 풍부한 감각적 세계를 감상하고 있었다. 사람들은 감각의 세계로 돌아간다. 젊은 시절처럼 거칠 것 없는 돌진은 아니지만 풍부하고 섬세한 세계, 오로지 그 속에 존재한다는 것 외에 다른 어떤 것도 원하는 게 없는 그런 세계로.

상상과 창조성에 관한 발언으로 마무리하겠다. 패트릭 캐버너가

° Sándor Márai, *Embers*(1942; Viking, 2001), pp. 193–194.

현명하게 썼듯이, "상상은 기억의 줄기에 핀 꽃"°이며, 우리는 첫 시작 지점인 베토벤 현상으로 되돌아간다. 귀가 들리지 않는데도 이제껏 작곡된 것 중 가장 아름다운 음악을 만들어내는 그의 놀라운 재능은 고도로 발달된 청각적 기억이 고도의 기능을 가진 전두엽의 지휘자와 상호작용하는 데서 나온 결과물이다. 하루가 끝날 때의 우리는 베토벤 수준의 상상력을 가졌다 하더라도 무한한 복잡성을 지닌 감각 기억 시스템이 만들어낸 개별적 구조물이다. 살아 있음의 경험이란 끝없이 변화하는 매우 정교하고 무한히 가지를 치는 신경세포들의 네트워크를 넘는 어떤 것이라고, 자신을 넘어서고 기억을 넘어서고 심지어는 상상을 넘어서는 어떤 것이 있다고 느낄 수도 있다. 확실한 건 이 느낌이 바로 당신을 '그저 자신의 두뇌' 이상의 존재인 듯 **느끼게** 해주는 신경 네트워크에 의해 만들어졌다는 것이다. 이것이 추상이 이룬 궁극적인 업적이다. 그것은 자기 표현, 비슷하게 연결된 다른 인간들의 세계에서 통합적으로 현존하는 존재로서의 자신에 대한 의식이다. 다음 장에서 더 수준 높은 의식을 탐구해보려 한다.

° Patrick Kavanagh, *Collected Prose*(MacGibbon & Key, 1967).

11장

자아 감각

인간에게 가장 매력적으로 다가오는 개념 중 하나는 '고차적 의식'이다. 우리는 고차적 의식의 경험을 오직 인간만이 갖는 성배처럼 생각한다. 사람들은 기억을 의식과 구별되는 것으로 여기는 경향이 있지만, 앙리 베르그송이 쓴 대로, "기억 없는 의식은 없다." 누구의 삶에서든 별문제가 없는 한 의식은 기억과 나란히 진화할 것이며, 기억 시스템이 더 복잡해지고 통합되어감에 따라 자각awareness과 의식의 시스템 역시 그렇게 될 것이다. 앞서 보았듯이, 자기 인식self-recognition은 자전적 기억의 출발점이며, 삶이 처음 시작될 때부터 자각awareness of oneself은 기억과 한데 묶여 있다. 인식 시스템은 인식으로부터 자신의 복잡한 표상, 대개 '고차적 의식'이라 일컬어지는 것으로 발전한다.

최종적으로 사람은 자신의 의식을 인식하게 된다. 이것이 '메타 의식 meta-consciousness'이다. 메타 의식이란 본질적으로 자신을 바라보는 자기 자신을 바라보는 것이다.

복잡하고 통합된 두뇌 기능을 이해하는 최고의 언어가 항상 과학적인 것은 아니다. 고차적 의식 영역에서는 더욱 그렇다. 두뇌 기능을 과학적으로 쪼개어 기억과 인지와 감정 등으로 나누는 방법도 여기서는 도움이 되지 않는다. 더 넓은 인간 경험의 맥락에서 기억을 이해하려면 예술이 하는 말을 들어보면 도움이 된다. 고차적 의식 경험을 이해하기 위한 역사적 여정을 보면 지난 150년간 의식이라는 동일한 주제를 둘러싸고 과학은 단편적인 발견을 통해, 또 예술은 형식적 표현의 변화를 통해 활동을 이어왔다. 19세기에서 20세기에 걸친 이행기를 살았던 제임스 형제는 기억과 의식의 영역에서 예술과 과학 사이에 이루어진 긴밀한 대화의 희귀하고도 아름다운 본보기다. 위대한 소설가 헨리 제임스는 사건 기술에서 '서사적 의식' 기법으로 넘어간 최초의 사람 중 한 명으로, 서사적 의식은 서술narration이 등장인물의 내적 경험의 시점에서 곧바로 나오는 것이다.[1] 탁월한 심리학자인 그의 형 윌리엄 제임스는 심리학적인 기억 개념을 평면적인 지식 개념에서 의식적 경험의 역동적인 내면세계의 실황 중계 같은 것으로 옮겨놓았다. '의식의 흐름stream of consciousness'이라는 용어를 만들어낸 것은 소설가인 동생이 아니라 심리학자인 형 윌리엄이었다. 그것은 나중에 20세기 모더니즘 문학의 핵심 문구가 되며, 제임스 조이스의 작품 중 주인공 레오폴드 블룸의 삶 가운데 하루 동안의 의식의 흐름을 따라가는 초상을 그려낸 유명한 소설 《율리시스》에서 절정에 달한다. 이 의식의 흐름이야말로 바로 과거 경험의 맥락에서 이해된 현재의 내수용적 경험의 기록이 아니겠는가?

세기말에 정신과 의사들 역시 의식이라는 새로운 영역을 항해하고 있었다. 프로이트가 의식에 대한 이해를 확장하여 정신의학의 거인 대접을 받기는 했지만 그가 보는 의식 개념은 일반적으로 **과거**의 기억에 한정된 것이었고, 현재 경험의 생생한 모멘텀을 의식 개념 속으로 가져오지는 못했다. 의식적이고 무의식적인 기억, 억압된 기억에 관한 그의 이론에는 제임스 형제의 글이나 후대의 실존주의 문학에 등장하는 지적 흥분의 특징인 돌진하는 현재 경험이 가진 즉각성immediacy이 부족하다. 프로이트적 의식은 역동적 형태라기보다는 하나의 구조물이다. 그는 의식을 마치 더 짙은 청색이 더 깊은 곳을 가리키는 해심 측정 지도인 것처럼, 마치 미지의 무의식의 심연에서 잠재의식을 거쳐 의식으로 올라오는 중층적 구조로 이루어진 것처럼 썼다. 경험이 그 속에서 순간순간 움직이는 흐름인 의식의 즉각성을 제임스 형제는 탁월한 솜씨를 발휘하여 탐구했고, 프로이트는 놓쳤다.

의식의 움직임은 의식이 오로지 현재에만 존재한다는 명백한 사실로 인해 쉽게 간과된다. 우리는 7장에서 현재라는 주제를 탐구하여, 과거와 미래는 기억 속에서만 존재하며 현재라 불리는 것이 실제로는 의식이라고 결론지었다. 고차적 의식은 살아 있는 과정이며, 그 속에서 감각 입력의 실황 중계 시스템과 기억 네트워크 사이에 교류가 이루어지고 있다.

의식의 비정상적 상태

의식이 확장된 상태에서는 의식의 정상 상태에 대한 독특한 통찰을 얻을 수 있다. 제임스 형제 이전에도 도스토옙스키는 의식에 대해, 특히 비정상적 의식 상태에 대해 글을 썼다. 도스토옙스키를 읽으면 나는 조증 상태와 비슷한 확대된 의식 감각, 돌진하는 즉각성, 불편한 흥분감, 넘치는 감각을 느낀다. 《죄와 벌》에서 그는 이렇게 썼다. "……과도한 의식은 병이다. 정말로 완전한 병이다." 도스토옙스키를 처음 읽었을 때 나는 주관적 상태에 대한 그의 서술이 왜곡된 것임을 알고 있었지만 수많은 그의 독자처럼 이것에 강한 매력을 느꼈다. 공포 영화에 매력을 느끼는 것과 비슷했다. 비정상적 상태를 경험해보지 않은 사람이 왜곡된 의식의 흐름을 그토록 설득력 있게 묘사할 수 있을까? 도스토옙스키는 실제로 비정상적 정신 상태를 경험했다. 그는 간질 환자였으니까. 간질 환자는 두뇌의 부분들이 제멋대로 발화하기 때문에 정신 이상을 자주 경험한다. 발작이 일어나기 직전에 그는 황홀감과 고조된 의식을 잠시 맛보는데, 그런 상태에서 자신이 시간을 초월했다고 느꼈다. 그의 작품들에서 그런 상태가 묘사된다. 가령 《백치》에서 그는 미시킨에 대해 "살아 있음에 대한 그의 감각과 인식이 10배는 확대되었다"라고 썼다.

내 환자 아라브는 이 '진짜 철저한 아픔'을 조증 발작 때 경험했다. 그는 도스토옙스키와 비슷하게 글과 말로 자신의 주관적 경험을 생생하게 묘사하는 재능이 있었다.

아라브는 21세에 경찰에 이끌려 우리 병원에 왔다. 그는 평생이라 여겨지는 시간 내내 우울증을 앓아왔다. 입원했을 때 그가 내게 말한 바에 따르면, 입원하기 몇 주 전에 조증 상태가 되었을 때 그는 "정신이상이 우울증의 치료법이라고 생각"했다. 그에게는 압도적인 경험이었다. "……내 평생 최고의 시간이었고, 이 경험을 모두에게 알리고 싶었다. 나는 커다란 계시적 경험을 하는 중이었고, 사람들에게 알리지 않으면 그 경험은 일어나지 않은 것이나 마찬가지일 것이다." 그는 방해를 허용하지 않겠다는 태도로 자신에게 일어나고 있는 일에 대해 말하기 시작했다. 그는 타인과의 사이에 있던 장벽이 녹아내리고 있다고 느꼈고, 타인과 텔레파시를 통해 소통할 수 있으며, "타인이 주는 힘이 자신을 가득 채운다"고 느꼈다. 세상의 모든 것은 "너무나 매혹적이었고, 나는 초공간 속에 있었다." 그는 "아는 게 너무 많아서" 기분이 이상했고, 머리에 들어오는 모든 것이 특별히 중요하다고 말했다. 그는 자신이 사람들을 변화시킬 수 있고 세상의 모든 문제를 고칠 수 있다고 믿었다. "죽어가는 사람을 고칠 수도 있고 매일 사람들이 왜 자신의 최대치를 발휘하지 못하는지 과학자들이 밝히게 할 수 있었다." 그는 "머리 뒤쪽에서 항상 속살대고 있는 수많은 아이디어가 있었고, 나는 그 리듬을 찾아내려 애썼다."

그는 사람들을 따라다니면서 새로 얻은 지식을 나눌 수 있도록 자신의 초지각적 경험과 '통찰의 접선tangents of insight'에 대해 말해주려고 했다. 그는 입원하기 전 한 주 내내 잠을 자지 않았다. 가르다 병원의 어느 의사가 그를 검진하고는 우리에게 보냈다. 아라브 자신은 의식이 고조되어 황홀경에 빠져 있는데 의사들은 그가 환자라고 말하는 괴상한 상황이었다. 사람들은 그더러 통찰력이 결핍된 존재라 했는데, 스스로는 '통찰이 지나치다'고 느꼈다. 그는 조정을 받아들였다. 경험이 통제를 벗어나고 있었고, 잠을 자고 자극을 줄이기 위한 의학적 도움이 필요했기 때문이다. 몇 주에 걸쳐 점차 활동성이 떨어지더니 말수도 줄어들었다. 아라브는 그 뒤에도 조증 상태에서 겪은 강렬한 경험에 사로잡혀 있었고, 입원해 있는 내내 그 주제에 대해서만 이야기했다.

우리 병동에서 퇴원하여 외래 병원으로 나가기 직전에 그는 내게 말했다. "왜 우리는 색깔을 보는데 개는 흑백으로만 볼까요? 우리는 사물을 구축하기 때문에 봅니다. (…) 그건 모두 그저 감각적 입력일 뿐입니다." 그는 자신이 정신이상을 겪는 동안 가졌던 고조된 감각 입력이 통제를 벗어나버린 재능이지만 "그가[자신이] 겁이 났다는 것을 잘 알게 되었다"고 설명했다.

조증 때 겪는 초의식적hyper-conscious 상태에 대한 놀랍도록 생생한 이 묘사는 '초지각hyperperception'이라 불리는 고조된 감각 경험의 예를 보여준다. 외부 세계에서 들어오는(외수용적) 고조된 신경 입력의 흐름 외에도 신체에서 나오는 고조된 신경 입력의 흐름—내수용적 흐름—이 하나 더 있다. 아라브는 조증일 때 자기 신체에 대한 '새로운 의식이 있다'고 알려주었다. 그는 외수용적 초지각과 함께 신체에서 전달되는 강렬한 내수용적 감각도 경험하고 있었다. 핵심만 요약해보면 내수용적 감각은 신체 내에서 '지도화되기' 위해 먼저 뇌섬엽으로 온다. 뇌섬엽은 통증과 그 통증의 위치를 확인한다. 뇌섬엽에서 신경세포는 전두엽 두뇌로 가서 사람의 느낌 상태를 통합하여 작동하는 기억을 형성한다. 뇌섬엽에서 전두엽으로 가는 길은 예이츠가 읊은 '마음의 폐품 가게rag and bone shop of the heart'다. 각자의 고유한 역사를 담고 있는 그것은 가장 섬세하게 조율된 감정, 각자가 기억하거나 상상한 삶의 소리 죽인 즐거움과 고통을 표현한다. 그것은 나이가 들면서 허영과 자기기만의 모든 허례허식이 증발해버리고 남은 것들이다. 비록 이러한 내수용적 인식이 무시될 수도 있지만, 날것 그대로의 느낌 상태는 의식에 소개된다. 조증일 때는 활동이 통제되지 않고 돌진하는 시스템, 고도로 민감해진 자아와 타인의 느낌 시스템이 있고 자신과 세계의 경계가 녹아버리는 경험, 이어 과장된 연결성의 느낌이 계속된다. 이 조증 단계는 대개 지속 기간이 짧고 광적이고 불편한 과도 활동과 과도 흥분의 상태로 발전한다.

환각제

아라브의 '실재적이고 철저한' 의식의 병은 황홀경의 느낌에 이어 찾아왔다. 수천 년 동안 사람들은 그런 황홀경을 추구해왔다. 연결성의 확장형—자신, 타인들, 물질세계와의 연결—은 환각제를 사용할 때의 전형적인 경험이다. 작가 올더스 헉슬리는 환각제가 규제되기 전인 1953년에 환각제 메스칼린을 복용하고, 그 경험에 대해 《지각의 문》이라는 책을 썼다. 그 책은 아마 환각제가 자기 인식과 지각과 세계의 연결성을 어떻게 고조시키는지에 대한 가장 유명한 묘사일 것이다. 이 경험은 통상 종교적이거나 영적이거나 신비로운 것으로 지칭된다. 나는 환각제로 유도된 정신 상태의 확장된 의식과 조증에서의 통제되지 않는 초의식이 근본적으로 다르다는 점을 강조하고 싶다. 내가 이 두 경우를 들고나온 것은 고조된 의식 경험의 예로서일 뿐 비교하기 위한 것은 아니다.[2] 고조된 의식 상태에 도달하는 능력이 나이가 들면서 발전하는 것은 의외가 아니다. 온갖 정보 유형을 표현하는 능력은 전두엽 피질의 발달과 함께 발전하기 때문이다.

의식의 이 높은 수준에 의식 있음의 경험에 대한 고조된 인식, 즉 메타 의식이 있다. 메타 의식이 성립하려면 자신을 별개의 온전한 의식적 인간으로 바라봐야 한다. 다른 말로 하면, 우리는 가장 의식적일 때 자신의 의식을 인식한다. 당신은 아마 이제 눈이 좀 어질어질한 메타 의식을 경험하고 있을 것이다. 마치 외부에서 당신을 바라보려고 하는, 혹은 당신 자신을 바라보는 당신을 보고 있는 것과도 같다. 우연히 거울 두 개 사이에 서서 깨알 같은 점이 될 때까지 크기가 줄어드는 자신의 모습을 본 적이 있는가? 그런 적이 없다면 간단하게 손거울을 들고 화장실 거울 앞에 서서 그 속을 보면 된다. 손거울을 이리저리 움직이면 화장실 거울에 점점 작아지는 내 모습이 비치는 것을 볼 수 있다. 당신의 의식은 무한 거울 시스템과도 같다. 거울에 비친 모습은 실제 자신에게서 이미지가 되며, 이 이미지는 반대편 거울에 반영되고, 그것이 또 그 반대편 거울에 반영되는 일이 반복된다. 우리는 계속 작아지는 프레임이 더 작아진 프레임을 담고 무한히 이어지는 것을 본다.

거울 속에서 자신을 바라본다고들 말하는데 사실은 그렇지 않다. 우리가 보고 있는 것은 자신의 반영reflection이다. 기억과 사유에 대한 생각의 과정으로서 '반영'이라는 단어가 그처럼 적절한 까닭이 여기 있다. 우리는 거울에 비친 반영을 통해 또는 표현물(사진이나 초상화)을 통해서가 아니면 물리적으로 자신의 전체를 볼 수 없다. 내려다보면 어깨 이하만 보인다. 우리가 개념화하려고 노력하는 바로 그것, 곧 의식은 우리 한계에 담기지 않는다. 우리는 각자의 의식 속에, 자기만의 거울 속에 갇혀 있다. 우리는 전체의 표현, 반영을 통해서만 자신의 전체를 볼 수 있다. 우리는 이 의식의 거울을 넘어서서 **있을** 수 없다. 그러니까 존재하거나 경험할 수 없다. 심한 정신이상 환자나 심각한 우울증이나 조증을 겪는 사람이 자신들이 아프다는 사실을 깨닫기가 어려운 것이 바로 이 때문이다. 이런 내적 경험의 파열상을 볼 수 있으려면 자신의 두뇌 밖으로 나가야 한다.

의식이 있는 순간에 두뇌는 기억 네트워크를 **작동시키는** 중이며, 신경세포, 주로 전두엽 두뇌 신경세포의 통합적 시스템이 학습 조직의 솎아내진 격자 구조에 들어가는 입력 내용을 발화시켜 감축된 출력 내용에, 그러니까 생각, 결론, 직관, 예견, 지식, 이해에 도달하도록 처리하고 있다. 통합적 네트워크가 없으면 입력은 동화되지 않을 것이고, 세계는 일관성을 갖지 못한다. 작업 기억에서, 우리가 앞에서 탐색해온 두뇌 속 모든 표상 시스템, 즉 감각, 운동, 느낌은 통합되어 현재의 의식 있는 순간에 자신과 세계의 활인화活人畫를 만든다.

연결성이라는 생각, '세계와 하나가 된다'는 관념은 평소 생활에서도 경험될 수 있다. 나는 바다에서 수영할 때 이런 종류의 초월경 의식을 경험한다. 만을 끼고 있는 우리 고장 사람들은 물이 차갑든 매우 차갑든 상관없이 물에 들어간다. 아일랜드에서는 바다 수온이 따뜻한 적이 없다. 여름에는 해파리에게 찔리고 겨울에는 동풍이 일으킨 차가운 파도가 때리며, 기슭에 가까워지면 해초에 휘감기고, 뭍에 오르면 더 많은 해초가 기다리고 있다. 바다로 헤엄쳐 나가면 오로지 바다와 하늘만 있고 아무것도 없다. 중력도 없고 그저 물에 잠겨 부유하는 느낌만 있다. 우리는 그 또한 살아 있는, 뭔가 아주 큰 흐름 속에서 움직이는 통합된 살아 있는 존재다. 자연의 원소인 하늘과 바다와 연결되고 완전히 스스로 움직이면서 우리는 바다와 바람의 모멘텀 속에 몸을 던져넣는다. 그 어디쯤에서 한기가 나를 지치게 만들기 전까지, 해안으로 돌아가기 위해 돌아서기 전까지 몸이 얼마나 오래 버틸 수 있을지 계산하기 시작한다. 나는 얼어붙고 황홀경에 빠진 상태로, 세계와 완전히 다시 연결된 나 자신이 된다. 바다 수영을 하는 사람들은 완전히 사적이면서도 공통된 초월경의 순간을 공개된 비밀처럼 공유한다.

네트워크 신경학

고인이 된 신경학자 제럴드 에덜먼은 가장 최근 발견된 내용에도 영향을 미친 의식과 기억의 아이디어들을 한데 엮었는데, 그의 통찰 몇 가지를 이야기하는 것으로 이 장을 마무리하려 한다. 에덜먼은 항체가 면역세포를 인식하고 기억하는 방식을 발견한 것으로 1972년 노벨 생리의학상을 수상한 분자미생물학자다. 연구 생활의 후반 무렵, 그는 과거와 작업 기억을, 특히 두뇌가 기억을 통해 현재를 어떻게 '인식하는지'를 살펴보았다. 그는 이 인식이 의식 있는 현재conscious present에 발생하며, 의식은 기억 네트워크의 재작업, 즉 그가 '재도입re-entry'이라 부르는 것에 관련되는 과정이라고 보았다. 에덜먼은 모든 의식된 경험에 관련되는 두뇌 네트워크가 하나 이상 있으며, 이런 네트워크들은 경험에 의해 형성되고 현재의 입력값에 의해 재작업된다는 것을 꿰뚫어보았다.

오늘날 에덜먼의 통찰은 네트워크 신경학network neuroscience과 연결체학connectomics°이라 불리며, 두뇌가 연결되어 있는 양상을 탐구하는 학문으로 발전했다. 물리학자이기도 한 펜실베이니아 대학교의 대니엘 배싯 같은 젊은 신경학자들의 연구 가운데 물리학과 수학의 원리를 이용하여 학습과 기억의 기저에 있는 신경 네트워크 패턴을 이해하려는 시도가 있다. 배싯의 연구는 기능적 자기공명영상fMRI과 뇌파검사EEG 등 여러 기술로 기록된 두뇌 신경의 연결성과 활동을 특정한 주관적 경험과 행동에 상응시킨다. 배싯의 그래프 이론은 조현병에서 보이는 두뇌 조직 와해의 유형을 이해하는 새로운 방식을 제안한다. 조현병의 경우 전두엽 영역에서 집중된 활동 허브가 줄어들고 제멋대로 발화되는 일이 많다. 나는 경험에 관한 두뇌 지도를 찾으려는 그의 우아하고 정밀한 탐구가 과거의 경험을 찾으려는 프루스트의 내성적 탐구와 비슷하다고 본다. 배싯과 그 동시대인들은 이전 세대 신경학의 거인들뿐만 아니라 그곳에 먼저 도달한 위대한 내성적 예술가들의 어깨를 딛고 올라서서 사유의 큰 그림을 그린다.

° 두뇌의 작용을 이해하기 위해 신경계에서 찾을 수 있는 뇌 신경망의 구조를 포괄적으로 지도화하는 학문.—옮긴이

12장

성호르몬과 노래하는 새

생애의 첫 20년간 두뇌가 학습된 외수용적 세계를 반영하는 패턴에 따라 솎아내고 연결하는 동안, 느낌과 감정의 내수용적 세계에서는 큰 변화가 일어나고 있다. 유년 시절의 감각 폭발이 일어난 뒤 사춘기 시절에는 성호르몬으로 인한 감정 폭발이 이어진다. 이 장에서 우리는 낭만적 갈망, 성욕, 배우자 관계와 생식을 떠받치는 두뇌 변화와 감정적 학습 및 감정 제어에 관련된 기억 시스템을 살펴보려 한다. 성호르몬이 뇌 구조에 미치는 영향에 따라 성장하는 성인이 관심을 갖고 기억하는 것이 영구히 변한다. 성호르몬이 두뇌에 무슨 영향을 주는지, 이것이 행동을 어떻게 변화시키는지에 관한 놀라운 예를 수컷 찌르레기에게서 찾을 수 있다.

찌르레기의 노래

나처럼 여러분도 여름에 찌르레기가 부르는 아름다운 노래를 듣는 행운을 누리면 좋겠다. 한번은 늦가을에 굉장히 많은 새가 모여 노래하는 것을 들은 적이 있는데, 창밖을 내다보았지만 왜 그처럼 많은 새가 모여들었는지 곧바로 알 수는 없었다. 그러다가 앞마당에 잎이 거의 다 떨어진 큰 플라타너스를 대략 300마리 정도의 찌르레기가 웅웅대며 뒤덮고 있는 것을 보았다. 그 새들은 가지에 앉아 있었는데, 환한 주황과 장밋빛이 뒤섞인 황혼을 배경으로 실루엣을 그리며 검은 잎사귀처럼 몸을 숨기고 있었다.

찌르레기의 오케스트라가 펼쳐지는 원인은 여름 동안 찌르레기 두뇌 안에서 '노래 피질'이 커지기 때문이다. 노래 피질이 커지면 햇빛이 수컷 찌르레기에게서 테스토스테론의 분비를 자극하고, 테스토스테론은 찌르레기 두뇌의 일부분, 나중에 노래 피질을 형성하게 될 신경세포의 발달을 촉진하는 부분에 존재하는 테스토스테론 수용체testosterone receptor를 붙잡는다. 테스토스테론 때문에 형성된 노래 피질은 여름에 해가 길어져 태양광에 노출되는 시간이 많아짐에 따라 더 커지며, 새의 노래는 날씨가 더워지면서 더 강해진다. 이것이 암컷 찌르레기를 끌어들이며 구애가 시작된다.

낮이 짧아지면 태양광 노출이 줄어들기 때문에 테스토스테론 수치는 하락하며, 수컷 찌르레기의 노래 피질이 위축된다. 노래 피질이 와해되면서 찌르레기의 노래는 풍경에서 사라진다. 암컷 찌르레기의 두뇌는 테스토스테론을 만들지 않기 때문에 노래 피질을 형성하지 않으며, 암컷의 노래는 구애하는 수컷에 비해 음이 아주 낮다. 그러나 테스토스테론이 있다면 암컷 역시 정교한 노래 피질을 발달시킬 것이다. 테스토스테론 수용체는 양성 모두에게 있지만 그것을 활성화하고 신경의 성장을 촉진하기 위해서는 테스토스테론이 있어야 한다. 즉 호르몬과 그 수용체가 모두 필요하다. 두뇌에는 생명이 웅웅대며 모여 있고 생명 속에서는 무수한 화학 물질이 시냅스 사이의 틈새에서 부유하다가 각기 특정한 수용체에만 달라붙고 그것들을 활성화한다. 이는 중요한 점이다. 성호르몬이나 신경전달물질이 두뇌 속에 흘러넘칠지라도 각각을 붙들어 맬 수용체가 있어야만 활성화된다. 예전에는 찌르레기가 겨울이 되어 우리 곁을 떠났다고 생각했지만, 사실은 그들의 풍부한 노래만 사라졌을 뿐, 봄이 되어 빛에 유도된 테스토스테론이 밀려오면 찌르레기는 다시 돌아온다.

이와 비슷하게 성호르몬이 중재하는 과정이 인간 두뇌에서도 발생한다. 사춘기를 촉발하는 정확한 상황 조합은 복잡하지만 영양, 유전학, 또 여자아이들의 경우에는 어린 시절에 겪은 사건이 관련되는 것으로 알려져 있다. 1980년대와 1990년대에 행해진 어느 흥미로운 연구에서 제이 벨스키는 편모슬하의 성장 환경이 여자아이의 이른 사춘기와 관련이 있다고 지적했다. 그는 인류 진화의 역사에서 그에 대한 해명을 찾을 수 있다는 가설을 세웠다. 수렵채집꾼인 아버지가 없다면 그 가족은 살아남을 확률이 낮으며, 그런 생존 환경에서는 여성 자녀가 생식능력과 독립성을 일찍 확보할 필요가 생긴다. 체중이나 유전 등의 여러 영향 요소와 관계없이 사춘기의 출발에 영향을 미치는 사춘기 공통의 생리학적 방아쇠가 있다. 그것은 시상하부의 호르몬으로

KiSS 혹은 키스펩틴kisspeptin이라는 어울리는 이름을 갖고 있다. 두뇌 호르몬은 시상하부에서 만들어지고, 신체 내 각각의 분비선에서 호르몬의 추가 분비 지시가 내려올 때 신체로 배출된다. 시상하부의 호르몬인 부신피질자극호르몬방출호르몬CRH이 부신에서 코르티솔을 분비하도록 최종적으로 유도하는 시상하부-뇌하수체-부신축을 기억하는가? 키스펩틴은 시상하부에 자극을 가해 두뇌 호르몬을 만들어 신체로 배출하여 정소精巢에서는 안드로겐이라는 남성호르몬을, 난소에서는 여성호르몬을 생성하도록 유도한다. 안드로겐의 주성분은 테스토스테론이며, 여성호르몬의 주성분은 에스트로겐과 프로게스테론이다. 그다음, 남성과 여성의 성호르몬은 각각 짝이 맞는 수용체에 달라붙어 사춘기를 겪으며 신체와 두뇌 변화를 유발한다.

두뇌 기능의 관점에서 특히 성호르몬은 혈류에 의해 운반되어 두뇌로 돌아간다. 여기서도 두뇌가 어떻게 신체 내 활동을 지시하며, 또 그 역방향으로 움직이는지를 볼 수 있다. 내분비 시스템의 경우 시상하부에서 만들어진 호르몬은 신체 분비샘에서 호르몬의 종합과 분비를 일으키며, 이런 호르몬들은 두뇌로 돌아가서 두뇌 활동에 영향을 미친다. 이 역동적 과정은 시상하부가 자율신경계에 지시하여 신체 감각을 유발하고, 신경 신호가 신체 감각으로부터 두뇌로 돌아가서 뇌섬엽에서 감정의 지도를 작성하는 것과 비슷하다. 성호르몬이 두뇌에서 하는 역할은 발달하는 두뇌가 무엇에 주의를 기울이고 기억하는지를 이해하는 데 중요하다. 오래전에 내가 맡았던 앨리스라는 환자는 이십 대 후반이 되어서야 생리를 시작했다. 성호르몬이 매달 분비되었다가 빠져나가는 주기가 성인이 된 그녀의 두뇌에 큰 영향을 미쳤고, 그녀는 새로운 경험을 하게 되었다. 앨리스의 사연은 성호르몬에 대해 무지한 두뇌에게 여성호르몬이 미치는 기분 변화 효과를 특별히 깨우치게 해준 사례다.

앨리스

앨리스는 십대 초반부터 거식증을 앓아왔고, 그녀의 생활은 매일매일 소화하는 칼로리를 중심으로 돌아갔다. 그녀는 매일 출근하기 전 식재료의 무게를 재고 엄격한 방식에 따라 기본 재료만으로 만든 음식만 먹었다. 식사할 때는 특이한 규칙에 따랐다. 앨리스는 체중을 항상 38킬로그램으로 유지하려 노력했다. 저체중 상태가 지속되었고 열세 살 때 거식증에 걸렸는데, 그 전에는 생리가 단 한 번 있었고, 그 뒤로는 [이십대 후반까지] 없었다. 생리를 하려면 최소한의 체중이 유지되어야 한다. 이는 너무 어린 나이에, 또 영양 상태가 나쁠 때 임신하지 않도록 예방하기 위해서일 것이다. 그런 여건에서는 임신이 유지되지 않거나 태어난 아기가 죽을 수도 있었다. 앨리스는 체력 단련을 할 때도 먹을 때와 똑같이 정확하게 측정된 방식에 따랐다. 매주 x미터 길이의 수영장을 y번 왕복하는 식이었다. 그것 외에는 자신의 삶에 관심이 없었다. 그 인상적인 능력에 비하면 성취도는 상대적으로 낮은 편이었지만, 그녀는 일을 할 때도 먹고 훈련할 때와 똑같이 빈틈없이 주의를 기울였다.

이상적이고 건강한 식사 패턴에서 먹는 행위는 식욕에 의해 규제되며 포만감을 느낄 때 종결된다. 우리는 현실적으로 이 상태를 목표로 삼을 수 없을 것이라고 추측했다. 앨리스는 식욕과 안전에 대해 아는 바가 없었고, 더 자연스러운 음식 섭취 방법에도 전혀 구애받지 않을 것 같았다. 우리는 그녀의 강박적인 먹는 습관을 중지시키기보다 그 습관을 이용하여 음식 섭취량을 조금씩 늘리는 방향으로 나아가는 전략을 세웠다. 그래서 식욕-포만이라는 동기에 의해 움직이는 표준 모델, 혹은 목표 체중에 이를 때까지 먹게 하는 요법보다는 강박적인 패턴을 이용하여 음식 섭취를 조절하도록 계획을 짰다. 예를 들면 빵을 구울 때 통밀가루를 1온스나 2온스 더 넣게 하는 식이었다.

앨리스는 한 치의 어긋남도 없이 새로운 체제에 따랐고, 몇 달에 걸쳐 아주 느리게 체중이 조금씩 늘었다. 그녀는 체중이 느는 동안 엄청난 불안에 시달렸고, 잠을 자지 못했으며, 공황증세를 억제하기 위해 벤조디아제핀을 소량 복용해야 했다. 목표로 설정한 47킬로그램의 체중에 도달했을 때 그녀는 기분이 이상해졌고 예민해졌다. 그녀는 통제 불능 상태에 빠진 기분이며, 이것이 체중 증가에 관련된 불안감과는 다른 느낌이라고 주장했다. 마치 통제 불가능한 감정 바이러스에 점령된 기분이었다. 그녀는 눈물이 많아졌고, 비정상적으로 민감해지고 까탈스러워졌으며, 평생 처음으로 급작스러운 자살 충동을 느꼈다. 그러다가 생리가 시작되었다. 이십대 후반인데도 성인이 된 후 처음이었다. 한계 체중에 도달함으로써 사춘기 때 그랬듯이 그녀의 성호르몬 시스템이 자극되어, 성호르몬이 생산되고 호르몬이 유도한 두뇌 통로를 통해 새로운 감정 경험이 활성화된 것이다.

앨리스는 자신의 정서적 불안정성에 압도되었고, 아무 일도 할 수 없었다. 그녀는 모든 여자아이와 어른들이 매달 이런 느낌을 겪는다는 사실을 알고 경악했다. 우리는 항우울제 처방이 격렬한 감정을 통제하는 데 도움이 될 것이므로, 위기를 넘기려면 약학과 정신치료요법의 도움이 필요하다고 판단했다. 호르몬의 각성이 그녀의 감정 시스템에 미친 영향에 앨리스도 나도 놀랐다. 그녀의 감정 두뇌는 차츰 변화에 적응했고, 1년쯤 지나자 항우울제를 더 이상 먹지 않아도 괜찮았다. 성인의 감정적·성적 세계를 향한 걸음을 내디딘 뒤 앨리스는 사회화할 수 있었다. 그다음 해에 그녀는 어떤 남자와 연애했고, 나는 직장을 옮겼다. 그녀는 이듬해 크리스마스에 그 남자와 결혼했고 임신했다고 알려왔다. 두어 해 뒤의 크리스마스에는 아이를 하나 더 얻었다는 편지가 왔다. 나는 다시 직장을 옮겼고, 연락은 더 이상 이어지지 않았다.

앨리스는 거식증이 휘두르는 독재의 증인이다. 그녀는 강철 같은 규율에 따르면서 독재 세계에 승리했고, 자신의 취약점을 거꾸로 이용하여 건강을 되찾는 데 성공했다. 지금 눈앞에 있는 주제로 돌아오자면, 앨리스는 성인이지만 정상적 사춘기의 원래 특성인 기분 불안정성에 대한 관찰자였다. 그녀의 사례는 모든 사춘기 소녀가 성호르몬의 영향이 시작되면서 겪는 감정적 경험의 예를 보여준다. 처음에는 고조된 감정이 한동안 감정적 격동의 시기를 불러오다가 사회적·감정적 기술이 개선되면서 구애와 배우자 관계와 생식 활동이 가능해진다. 사춘기에 분비되는 성호르몬은 그 시절에 보편적으로 발생하는 감정적으로 통제되지 않는 여러 충동적 행동의 원인이며 사망, 교통사고, 자살, 약물 남용의 원인 대부분을 설명해준다. 이런 감정 변화는 결국 자신과 타인의 새로운 감정적 자각emotional awareness으로 이어진다. 일단 감정적으로 복합적인 세계에 들어선 뒤 앨리스는 자신과 타인에 대해 더 균형 잡힌 이해를 발전시키고 자신의 역사 경로를 바꾸어나갔다.

성호르몬에 기인하는 감정적 변화는 젊은이가 무엇에 관심이 있는지, 그것을 어떻게 해석할지, 또 그것이 어떻게 기억될지에 있어서 근본적인 변이를 낳는다. 구애하는 찌르레기로 돌아오면, 경쟁적으로 노래하는 수컷들에 대한 암컷 찌르레기의 반응에서 위 주제의 사례를 찾을 수 있다. 에스트로겐 수치가 낮을 때 암컷은 수컷의 노래에 관심을 갖지 않고 짝을 찾을 생각도 하지 않는다. 수컷은 그녀의 관심을 끌지 못한다. 암컷은 흥분하지 않는다. 짝짓기철에 응당 그러하듯 에스트로겐 수치가 높아지면 암컷은 수컷의 노래에 관심을 보이며 짝을 고르게 된다. 앨리스는 두뇌에서 에스트로겐의 생성이 가능해진 뒤에야 구애하는 남자들에게 흥미를 느꼈다. 신체와 두뇌의 흥분은 젊은 성인들에게 일생을 바꾸는 결과를 가져온다. 낭만적 관계가 시작되는 이야기가 "나머지는…… 역사의 몫"이라는 구절로 끝맺는 경우를 얼마나 많이 보았는가?

성호르몬과 두뇌

성호르몬은 찌르레기의 노래 피질처럼 특정한 두뇌 영역에 존재하는 전문적 수용체에 달라붙는다. 인간의 성호르몬 수용체는 기억과 감정 허브—편도체, 뇌섬엽, 해마—에 풍성하게 존재한다. 인간도 찌르레기처럼 출생 시의 성별과 관계없이 두뇌 속에 에스트로겐과 테스토스테론 수용체를 갖고 있다. 두뇌에서 성호르몬과 성호르몬 수용체는 모두 두뇌 구조의 변화와 감정적 반응과 행동의 변화를 가져오는 데 필요하다.[1] 수컷이나 암컷의 성호르몬을 다른 성별 개체에 투여하면 외면적 이차 성징만이 아니라 느낌 상태와 행동도 변하는 것은 이 때문이다. 성전환 남성에게 테스토스테론을 투여하면 대개 성욕이 늘어나는 반면 성전환 여성은 성욕이 줄어드는 현상이 그 간단한 예시다. 성전환을 한 남성과 여성은 둘 다 태어날 때부터 안드로겐과 에스트로겐 수용체를 갖고 있지만, 이런 수용체는 각각 안드로겐과 에스트로겐 요법을 받은 뒤에야 활성화된다. 염색체의 남성 조합, 그러니까 XX가 아니라 XY를 갖고 태어났으며, 정상적으로 테스토스테론을 생산하는 사람에게 테스토스테론 수용체가 있으면서도 작동하지 않는 장애가 드물게나마 존재한다. 이는 '안드로겐 수용체 둔감성'이라 불리는 것으로, 다량의 안드로겐이 순환하지만 작동하지 않는 증상이다. 이로 인해 그 개인은 여성처럼 발달하게 된다. 기본 성이 여성이기 때문이다. 신체와 마찬가지로 두뇌도 여성 두뇌로 발달한다. 찌르레기처럼 남성과 여성의 두뇌는 성호르몬의 영향으로 각기 다르게 발달한다. 테스토스테론을 접하지 못한 XY 인간의 두뇌는 여성 두뇌와 같을 것이며, 남성 두뇌에 비해 성적 이미지에 대한 편도체의 반응이 약하다.

두뇌에 대한 호르몬의 영향은 두뇌의 고차적 감정 허브에서, 특히 뇌섬엽에서 나타날 수 있다. 여성에게서 뇌섬엽의 활동 증가는 에스트로겐 수치와 동조하여 증강하는 것으로 밝혀졌다. 독일에서 인간을 대상으로 진행된 한 fMRI 연구는 건강한 여성의 감정 회로에 에스트로겐이 어떻게 영향을 미치는지 살펴보았고 그 결과 위의 사실을 훌륭하게 입증했다. 연구에 참여한 각자 에스트로겐 수치가 다른 여성들에게 트라우마가 될 만한 감정적 내용을 담은 영화를 보여주었다. 연구진의 보고에 따르면, 에스트로겐 수치가 낮은 여성들에 비해 수치가 높은 여성들에게서 뇌섬엽과 대상속의 활성화가 증가했다. 이런 방법으로 성호르몬은 해마-편도체와 뇌섬엽 회로의 활성화를 통해 우리가 무엇에 관심이 있는지, 어떻게 느끼는지, 무엇을 기억하는지를 조정한다.[2]

전두엽 피질과 감정의 발달

감정적으로 불안정한 사춘기를 관리할 수 있다면, 대부분의 젊은 성인들은 감정을 더 잘 통제하게 될 것이다. 이는 감정 규제에 도움을 주는 전두엽 피질의 발달로 인해 일어나는 일로서, 전두엽 피질이 사유와 느낌 상태를 의식적으로 처리하는 통합 영역이라는 사실과 맥을 같이 한다.

19세기 중반에 있었던 불운한 피니어스 게이지의 유명한 사례는 의과대 학생들이 전두엽 기능 가운데 사회적·감정적 측면에 대해 배울 때 반드시 등장한다. 그는 버몬트에서 일하던 철도 건설 노동자였는데, 철봉 하나가 날아와서 뺨 아래쪽에서부터 머리를 뚫고 두개골 꼭대기까지 관통하는 끔찍한 사고를 겪었다. 그는 즉사하지 않았고,

놀랍게도 몇 분 만에 의식을 회복하고 정신을 차렸다. 운동 기능을 되찾았지만 사고 이후 성격이 완전히 변했다. 사고 이전에는 아주 호인이었는데, 사고 이후로는 신경질적이고 무례하고 예측 불가능한 사회적 부적격자로 변했다. 이것은 두뇌의 사회적·감정적 통제 센터가 두뇌의 전두엽, 곧 피니어스 게이지에게서 선별적으로 절단된 영역에 위치한다는 최초의 명백한 증거였다. 전두엽에 심각한 손상을 입으면 대개 성격이 바뀐다. 그리고 그 개인은 사회적으로 무례해지고 통제력을 잃고 타인에게 둔감하고 무감정한 사람이 된다.°

예전에 머리에 화살을 쏘아 자살하려던 청년을 만난 적이 있다. 화살이 눈을 뚫고 두개골 꼭대기로 나왔다. 우리는 그가 자신은 우울하지 않다고 부인하며 자신의 상황에 너무나 무관심한 데 경악했다. 그가 어떤 것에도 관심이 가지 않는다고, 감정적으로 불행하기 때문이 아니라 삶에 대해 아무 흥미가 없기 때문에 자살하려 했다고 말하던 것을 기억한다. 젊은 성인이 지루함을 느낄 수도 있다. 하지만 이는 대부분 그들이 삶을 즐길 줄 모르기 때문이다. 그런데 이 청년은 좀 달랐다. 일종의 병적인 권태였다. 나는 자살하기 위해 그처럼 치명적인 방법을 쓰면서도 우울증이 아닌 사람은 그 전후를 막론하고 한 번도 본 적이 없다. 그가 기억에 남은 것은 그 때문이다. 나는 혹시 그 화살이 피니어스 게이지의 경우처럼 그의 전두엽 기능에 변화를 주었고, 전두엽이 손상되면 많은 경우 그렇듯 무기력하고 무관심하게 된 것은 아닌지 궁금할 때가 많다. 그가 자살 시도 이전에도 우울했을까? 두뇌 손

° 게이지의 사교 능력은 시간이 지나면서 점차 향상되었는데, 이 사실은 잘 알려져 있지 않다.

상 때문에 그의 기분이 변한 걸까? 그가 전두엽과의 연결을 일부 잘라냈을까? 다른 말로 하면 전두엽 절제술을 스스로 시행했을까?[3] 그는 두뇌의 물리적인 손상이 나아지자 우리 병원에서 퇴원하여 동네의 정신과 병원으로 가서 관찰받고 치료받았으며, 애석하게도 그 이후 그가 어떻게 되었는지 소식을 듣지 못했다.

뉴욕의 신경학자 조지프 르두는 퇴근 후에 밴드 활동을 했는데, 그 밴드의 이름이 아미그달로이드amygdaloid인 걸 보면 연구에 대한 그의 열정이 얼마나 대단한지 알 만하다. 그는 전두엽 감정 발달 과정에 관한 흥미로운 통찰을 몇 가지 내놓았다. 그의 연구는 전두엽 피질에서 편도체로, 또 뇌섬엽으로 이어지는 연결이 감정 통제를 발달시키는데 얼마나 결정적인 역할을 하는지 보여주었다. 성인기 초반에 일어나는 전두엽 발달 중 일부는 전두엽과 감정 네트워크 사이의 연결을 강화하는 것과 관련된다. 르두는 다음과 같은 점을 특히 강조했다. "통념과는 반대로 [통제되지 않는 감정 상태의] 소멸은 잊음과 비슷한 것이 아니라 새로운 학습을 나타낸다." 계속 자라서 편도체에 도달하는 전두엽 회로는 편도체가 내보내는 신호에 대한 **억제**를 강화하여 감정 경험을 자극하는 편도체의 망치 소리를 줄이고 더 잘 조율된 기분 상태로 유도한다. 억제는 새로운 학습 내용이다. 이것은 전두엽-해마-편도체 시스템에서 두뇌 활동이 증가하는 형태로 가시화된다. 자신과 타인 인식의 기억 시스템이 발달하면 성장하는 성인들은 넓은 시야로 사태를 파악하고 충동적으로 반응하지 않게 된다. 정신의학과 신경학에서 감정적으로 억제되지 않는 사람을 '전두엽적'이라고 부르는데, 일상 언어에서도 그런 표현이 점점 더 많이 쓰인다. 어쨌든 내게는 이 용어가 사용되는 방식이 직관을 거스르는 것으로 보인다. '전두엽적'이라 불리는 사람은 실제로는 전두엽에 손상이 있거나 전두엽 기능 저하hypofrontal를 겪고 있으니 말이다.

성적 정체성이나 성적 지향은 변할 수 있고, 사람들의 구애 성향도 바뀔 수 있다. 성인기가 막 시작될 때인 생물학적 격동기에는 어떤 선택이든 가능하다. 당신의 성별, 환경의 안정성, 환경과 당신이 조화를 이루는 정도, 유년 시절, 또 이 모든 요소 간의 상호작용에 따라 선택은 달라진다. 유전자의 고유한 혼합과 발달은 무한히 복잡하게 이루어지므로, 그 다양한 영향을 일반화하고 각각을 대비시키기보다는 그런 영향과 그것들의 융합이 개인에게 미치는 영향에 주목하는 것이 현명하다. 유전자가 환경에 승리하기도 하고 그 반대 현상이 일어나기도 한다. 모든 것은 뒤섞인다. 우리는 성장기에 보살핌과 감독을 받고 성인기의 환경에도 그대로 이어져 감정적으로 균형 잡힌 경험을 물려받을 수도 있고, 감정의 통제를 벗어나 혼란스러운 환경의 제물이 될 수도 있다. 친절하고 감정적으로 포용력 있는 부모를 만나더라도, 사춘기에 두뇌가 발달하면서 유전적 과정이 발현되어 정신이상이나 기분 장애로 이어지는 불운한 유산을 물려받게 될 수도 있다. 하지만 다른 청소년들은 사회 조직의 괴상한 시스템 내에서 사춘기의 내수용적 불안정성과 타협해야 한다. 가장 슬픈 경우는 학대하는 세계에 어떻게 반응해야 하는지 잊어버리고, 건강한 인격이 성숙할 수 있게 해주는 근본적인 기억들을 새로 형성해야 하는 이들이다.

유년 시절에 겪은 학대 때문에 성인이 되어서 감정적 평형이 무너지는 양상이 가장 뚜렷하게 나타나는 이들은 경계성 인격장애로 진단된 환자들이다. 학대와 무관심은 모든 생물학적 사건처럼 두뇌의 구축과 기억 통로에 수정을 가할 것이다. 어렸을 때의 힘든 삶은 성인기에 나타나는 우울증, 불안, 약물 남용, 정신이상, 자살 등 거의 모든 정신의학적 장애의 증가를 가져온다. 하지만 유년 시절의 학대와 무관심에 가장 직접적으로 관련 있는 것은 경계성 인격장애다.

경계성 인격장애

경계성 인격장애BPD, Borderline Personality Disorder는 고도의 감정적 고통과 분노, 급속한 동요, 희박한 정체성 의식, 강렬하지만 불안정한 인간관계, 빈번한 약물 남용과 반복되는 자해 등의 특징을 가진 낙인찍힌 장애stigmatized disorder다. 이런 느낌과 행동 패턴은 유년 시절의 학대와 무시가 낳은 결과일 때가 많다. 그런 환경에서 아이는 감정적으로 성숙한 성인에게 영향을 받으며 안정을 누린 경험이 없기 때문에 감정을 제어하는 방법을 배우지 못한다. 부모는 처음에 마음을 안정시켜주어 아기의 감정을 제어할 필요가 있다. 부모가 위안을 주면 그다음에 아기가 스스로 위안하는 기술을 개발할 여지가 생긴다. 영아기를 지난 뒤 이성 활용 기술을 발전시키는 단계에 도달한 아이는 행동적으로 또 언어적으로 자신들의 감정을 제어하는 지도를 받아야 한다. 그런 과정이 없다면 성인이 되었을 때 감정적으로 통제 불능이 될 가능성이 있다.

하버드 의과대학에 근무하는 마틴 타이커는 학대받은 경험이 있는 사람들에게서 관찰되는 두뇌 변화를 "예기되는 스트레스로 가득 찬 사악한 세계에 대한 적응"이라고 쓴 바 있다. 예기anticipation와 예견prediction은 어린 시절의 경험을 근거로 한다. 적대감과 분노는 학대받은 아이에게서 나타나는 적절한 반응이겠지만, 성인에게서는 자기파괴적이고 부적응적인 반응이다. 학대받았기 때문에 과도하게 방어적이 되고, 인간과의 접촉을 갈망하지만 거부당했기 때문에 그들로부터 스스로를 고립시킨다. 두뇌 발달과의 관계에서 볼 때 두뇌 시스템에서 학대로 인한 변화가 학대 유형에 따라, 또 학대 시기에 따라 특화하여 나타난다는 증거가 있다. 언어폭력을 당하거나 가정폭력을 목격하면 청각과 시각 피질 통로, 즉 감각적 기억 통로에 변화를 유발하는 것으로 보인다. 감정적 혹은 신체적 무관심은 편도체-해마에서의 그리고 감정 규제에 관련되는 더 높은 수준의 통합적 두뇌—대상속과 전두엽 네트워크—의 변화라는 결과를 낳는다.

경계성 인격장애로 진단받은 사람들의 뇌 영상 보고서에는 강렬하고 통제 불가능한 감정 상태의 경험과 신호에 대한 편도체의 반응이 연장된다는 결과가 나와 있다. 전두엽에서 편도체-해마 영역으로 성장해가야 하는 전두엽 억제가 평균적인 방식으로 발생하지 않은 듯 보인다. 전두엽 억제의 제동이 풀린 상황임을 감안할 때 예상할 수 있듯이, 경계성 인격장애를 가진 사람은 충동 통제력이 약하며 상황을 악화시킬 때가 많다. 경계성 인격장애는 감정 발달이 억제된 상태에서 사는 것과도 같다. 모든 신경의 발달—충동 통제, 사회적 조작, 감정 규제, 정체성 형성—이 어떤 식으로든 멈춰버린다. 막 성인이 된 이들이 감정적으로 불안정함을 느끼고 충동 통제력이 약하며 잘못된 판단을 내리는 것은 당연하지만, 경계성 인격장애를 겪으면 성인기 초반을 지나서도 이런 느낌과 행동이 각인된 채로 남는다.

정신과에서 일하는 입장에서 보면 경계성 인격장애 환자들은 학습 능력이 전혀 없는 것 같을 때가 가끔 있지만, 임상 실습을 토대로 한 연구와 오랜 경험에 따르면 그렇지는 않다. 내적인 느낌 상태와 조절된 행동 반응은 나이가 들면서 나아지는 경향이 있다. 경계성 인격장애 환자들이 변증법적 행동 치료DBT, Dialectical Behaviour Therapy라는 심리요법에 가장 효과적으로 반응한다는 사실이 발견되었다. 변증법적 행동 치료는 자신을 있는 그대로 받아들여야 하는 동시에 변화를 향해 움직여야 한다는 변증법적 명제를 토대로 한다. 이 요법을 창시한 사람은 마샤 리네한으로, 그녀 본인도 경계성 인격장애로 고생하여 젊었을 때 여러 해 병원 신세를 진 바 있다. 나는 그것이 성인들을 길러내는 것과 비슷하다고 생각한다. 모든 경계성 인격장애 환자 혹은 그런 특성을 가진 사람이 전부 제대로 된 부모 밑에서 자라지 못했다는 뜻은 아니다. 단순히 어떤 사람은 그저 타고나기를 감정적으로 더 불안정하고, 충동 통제력이 더 빈약하며, 특정한 혹은 모든 약물에 중독되기 더 쉽게 태어날 뿐이며, 더 많은 분노를 겪거나 긴박한 세계 속에 존재하는 인간으로서의 자기 자신을 느끼는 감각이 더 빈약한 것이다. 연구 결과, 시간이 흘러도 언제나 변하지 않는 내적 성격 특성들이 있으며, 그런 태생적인 특징들은 삶이 안정되면 더 쉽게 성숙한다는 것이 밝혀졌다. 그것이 항상 부모 탓은 아니다.

변증법적 행동 치료를 받게 되면 행동의 한도가 자해나 자살 협박 같은 것을 막는 수준으로 합의하에 설정되며, 그와 동시에 환자는 강력한 지원을 받고 통찰을 길러주는 방향으로 심리치료를 받는다. 이는 확실한 부모 노릇과 비슷하게, 환자가 합의된 행동의 경계 내에서 안전함을 느끼게 하는 동시에 감정을 제어하는 법을 배우게 한다. 새로운 학습을 나타내는 것으로서 르두의 전두엽 억제 모델과 변증법적 행동 치료가 감정 상태의 조절에서 거둔 성공으로, 양극성 장애 환자 및 어려운 여건에서 기억과 감정 네트워크가 왜곡된 사람들이 건강하게 변할 수 있다는 희망을 품게 되었다. 변증법적 행동 치료를 받은 사람의 뇌 영상 연구 결과 전두엽 피질에서 편도체로 가는 억제 통로가 넓어졌고 감정 제어가 개선되었음이 입증되었다.

상황이 순조롭고 유년기에 힘든 일을 겪지 않았다면, 전두엽 신경세포는 성인기 초기에 성장하여 편도체의 출력을 억제하게 되고, 감정은 평형을 이루게 된다. 이 변화의 결과 안정적인 자아 감각이 출현하여 안정적인 성격과 정체성의 기초를 형성한다. 자신과 타인의 감정적 경험과 의도에 대한 이해—감정적 통찰—는 나이가 들면서, 또 전두엽이 발달하면서 더 성장한다. 성숙한 감정은 젊은 시절, 성적 매력의 위력이 경험보다 우위에 서는 시기의 낭만적 갈망과 비교했을 때 성공적이고 행복한 관계를 이룰 확률이 더 높다. 낭만의 영역에서 연장자가 갖는 이점은 이것만이 아니다. 젊은 외모가 더 매력적이라는 주장은 항상 나오지만 언제나 옳지는 않다. 찌르레기에 관한 이야기로 돌아와서 이 장을 마무리하자. 찌르레기는 기억과 학습이 낭만의 경기장에서 어떻게 유리한 자리를 차지하게 해주는가를 보여주는 훌륭한 예다.

찌르레기는 인간과 비슷하게 사회적으로는 협동하지만 개인 차원에서는 경쟁 관계에 선다. 그들은 거대한 무리를 이루어 여행하며, 하늘에서 살랑거리면서 물결처럼 떼를 지어 계속 변하는 아름답고 둥근 형태로 날아간다. 리더는 없지만 탁월한 레이더 기능이 있기 때문에 주위의 찌르레기들과 완벽한 간격을 유지하면서 날아간다. 그러나 짝짓기 문제에서는 공동체적인 성격이 줄어든다. 일단 테스토스테론으로 연료를 얻은 노래하는 새 피질이 햇빛으로 가열되면 수컷은 숨겨진 둥지 입구를 지키면서 집에 있는 암컷을 유혹하려는 다른 수컷과 경쟁한다. 암컷 찌르레기는 최고의 가수에게 갈 것이고, 암컷 찌르레기의 세계에서 최고의 가수란 가장 길고 복잡한 노래를 부르는 새다. 찌르레기는 흉내 내는 재능이 있기 때문에 듣기만 해도 노래를 익히고 나이를 먹으면서 더욱 다양한 레퍼토리를 쌓을 수 있다. 그렇기 때문에 나이 든 수컷이 더 유리하다. 기억하는 노래가 많아서 암컷을 유혹하기 쉬우니까. 한편 어린 수컷 찌르레기는 연장자로부터 새 곡조를 배우고, 멜로디 기억을 만들어낸 뒤에야 짝짓기철에 유리한 입지에 설 수 있다. 단연코 젊음과 미모만이 아니라 기억과 경험도 사랑의 성공을 가져다준다.

13장

변화하는 삶의 서사

이것이 사람들을 바보로 만든다. 인간은 항상 이야기를 하는 존재이고,
자신의 이야기와 타인들의 이야기에 둘러싸여 살며,
이야기를 통해 자신에게 발생하는 모든 일을 본다.
또 그는 이야기하는 것처럼 자신의 삶을 살아가려고 애쓴다.

_장폴 사르트르°

앞에서 우리는 두뇌 속 통합적 기억 시스템에서의 신경 발달과 이것이 어떤 식으로 외수용적 세계 및 자신과 타인에 대한 이해가 가능한 지점까지 이어지는지를 살펴보았다. 본질적으로 전두엽이 발달하면 복잡한 감각 정보의 표현이 가능해지며, 그런 정보는 한데 모여 일관된 사건들의 이야기를 만들 수 있다. 그런 이야기가 전기적인 것이라면 아마 해마와 관련될 것이다. 이런 과정은 전두엽 영역에서 기억 네트워크의 솎아내기와 수초화 덕분에 일어날 수 있으며, 네트워크가 진화하면서 예견하고, 상상하고, 창조하는 법을 배운다. 우리는 감정적 신경 발

° Jean-Paul Sartre, *Nausea*, trans. Robert Baldick(Penguin, 2000), p. 63.

달 과정을 검토하고, 젊은이가 타인에 대한 미러링을 통해 자각하는 법과 전두엽의 성장을 통해 감정을 규제하는 법을 배워 세계와 일종의 평형을 이루어나가는 모습을 살펴보았다. 세계 속에 안정적으로 존재하는 방식을 만들어나가는 여정은 평생 계속되는 것이며, 현재가 변하고 새로운 사건과 통찰이 기존의 기억 네트워크를 수정함에 따라 끊임없이 변하지 않을 수 없다.

역사상 세계 질서가 엄청난 규모의 변화를 연이어 겪던, 전쟁과 역병이 창궐하던 시기가 있었다. 그런 기간에는 개인의 기억 네트워크도 변해야 했다. 보리스 파스테르나크의 소설 《닥터 지바고》는 제1차 세계대전과 러시아 혁명이라는 세기적인 격변기를 배경으로 한다. 소설은 사회적 변화뿐만 아니라 개인적인 변화도 함께 다루고 있다. "모두가 다시 살아났고 다시 태어났으며, 변했고 변형되었다. 모두가 두 번의 혁명을 거쳤다고 할 수도 있다. 일반적인 혁명뿐만 아니라 그 자신의 개인적 혁명도 말이다." 전기 기억의 기능이 자신의 생애를 소재로 시간, 장소, 인물이라는 신경세포 조합 격자 구조의 좌표에 따라 일관된 이야기를 만드는 것이라면, 그렇게 풀려나오는 이야기는 변동하는 이야기가 아닐 수 없다. 이 장에서는 앙리 베르그송이 썼듯이, 개인이 어떻게 '끝없이 자신을' 창조하는지, 또 자신의 생애를 어떻게 서사화하는지를 살펴보려 한다. '이야기story'와 '서사narrative'라는 단어가 동의어로 쓰이기는 하지만 서사는 이야기의 골격 그 이상의 것이다. 이야기는 언제나 만들어진다. 인간의 신경 네트워크가 패턴에 따라 조립되기 때문이다. 그것은 그 일을 하기 위해 설계되었다. 하지만 우리는 대개 이것을 넘어서서 이야기에 의미를 부여하려 한다. 자신의 경험과 인생 스토리에 의미를 부여하는 이 과정을 가장 잘 설명하는 것이 자기 서사화self-narrativization다. 자기 서사화는 흔히 노년의 예이츠가 늙은 나이에 내려와야 했던 허영의 사다리와도 관련된다. 그 사다리는 그의 마음의 폐품 가게에서, 우리 역시 결국은 눕게 될 장소에서 그를 높이 들어올렸다. 우리도 사회적·문화적 기억 속에서 자기 서사화를 한다. 다음 장에서 그 기억을 살펴보려 한다.

내가 처음 겪은 변화하는 자기 서사화는 간접 경험을 통해서였다. 십대 후반에 장폴 사르트르의 소설 《구토》를 읽었을 때였다. 그 소설을 단순히 한 젊은이의 이야기, 그에게 이해되지 않는, 그래서 소외되고 단절된 느낌을 받는 세계 속에서 한 개인으로 존재하려는 청년에 관한 이야기라고 말할 수도 있다. 당시에 나는 이 점은 파악하지 못했고, 주인공의 본능적인 경험과 그 경험이 그의 지적 투쟁을 표현하는 방식에 큰 충격을 받았다. 최근에 다시 읽어보니 그 시야와 독창성이 더욱 놀라웠다. 오래전에 처음 읽었을 때는 제대로 이해하지 못했지만 나는 주인공 앙투안 로캉탱에게 동질감을 느꼈다. 느낌 상태가 어떻게 세계를 통합하고 기억하는 방식의 일부가 되는지에 대한 지적 통찰을 조금이라도 갖기 전에, 소설의 내수용적 깊이가 내게 충격을 주었다. 로캉탱은 불만을 품고 우울해하는 '모든' 청년이었고, 20세기 초반 새로운 의식 수준에 대한 인식이 밀물처럼 쏟아져 들어올 때 사회가 겪고 있던 격동의 화신이었다.

책의 제목은 주인공이 겪는 불쾌한 내수용적 느낌, 특히 구토감에서 나온다. 로캉탱은 자신과 아무 동질성을 느끼지 못하는 세계, 본능적으로 역겹게 느껴지는 세계에 살고 있다. 그는 타인들을 이질적 존재로 느낄 뿐만 아니라 자기 자신도 이방인이라 느낀다. 그의 불쾌한 초지각적 경험을 통해 독자는 그의 섬뜩한 이인증depersonalization°을 체험한다. 외부 세계에서 들어오는 현재의 감각 흐름이 기억과 단절된 것처럼 느껴지고, 아무 일관성 없는 가변적이고 변덕스러운 의식 속에서 부유하게 만든다. 독자들은 로캉탱이 낡아버린 확실성 속에서, 타인들과의 만족스러운 연결성 속에서 정상적인 생활을 했다는 이야기를 듣는다. "나는 그것[내 삶] 속에 들어가 있었다. 그것에 대해 생각한 것이 아니었다." 그의 세계는 서서히 와해되어 "현재 속에서 거부당하고 버려진 채로" 그를 방치했다.°° 나는 이를 그의 기억에 들어오는 감각을 처리하기에 적합한 신경이 전혀 없는 상태와 같다고 본다.

내가 볼 때 사르트르가 《구토》에서 거둔 성취 가운데 하나는 의식을 구성하는 벽돌을 해체한 것이다. 그러니까 현재 사건들과 기억의 통합이 낳은 결과물인 연속적 자아 감각의 일관성을 무너뜨렸다는 뜻이다. 전기 기억은 현재를 과거와 미래와 엮어 짜서 자기 삶의 '내부'에 있다는 감각을 준다. 로캉탱은 연속적이고 유보된 현재에, 자신이 처리할 능력이 없는 감각적 경험으로 파열되는 세계 속에 살고 있다. 그는 새로운 삶을 창조하기로, 프랑스의 시골에서 파리로 나가 새로이 살아가겠다는 다짐으로 이 위기를 해결한다. 그런 다음 "[자신의] 기억을 현재형으로 구축할 것이다." 사르트르와 동료 실존주의 여행자들, 특히 1세대 페미니스트인 시몬 드 보부아르는 확실성 속에서 살아온

° 이인증은 심리학에서 한 개인이 자신이나 외부 세계를 실재하지 않는 허구로 느끼는 상태를 말한다. 비개인화, 몰개성화라고도 한다.—옮긴이

°° Sartre, *Nausea*, p. 61.

자신들의 삶을 떠나 새로운 세계관을 과감하게 창조하는 쪽으로 나아갔다.

1970년대와 1980년대의 아일랜드에서 살아간 나의 동년배들 가운데 몇 사람도 이 책에 공감했다. 신뢰할 수 없는 신념 체계와 공통된 문화적 정체성이 주는 안정감을 떠나는 사람이 많았기 때문이다. 그러나 이것은 어쨌든 내가 기대하고 있던 자유의 해방감을 가져다주지는 않았다. 로캉탱이 1938년에 묘사한 것처럼 이상한 방향 상실감이 흔히 느껴지곤 했다. 모든 것은 와해되었고, 그런 뒤에야 재구축될 수 있었다. 자신의 자아감, 정체성을 구축하는 경험은 사회가 급변하고 있을 때는 특히 더 어렵겠지만, 사실 젊은 성인에게는 언제나 도전이다. 어떤 문화에서든 살아온 삶life-as-lived in any culture은 일반적으로 문화와 그 속에서의 자신의 위치를 이해하기 위한 개념적 틀 속으로 들어가는, 처음에는 불안정한 길을 안내해준다. 사르트르와 보부아르 같은 일부에게는 그들이 스스로를 경험하는 방식과 세계를 이해하는 방식이 어긋났고, 그 어긋남은 궁극적으로 그들이 나서서 세계를 바꾸어야만 해소될 수 있었다.

트라우마

사르트르의 책은 내 기억에 매우 깊이 자리잡고 있었다. 그래서 내 환자 아라브—앞서 나온 조증을 앓았던 영리한 청년—가 로캉탱의 성격을 차용하여 이렇게 말하는 것을 들었을 때 깜짝 놀랐다. 그는 "나는 자신에 대해 배웠던 것을 재구축해야 합니다"라고 말하고, "기억을 바꾸는 것은 인간뿐이에요"라고 덧붙였다. 그곳에서 내가 치료한 사람들 거의 모두가 세계와의 관계에 삐걱댔지만, 대개는 실존적인 불안이나 세기적인 사회적·정치적 변화 때문이 아니라 어린 시절의 트라우마 혹은 심각한 정신병 때문이었다. 트라우마를 가진 사람은 흔히 거의 완전히 새로운 자신과 새로운 기억 조합을 만들어내야 한다. 유년 시절의 파괴적인 기억과 정신병적 오해의 혼란에 사로잡혀 있던 내 환자 프랜시스는 트라우마 혹은 정신이상이 어떤 식으로 자기 파괴력을 지닌 괴물 같은 자기 서사로 이어질 수 있는지에 대한 수많은 통찰을 주었다. 죽음이나 질병 같은 개인적 트라우마가 그 자체로는 의미가 없고, 트라우마에 의미를 부여하는 것은 위험하다는 주장이 입증되어야겠지만, 이 문제는 나중에 다시 다루기로 하자. 프랜시스는 훌륭한 사람이었고, 과거의 요양원 시절까지 거슬러 올라가는 풍부한 사연을 갖고 있었다.

프랜시스

프랜시스의 어린 시절은 정말 무척이나 암담했다. 그녀는 네 형제 가운데 셋째로 태어났다. 아버지는 알코올중독자였고, 학대 성향이 있었다. 그는 자주 신체적 폭력을 휘둘렀고, 정규직으로 일했지만 월급 대부분을 술값으로 날렸다. 어머니는 아이들을 키우기 위해 하루 종일 집 밖에서 일했다. 아이들은 모두 신체적·정서적으로 방치되었다.

> 프랜시스는 아버지와 그들 집에 찾아온 남자들, 상인과 손님들에게 성적 학대를 당했다. 초등학교에 가지 못한 날이 많았으며, 그녀가 애정을 느낀 유일한 대상인 남동생과 함께 내내 방치되었다. 그녀는 동년배의 친구도, 마음을 터놓을 사람도 없었다. 학교 출석률은 점점 더 낮아지다가 마침내 완전히 등교를 중단했다. 중학교에 다녔다는 기록은 없다.
>
> 프랜시스는 가출을 밥 먹듯이 했다. 열한 살이 되었을 때 그녀는 길거리에서 살면서 절도를 하거나 구걸로 살아가는 법을 배웠다. 그녀는 문 앞이나 공중전화 박스에서 잠을 잤다. 가끔 경찰이 그녀를 발견하면 어머니가 경찰서로 와서 그녀를 잠시 집으로 데려가곤 했다. 길거리 생활을 하는 동안 그녀는 더 많은 폭력과 학대를 겪었다. 그녀는 손에 들어오는 온갖 수단을 동원하여 살았고, 싸우고 자신을 방어하는 법을 배웠다. 열세 살이 되었을 때 프랜시스는 1년 정도 어느 점쟁이와 함께 살게 되었다. 십대 중반에는 주기적으로 환각제와 알코올에 중독된 채로 살았다. 더블린의 정신과 병원에 처음 입원했을 때 그녀는 열여섯 살이었다.

프랜시스의 사연을 이야기하기에 앞서 이 정신과 병원에 대해 설명할 필요가 있다. 그 병원은 지역 내에서 그레인지고먼Grangegorman이라 알려진 곳으로, 그 이름을 듣고 머빈 피크의 〈고멘가스트Gormenghast〉° 를 떠올린다면 어떤 곳인지 대충 그림이 그려질 것이다. 그곳은 전형적

° 머빈 피크가 쓴 괴기 판타지 소설 3부작. 고멘가스트 성에 사는 그로언 백작을 주인공으로 한다.—옮긴이

인 빅토리아 시대의 요양원이었다. 회색 화강암으로 지어진 큰 건물로, 황량하고 허물어져가는 곳이었다. 나는 수련의 때 그곳에 6개월 근무를 신청했다. 더블린에 남아 있는 몇 안 되는 구식 요양원 가운데 하나였기 때문이다. 매우 음울하고 군데군데 거의 쓰러진 곳도 있었다. 그 무렵 환자들은 지역의 다른 병원으로 옮겨졌고, 그레인지고먼은 수리가 필요한 곳이 점점 늘어나고 있었다. 복도는 끝없이 길었고, 넓은 복도 한편에 감방처럼 보이는 방들이 줄지어 늘어섰으며, 맞은편에는 창살로 막힌 큰 붙박이 창문들이 있었다. 입원 환자들은 깊고 긴 창문틀에 앉아 접힌 가리개에 기대어 쉬곤 했다. 그 창문은 여러 해 동안 열린 적이 없었다. 넉넉하게 큰 창문틀의 맞은편 가리개 위에 발을 올리기도 했다. 한번은 밤중에 호출을 받아 거대한 창문을 통해 들어오는 외부 불빛뿐인 그 긴 복도를 걸어가고 있었는데, 잠에서 깬 환자 한 명이 겁에 질려 창문틀에서 튀어나왔다.

그 여섯 달 동안 나는 요양원이 내가 예상했던 전형적인 이미지보다 더 복잡하지만 덜 가혹한 곳임을 알게 되었다. 처음에 나는 예상할 수 있는 분노를 잔뜩 품고 일을 시작했다. 입원 환자들은 개개인의 필요에 맞추기보다는 제도적 효율성을 중심으로 돌아가는 잔인한 시스템에 의해 권리를 박탈당할 것이다…… 정신의학기관은 비인간적일 것이다…… 환자들은 물건처럼 다루어지고 이리저리 방황하거나 한 자리에 앉아 침을 질질 흘리고 있을 것이다. 이런 예상 가운데 일부는 사실이었지만, 그 간호 시스템은 빅토리아 시대의 요양원이 보이는 비참한 전형성에 비해 훨씬 다층적으로 돌아가고 있었다.

이 시기에 있었던 사건 하나가 내 기억에 새겨져 있다. 한 나이 든 상담원이 나를 데리고 병원의 숨겨진 어느 구역으로 회진을 돌았다. 이 고립된 거주 구역은 더 크고 거의 버려진 화강암 건물 속에 있었다. 우리는 박공벽에 난 문으로 들어가서 계단을 몇 층 올라갔다. 당도한 곳은 개방형의 큰 병동인 플로렌스 나이팅게일 유형의 병동이었는데, 커튼으로 분리된 병상이 양쪽 벽을 따라 길게 두 줄로 늘어서 있었다. 중앙의 큰 개방 공간이 대부분의 면적을 차지하고 있었다. 우리가 당도하자 누군가가 벌떡 일어나서 우리에게 달려왔다. 놀랍게도 그는 남자 간호사였다. 다른 환자들은 전부 옷을 차려입고 잘 정돈된 침대 위에 누워 매주 있는 상담원의 정기적 방문을 기다리고 있었다. 그들은 우리가 병동에 도착하자 침상에서 일어났다. 상담원은 같은 동네 친지들과 잡담을 하듯 환자들과 이야기를 나누기 시작했다. 환각이나 망상이나 약에 관한 질문은 없었다. 나는 그를 따라다니며 환자 개개인의 다양한 병증과 그들의 복약에 대해 질문했다. 그의 태도는 상냥했지만 대체로 나를 무시하는 것 같았다.

걸어 다니면서 하는 환자와의 대화가 끝나자 나는 좀 당황한 채 그를 따라 병동의 반대편에서 나타난 긴 복도를 걸어갔다. 이 복도는 건물의 전체 길이만큼 길었다. 전형적인 감방과 비슷한 병실들이 한쪽 편에 있고 커다란 창문들이 반대편에 있었다. 시계공이던 한 남자가 그 병실 중 하나에 입원해 있었다. 당시는 태엽을 감는 기계 시계를 쓰던 시대였고, 그의 방은 작업에 필요한 장비들로 뒤덮여 있었다. 톱니바퀴, 시계 케이스, 시계 유리, 시계 체인, 윤활유 깡통 등. 시계공은 환자와 직원을 막론하고 병원 내 모든 사람의 시계를 고쳐주었다. 시계공은 상담원과 함께 자신이 고친 그의 시계에 대해 잡담을 나누었는데, 아마 상담이 매주 그런 식으로 진행됐을 거라고 확신한다. 병이 든 시계공은 처음에는 그레인지고먼 병원에서 퇴원과 입원을 반복했다. 가족과 이웃들이 자신을 죽이려 한다고 믿었기 때문에 퇴원했다가도 계속 다시 입원한 것이다. 마침내 줄곧 입원해 있는 것이 모두에게 최선이라는 결정이 내려졌다.

그 여섯 달을 돌이켜보면 복도와 그 시계공의 방이 기억난다. 또 이제는 그 오래된 요양원의 간호 방식이 결함은 있지만 잔인하지 않았음을 안다. 이제 그 방식은 없어지고 입원 간호를 거의 배제하는 시스템으로 바뀌었다. 환자와 정신보건 근로자들이 맞서 싸우는 대상은 기관에 수용되어 겪는 제약이 아니라 빈곤과 노숙과 정신이상으로 인한 행동의 범죄화다. 세월이 흐르는 동안 나는 그레인지고먼에서 본 상담원의 옛날식 스타일이 가진 장점과 단순하고 일상적인 포용력이 갖는 위력을 인정하게 되었다. 요양원 시스템은 제 기능을 다할 경우 환자를 보호하는 마을이 되어주었다. 그에 비해 소위 '공동체 간호community care'는 허약한 정신이상 환자들을 외부 세계로 데려갔지만, 외부에는 요양원이 없을 때가 종종 있었다. 공동체 정신의학community psychiatry이라는 개념은 정신병을 앓는 모든 사람을 바깥세상과 공존 가능한 수준으로 끌어올릴 수 있으며, 세계는 그들을 위한 안전한 안식처가 되어주리라는 가정을 근거로 한다. 정신의학의 이 두 가지 가정은 모두 틀렸다. 1939년으로 거슬러 올라가서 정신과 의사이자 수학자 라이어널 펜로즈는 정신과 병동의 병상 수와 감옥 죄수의 수는 반비례한다고 지적했다. 이 지적은 지금도 여전히 옳다. 어떤 도시로 가든, 얼마나 유복하든, 보건 시스템이 얼마나 제대로 기능하든, 국가가 개인 권리를 얼마나 존중한다고 주장하든, 정신병 환자들은 힘들게 살아가고 무시되고 소홀히 다루어진다. 그들은 너무 아프기 때문에 사회복지 시스템을 두고 협상하지 못하며, 대중적 부담이 너무 커지면 수감되고 만다. 이는 정신보건에 대한 대중적 인식과 우려는 개선되었지만 두뇌 질환을 가진 정신병 환자들은 아직 그 혜택의 대상이 아니라는 사실을 다시금 상기시킨다.

> 그레인지고먼 병원은 프랜시스가 유년기 후반을 보낸 시설이었다. 처음 입원한 뒤 법적인 성인 연령이 되기까지 그녀는 단기 입원을 스무 번쯤 했다. 1980년대에는 아동이나 사춘기 청소년들만 입원할 수 있는 시설이 없었다. 정신과 병동에 있지 않을 때는 감옥에 있었던 것으로 보이는데, 한번은 술에 취해 난동을 피웠다는 죄목으로 4개월 형을 받았다. 그때 그녀는 열일곱 살이었다. 프랜시스가 우리 병원으로 올 때 다행히 그레인지고먼에 있을 때의 임상 기록 가운데 일부도 함께 전달되었다. 그 기록은 많은 것을 말해주었는데, 특히 그녀를 담당한 정신과 의사 F의 친절이 임상 기록과 요약된 소견서에 드러나 있었다. 프랜시스의 상황을 이해하고 그녀가 성장 과정에서 겪은 참상에서 회복할 수 있게 도와주려는 의사와 간호사 팀의 간호와 노력이 빛을 발하고 있었다.
>
> 열여덟 살이 되자 프랜시스는 정신과 시설에서 사라졌고, 그 뒤 8년간 그녀에 대한 어떤 기록도 남아 있지 않다. 이 기간은 그녀가 키런을 만나 사랑에 빠진 시기와 일치한다. 프랜시스의 표현에 따르면 그가 "그녀를 집으로 데려다줬다." 그녀는 이십대 후반에 다시 정신과 병동

으로 돌아왔다. 그 사이에 그레인지고먼 병원은 폐쇄되었고, 직원들은 근교의 병원으로 옮겼으며, 환자들은 더 인간적이라고 칭송되던 공동체 간호 시스템으로 일괄 이송되었다. 일이 잘되려고 그랬는지 프랜시스는 의사 F를 다시 만났고, 그는 그녀의 정신과 주치의가 되었다. 운이 좋았다. 의사 F는 이제 프랜시스가 십대 때는 하려 들지도 않았고 할 수도 없었던 정신이상 경험의 이야기를 들을 수 있었다. 그 뒤 두어 해 동안 그녀의 상태는 기복이 있었지만 어떤 패턴을 따랐다. 그녀는 환각과 망상을 보는 중증 정신이상 상태에서 증상은 덜하지만 자기 파괴적인 상태로 진행하고 있는 것으로 보였다. 정신이상 경험의 공포가 물러나면 또 다른 공포가 밀려드는 듯했다. 이것은 고의적인 치료 거부sabotaging treatment라 불리는 패턴으로 이어졌다. 내가 보기에 그 상태는 그녀가 호전되기 싫어서가 아니라 정신이상 증세 없이 살아갈 방법을 모르기 때문인 것으로 설명된다. 그런 환자에게는 정상적인 기억 네트워크가 없었다. 프랜시스는 실제 세계에서 살아본 경험이 전혀 없었으므로, 시각을 새로 얻은 성인이 시각 이미지의 홍수에 노출되었을 때와 아주 비슷한 방식으로 그 처리법을 배워야 할 것이었다. 오랜 입원 동안 그녀는 조금씩이나마 외부 세계와 연결을 맺는 모습을 보였고, 마침내 퇴원했다.

내가 20년 뒤에 그녀를 맡게 됐을 때 그녀의 생활은 표면적으로는 안정된 듯 보였다. 그동안 그녀는 미술 재활 과정을 밟았고, 마침내 미술 학사 학위 과정을 마치는 데 성공했다. 그녀는 숙련된 심리학자의 심리 치료를 받았고, 약물과 알코올을 끊었다. 심한 스트레스를 받을 때가 아니면 자해를 하지 않았다. 처음 상담했을 때 그녀는 옷을 여러 겹 아무렇게나 껴입고 있었고, 머리를 수그리고 흘낏 훔쳐보는 것 외에는 눈 마주치기를 피했다. 그녀는 매우 낮은 목소리로, 마치 예전에 수백 번은 한 것처럼 기계적으로 자기 이야기를 했고, 트라우마적인 과거 사건 속에 존재하는 감정적 경험과는 차단된 것처럼 보였다. 그녀는 환각적 믿음과 경험에 흠뻑 빠져 있었고, 다른 사람이 마치 자신의 경험을 그녀의 신체에 집어넣는 것처럼 구체적인 감각과 함께 타인의 감정을 느낀다고 믿었다. "나는 다른 사람들의 감정에 빙의할 수 있어…… 그들 대신에 말이지." 자타 경계가 일상적으로 헝클어졌는데, 누군가와 친해지면 혼란이 더 심해졌다. 반대의 경우, 그러니까 누군가가 그녀 속에 들어오는 일도 발생했는데, 그것은 '악마'였다.

나는 그녀가 내면을 치열하게 바라보는 사람이며, 그 내부 세계가 혼란스러운 정신이상적 발상들로 이루어진 사람이라는 인상을 받았다. 나는 그녀가 살아온 삶의 이야기를 읽고 마음이 흔들렸다. 그처럼 음울하고 어디로도 피할 길 없는 학대의 역사를 들은 적이 별로 없었다. 유년 시절에 그녀는 도움을 요청할 만한 어른이 아무도 없었고, 줄기차게 이어지는 학대 속에서 숨 쉴 틈도 없었으며, 그레인지고먼이라는 빅토리아식 요양원을 제외한 다른 어디서도 사회적 안정을 찾지 못했다. 어떻게 해선지, 또 정확하게 언제인지는 몰라도, 이 모든 혼돈 속에서 그녀에게 심각한 정신병 증세가 발생했다. 나는 그녀가 내게 해준 이야기를 곰곰 생각하면서, 상상도 하기 힘든 그녀의 젊은 날에 대해 개인적으로 잠시라도 시간을 내어 뭔가 찬사를 바치고 싶었다. 하지만 공립 정신과 병원의 환자 대기실은 그 같은 소박한 찬사를 보낼 여유조차 허락하지 않았다.

당시 그녀의 가장 큰 문제는 은둔적 태도였다. 그녀는 하루 중 거의 모든 시간을 침대에 누워 정신이상 경험에 푹 빠져 지냈는데, 학대받던 과거가 현재의 정신이상을 겪는 의식 속으로 침범해 들어왔다. 키런이 가져다주는 사랑과 간호 이외에 그녀가 경험할 수 있는 모든 것, 또는 정신과 진료가 제공하는 요양을 제외하고는 모든 것이 해로운 기억을 불러왔다. 방에 틀어박혀 감각과 감정을 차단한 세계에서 사는 것이 세계에서 들어오는 입력이 촉발하는 해로운 기억을 끊임없이 경험하는 것보다는 덜 고통스러웠다. 나는 정신이상을 더 잘 다스리는 데 필요한 다른 약을 처방했고, 보호받는 사회적 세계, 덜 위협적인 세계로 프랜시스를 데려가기 위한 프로그램을 시작했다. 편집증적 해석에서 점진적으로 벗어나게 하기 위함이었다. 우리는 그녀를 달래어 통원 병원에 다니도록 했다. 그렇게 하면 사회적 환경 속에서 일상적인 생활의 틀을 구축할 수 있을 테니까. 그런 환경은 개별적 치료와 함께 정상적인 인간적 만남이 이루어지는 보호된 소우주였다. 과거로의 여행 그리고 이 여행이 그녀에게서 현재 지각의 필터를 형성하는 방식은 우리 정신과 의사들의 손에서 몇 년에 걸쳐 세심하고 숙련되게 처리되었다.

가끔 정신이상 상태가 너무 오랫동안 그 개인의 세계가 되어 있는 경우, 환자들이 친숙한 그 세계를 떠나기 싫어하는 일이 발생한다. 우리는 떠나고 싶어하는가? 정신이상 경험을 가진 개인은 심각하게 기괴한 경험이라 할지라도 이 경험을 남겨두고 떠나기를 두려워한다. 이제는 보이지 않게 되어버렸지만 여전히 존재하는 위협에 노출될 수 있기 때문이다. 때로 그들은 환청에 위안을 받고 그것이 없으면 상실감을 느낀다. 때로 그들은 자신들의 특별한 힘에 대해 품은 거창한 믿음을 버리고 싶어하지 않는다. 만성적 정신 질환을 인정하는 것이 너무 고통스러울 때가 종종 있다. 정신이상 경험에서 벗어난 환자가 다시 정신이상이 되었으면 좋겠다고 털어놓은 적이 아주 드물지만 있었다. 하지만 나는 이런 일이 우리가 아는 것보다 훨씬 더 많이 일어나지는 않을 것이라고 짐작한다. 치료를 거부하고 정신이상으로 남아 있는 것은 개인의 선택이다. 다만 피해망상적인 믿음 때문에 그들 자신과 타인에게 위협이 될 경우는 예외다. 이 마지막 상황에서 정신과 의사들은 환자들의 개인적인 희망과 상관없이 필요하다면 강제로라도 치료해야 할 법적 의무를 진다.

장기간 정신이상으로 살아온 개인들에게는 공통의 경험이 발생하는 '공유된' 세계를 시도하고 그것에 적응하기 위해 정신이상 경험이 아닌 중간 단계가 상당 기간 필요하다. 즉각적 정신이상 경험이 해결되고 나서 '현재의 기억을 구축하기' 위해 공유된 공통의 현실을 토대로 새 네트워크를 창조하게 해주는 안전한 세계를 제공하는 것은 약물 치료만큼이나 중요하다. 외래 병원에서 일하던 우리 진료팀은 프랜시스의 사회적 세계, 곧 그녀의 마을이 되었다. 그녀는 온화한 성품과 미술 활동을 통해 우리 병원의 생활에 도움을 주었다. 팀원들과의 신뢰관계는 키런이 아닌 다른 외부인과 관계를 맺지 못할 것이라는 프랜시스의 믿음을 좋은 쪽으로 반박해주었다. 시간이 흐르면서 그녀는 또 다른 환자들과도 따뜻한 관계를 발전시켰고, 그런 관계가 있었기에 나중에 키런이 세상을 떠나는 비극을 겪고도 버틸 수 있었다. 우리 역시 프랜시스와의 관계 덕분에 풍요로운 시간을 보냈다. 그녀는 금욕적이면서도 연약한 복합적인 개성과 새로 찾아낸 비틀린 유머 감각으로 우리를 사로잡았다.

트라우마 끌어안기

마틴 타이커의 말을 다시 가져오면, 프랜시스의 기억 네트워크는 **예상되는 스트레스로 가득 찬 사악한 세계에 적응하기 위해** 형성된 것이다. 그녀의 두뇌는 적대적이고 자비롭지 않은 세상에서 살아남을 수 있게 연결되었다. 개인으로서든 종으로서든, 살아남기 위한 가장 기본적인 필요 가운데 하나는 설사 학대가 만연한 세계라 해도 그런 환경에 적응하는 능력이다. 인간은 엄청난 사회적 적응력을 갖고 있다. 성인기에 들어서면 가족을 떠나 동년배 집단 정체성으로 이동하고, 그 뒤에는 대개 단혼제의 관계를 맺고 나중에 그 관계를 떠나기도 하고 지속하기도 한다. 우리는 새로운 연대와 애착 관계를 형성하며, 사랑하는 이들의 죽음 앞에서 슬퍼하고 적응한다. 프랜시스는 심각하게 고통스러운 세계에 적응했고, 깊은 트라우마가 남았다.

트라우마는 《정신질환의 진단 및 통계 편람》(제5판)에서 "실제이거나 위협된 죽음, 심각한 상해나 성적 폭력"으로 정의되는데, 그 모든 일을 프랜시스는 어린 시절에 겪었다. 그만큼 극단적이지는 않은 상황에서, 생명이 위협받지는 않더라도 그같이 정서적으로 통합될 수 없는 감정적 불행을 낳는 사건들은 삶의 트라우마를 남길 수 있다. 심리치료적 언어로 표현하자면, 그런 경험은 감정적으로 소화될 수 있는 것이 아니다. 트라우마가 발동하고 나면 시간이 얼어붙어 편도체 회로의 충격적인 감정과 함께 반복적으로 몇 장면이 나타나면서 고정되는 것으로 보인다. 과거가 현재의 의식 속에 끼어들고 메아리친다. 청중의 뇌섬엽 위에서 연주하는 것처럼 우울하게 노래하는 오스트레일리아의 대중가요 작곡가 닉 케이브는 열다섯 살에 죽은 아들의 죽음을 다루는 다큐멘터리에서 이 점을 아름답게 표현했다. 그는 아들의 죽음이 마치 고무줄과 같다고 말한다. 움직일 수 있고 늘어나서 현재에 닿을 수는 있지만 일정한 거리 이상 늘어나면 다시 잡아 당겨진다는 것이다. "다음 단계로 넘어간다moving on"는 것이 때로는 불가능하게 느껴진다.

트라우마로 남는 사건은 개인마다 고유한 것이지만, 그 보편적인 특징은 관련된 강렬한 감정의 반복과 '이해' 능력의 결여다. 나는 트라우마를 가진 사람들에게서 "모르겠어"라는 말을 정말 자주 들었다. 전쟁에서 한 소년 병사가 다른 아이를 죽이는 장면을 목격하고 돌아온 군인으로부터, 출산 전에 태동을 느꼈던 아이를 사산한 여성으로부터, 십대였던 아이가 자살한 부모로부터, 폭력 행위로 아들을 잃은 어머니로부터 그런 말을 들었다. 마치 사건이나 사건들을 그 속에서 통합시킬 전두엽 기초 격자 구조prefrontal groundwork lattice가 없는 것과 같다. 연결은 다른 것들이 시들어 사라지는 동안 한 번에 하나씩 힘들게 이어져야 한다. 기억 네트워크가 변화하고 그 사람이 현재를 살기 위해 앞으로 나아가면 슬픔이 현재 경험에 끼어드는 일은 줄어든다. 사람들은 때로 상실을 겪은 뒤에 느끼는 슬픔과 사랑에서, 살아 있음으로써 어쩔 수 없이 발생하는 네트워크 배열의 변화를 어떤 식으로든 억제하려고 애쓰는가? 기억을 쉬게 하는 것은 비양심적인가? 상실을 겪은 사람은 죽은 이가 사라지고 없으니 자신들이 아직 그 속에 있는 세계, 이제 낯설어지고 제멋대로 돌아가는 것 같은 세상에서 더 심하게 소외될 것이라고 느끼는가? 그런 변화가 마치 현재에 아직 남아 있는 떠난 이들의 감정에 대한 일종의 의식적인 타협 같은 것으로 여겨져서 저항하게 되는 걸까? 그런 감정이 아무리 고통스러운 것일지라도 말이다. 무엇이든, 또 어떤 것이든, 트라우마에는 '시간이 필요하다.' 우리가 맨 처음 다룬 이디스의 갑자기 환기된 기억은 트라우마적 정신이상 경험의 원래 기억이 어떤 식으로 활성화되며 어떻게 생생하게 되풀이되는지를 보여준다. 그러나 이 경험, 이 환기가 두 번째 되풀이될 때는 아마 재저장되어 정신이상의 감정적 경험과 조금씩 멀어질 것이다. 미래에 묘비를 볼 때마다 혹은 본다고 상상할 때마다 정신이상은 그 이미지에서 한 단계씩 더 멀어질 것이고, 나중에는 작은 묘비를 보아도 불편한 느낌이 조금 드는 것 외에는 떠오르는 것이 없을 것이다. 이것은 억압된 기억이 아니라 트라우마적 기억을 처리할 수 있는 가장 좋은 방법이다. 바로 '해결resolution'이다.

프랜시스 역시 내게 일상적인 사회적 교류라 할 수도 있는 것의 중요성을 가르쳐주었다. 때로는 이것이 개인이 사회적 세계와 나눌 수 있는 유일한 소통이 되기도 한다. 손상된 기억과 과도하게 민감해진 해석의 세계에서, 단순한 인간적 교류의 질은 말할 수 없이 중요하다. 아일랜드에서는 거의 모든 대화가 날씨 이야기로 시작한다. 형식적인 대화처럼 보일 수도 있는 장면 속에 헤아릴 수 없이 많은 감정적·문화적 메시지가 교환된다. 무엇보다 그것이 우리가 공유하는 현실이다. 따뜻하고 화창한 날씨라면 큰 기쁨을, 비 오고 바람 부는 날에는 불평을 많이 나눈다. 정신과 의사들이 치료실에서 몇 시간씩 연이어 두서없는 대화를 이어가면서도 그 내용을 솜씨 있게 분석한다는 틀에 박힌 상상만큼 정신과 치료의 일상적 현실과 동떨어진 것은 없다(부디 시대에 뒤떨어진 발상이길 바란다). 우리는 환자들을 분해하는 사람이 아니라 치유하는 사람이다. 환자를 내수용적 혼란에 빠뜨리려는 것이 아니라 그들을 구슬려 공유되는 세계shared world로 돌려보내는 데 관심이 있으며, 이론적이 아니라 실천적이다. 만성적 정신이상을 겪는 사람들을 구슬려 공유되는 세계로 돌려보내는 이 과정에서 교류는 단순하고 모호하지 않게 진행된다. 장기간 정신이상을 치료받지 못하고 살아온 사람의 정신건강과 그들의 세계 참여로 얻어지는 이득이 외부인에게는 대단찮게 보일 수도 있겠지만, 프랜시스에게는 날씨에 대해, 외래 병원에 오가는 길에 대해, 새로 산 옷이나 담배 가격에 대해 간호사와 나누는 잡담이 하나의 승리였다.

이제 나는 우리가 어느 정도는 프랜시스와 비슷하다고 생각한다. 다들 잠재적으로 위협적인 외부 세계와 종종 과민해지는 기억 사이에서 균형을 이루며 살아가고 있다. 결정적으로 중요한 점은 균형을 더 건강한 방향으로 발전시키기 위해 계속 노력하는 것이다. 프랜시스는 세상에 맞서서 분노하지 않고, 자신이나 주위 세계를 파괴하지 않는다. 그녀는 참여하려고 애쓰고 있다. 프랜시스와 정신이상 장애를 가진 다른 환자들은 내게 인간에게 가장 중요한 이슈는 기능성이라는 추상적인 척도에서 높은 수준에 도달하는 것이 아니라 균형을 이루는 것임을 가르쳐주었다. 정신병을 앓는 환자들과 함께 일하면서 배운 것이 있다면 그것은 행복이 자신과 세계 사이의 편안한 평형을 이루는지에 따라 결정된다는 사실이다. 마이클 커닝햄의 소설 《세계의 끝에 있는 집》을 읽다가 한 문장에서 눈길이 멈췄다. 그 소설에서 그는 심리적으로 취약한 사람들의 집단에 대해 '접착테이프로 한데 붙여놓은' 상태라고 묘사한다. 그들은 집 한 채에서 괴상한 앙상블을 이루며 살아간다. 함축적인 감수성을 발휘하여 서로의 주위에서 감정적으로 세심하게 조절된 춤을 춘다. 반드시 행복하지도 않고 오작동하는 것도 분명하지만, 그들은 자신들의 집을 찾았다. 비록 세상의 끝에 세워진 집이라고 해도. 어떤 집이든 우리는 모두 세상 속에 집을 가져야 한다. 히포크라테스의 표현을 빌리자면, 각자의 정상 상태는 각자가 알아내야 하며, 다른 누구도 심판할 수 없다.

14장

거짓 기억, 진짜 기억

"내가 그렇게 했어." 내 기억이 말한다.

"내가 그런 일을 했을 리가 없어." 내 자부심이 말한다.

그러곤 완강하게 고집을 부린다. 마침내 기억이 항복한다.

_프리드리히 니체°

1899년 매디슨 벤틀리는 색칠된 그림 카드를 기억하는 과정을 관찰하고 기록했다. 첫 순서로 내놓은 카드의 색에 대한 기억의 정확도는 이어서 다른 색의 카드들을 내놓자 낮아졌다. 기억은 경쟁하듯 뒤이어 들어오는 감각 입력에 묻혀 흐려졌다. 이 실험에서 벤틀리는 순차적으로 이어지는 기억이 앞 순서의 기억을 어떻게 바꾸는지 보여주었다. 이 관찰이 진부하고 뻔하게 보일지도 모르지만, 실제로는 그렇지 않다. 이를 통해 과거가 현재를 움직인다고 느끼지만, 앞에서 탐구해온 것처럼 현재의 사건이 과거의 기억을 바꾸기도 한다. 현재의 경험과 기

° Friedrich Nietzsche, *Beyond Good and Evil*, trans. Marion Faber(OUP, 1998), p. 58.

억은 영영 끝나지 않는 구축과 재구축의 춤을 춘다. 벤틀리의 연구는 하나의 고정된 인상으로서의 기억이 어떻게 변해가는지, 그러니까 고대 철학자들이 말하던 밀랍 봉인 같은 기억, 또는 17세기 데카르트가 주장한 기계적 개념으로서의 기억이 19세기 말의 감각 경험, 생리학적 흥분과 감정을 포함하는 유기적인 연대 과정으로 어떻게 변했는지를 반영한다.

벤틀리의 실험은 표면적으로 봤을 때 소박해 보이지만 이데올로기적으로는 복잡하다. 그는 기억에 대한 빈틈없는 관찰과 지능적인 통찰이라는 분야에서 별로 알려지지 않은 개척자였다. 기억을 불러오는 데 도움이 될 수도 있고 안 될 수도 있는 고정된 기억 저장고는 없으며, 세계에서 들어오는 새 입력 내용이 단순히 기존의 네트워크를 보충하는 것이 아니라 현재의 입력 내용과 기억 사이에 변형 가능한 연결 네트워크가 존재한다는 것을 지금은 다들 안다. 새로 내놓은 카드 색일지라도 빠르게 제시되면 바로 앞 순서의 카드 색을 표현하는 세포 조립에 변화를 줄 것이고, 이 조립은 또 다른 색깔이 빠르게 제시되면 또 다시 와해될 것이다. 이 원리는 전기 기억 같은 더 조직적이고 복잡한 과정에도 적용된다. 해마는 들어오는 감각 경험을 조합하여 새로운 전기적 기억을 만들어내는 데 참여하지만, 현재의 세포 조립과 기존의 전두엽 격자를 합치면 당연히 이미 있던 격자 구조가 바뀌게 된다. 사람들은 작업 기억—생각하기, 능동적으로 회상하기, 상상하기—의 진행 과정을 감지할 수도 있지만, 우리는 언제나 정보를 말없이 처리한다. 나는 보들레르가 '비옥한 게으름la parnasse fecund'이라는 표현에 담은 의미가 이것이라고 생각한다. 신경의 흐름은 항상 움직이고 있다.

그 흐름은 두뇌의 움직임이 지적 집중 상태에 있든 비옥한 게으름 상태에 있든 관계없이 신체와 세계에서 들어오는 소소한 타격에 반응하여 활발하게 소용돌이친다.

벤틀리의 논문은 신경학이 밝혀내는 끝없는 복잡성 속에서도 단순한 관찰을 한결같이 끌고 나가고, 또 문장이 서정적이어서 읽으면 즐거워진다. 그는 밝은색이 더 쉽고 정확하게 기억된다는 사실을 우연히 발견했다. 이는 밝은색이 생리적 흥분을 더 많이 유발하기 때문인데, 흥분했을 때는 두뇌 신경세포도 흥분하여 이웃 신경세포에 발화하고 불꽃을 던지며 세포 조립 기억을 형성한다. 아마 어린 시절에는 태양이 항상 환하게 비치는 것처럼 느껴지던 것도 이 때문일 것이다. 논문의 마지막 단락에서 그는 이렇게 쓴다. "이 관점에서 본다면 기억이 부분적으로 판타지로 넘어가는 것, 또 기억 충실성이 약해지는 현상도 설명될 수 있다."[1]

전기적 기억

색깔 인식 같은 단순한 감각 피질 기억이 그처럼 쉽게 조작될 수 있다면 전기 기억은 어떠한가? 전기 기억에 관해 유일하게 확실한 것은 그것이 변하지 않을 수 없다는 사실이다. 제임스 클러크 맥스웰이 말했듯이, 하나의 사건은 단 한 번만 발생하기 때문이다. 앞에서 본 것처럼 전기 기억에 대한 신뢰도는 극히 낮지만 이런 낮은 신뢰도 수준에서도 배신의 등급은 여러 가지다. 한쪽 극단에는 고의로 하는 사소한 거짓말이 있다. 거짓말은 내가 자라던 시절에는 죄악이었고, 매달 사제에게 죄를 고해하기 위해 고해소에 들어가면 우리는 모두 똑같은 말을 했다. "저는 거짓말을 했고, 부모님께 복종하지 않았습니다." 당시에도 그것은 미약한 죄로 여겨졌다. 간단한 일로 보이겠지만, 고의적인 거짓말이나 일부러 혼란을 주는 말은 모호한 기억 비슷한 것으로 변신할 수 있고, 그렇게 되고 나면 진짜 기억과 비슷해질 수 있다.

아서 밀러의 희곡 《시련》은 고의적인 거짓말이 어떤 과정을 거쳐 확신으로 변할 수 있는지를 솜씨 좋게 보여준다. 그 희곡은 17세기의 매사추세츠주 세일럼에서 벌어진 마녀재판을 중심으로 전개된다. 몇몇 소녀가 다른 소녀에 대해 거짓말을 하기 시작하는데, 기만이 계속 이어지자 그들은 감정적으로 더 몰입하게 되고 기만을 사실로 믿게 된다. 이 같은 감정의 연기적 가공은 지금 우리에게는 가짜로 보이지만, 감정적으로 각성하지 않았던 17세기의 분위기 속에서, 또 감정적으로 억압된 공동체에서는 표출되지 않고 잠복해 있던 감정이 사회적으로 허용될 수 있는 출구를 찾게 된다. 세일럼은 잔인하고 불행한 공동체였다. 입 밖으로 나오지 않은 거짓말이 흘러넘치고 있었고, 집단 히스테리가 발생할 분위기가 무르익어 있었다. 결국 거짓말이 집단적 확신의 일부가 되는 것은 그 집단이 요구한 감정적 카타르시스와 부합되기 때문인 것 같다.

거짓 기억

기억 불충실성memory infidelity이라는 비의식의 영역으로 들어가면 우리는 '거짓 기억'이라는 토끼굴에 떨어진다. 거짓 기억이란 일반적으로 사건이 실제로 발생한 양상과 다르게 기억하는 것 혹은 애당초 일어나지 않았을 수도 있는 일을 기억하는 것으로 이해된다. 이 프레임에 있는 중심 문제는 '진짜true' 사건 기억이란 모순적인 용어라는 점이다. '진짜'라는 형용사가 대개 기억에 쓰이지 않는 그럴 만한 이유가 있다. 하지만 19세기 이후 과학이 설명해온 것과는 달리, 일반적으로 사건들이 원래 발생한 그대로 회상될 수 있다는 주장이 받아들여지는 것 같다. 벤틀리가 1899년에 입증했듯이, 기억은 감각 경험의 흐름으로 재생될 수 없다. 모든 전기적 기억은 어느 정도는 거짓이다. 변화의 불가피성, 계속 진행되는 사건과 경험들에 기인하는 변화하는 네트워크, 인간들의 자기 서사화 충동 때문에 그렇다.

많은 사랑을 받은 작가인 노벨 문학상 수상자 앨리스 먼로는 이 사실을 잘 표현했다. "기억은 우리가 스스로에게 자신의 이야기를 계속 전해주는 그리고 다른 사람들에게는 우리 이야기의 조금 다른 버전을 전해주는 방식이다." 그녀의 말처럼 우리는 먼저 자신에게 **우리[만의]** 이야기를 한다. 그런 다음 거기에 광택을 조금, 혹은 많이 더하여 '좀 다른 버전을 다른 사람들에게' 전한다. 그 버전은 우리가 '계속 자신에게 전해주는' 새 버전이 되며, 또 다른 사람들에게 전할 때는 다시 변한다. 자기 서사화는 당신의 이야기를 당신의 서사로 변형시키며, 당신이 되고 싶어하는 모습, 다른 사람들이 당신을 그렇게 봐주었으면

하는 모습을 그린다. 결국 그 모두는 허영에 의해 움직인다. 겸손한 사람이 가진 가장 충격적이고 매력적인 특징 가운데 하나는 자기 서사화의 필요를 느끼지 않는다는 점이다. 세계는 몇몇 거창한 나르시시스트가 활약하는 무대가 되어버렸는데, 그들의 허영심과 자만심과 대등한 것은 오직 착각에 빠진 그들의 자기 서사화뿐이다. 우리는 자신의 서사 뒤에 숨을 수 있고, 가공의 인물을 내세워 때로는 희극적 존재로서 스스로 현실에 안주하며 처신할 수도 있다. 한 개인이 지우고 재구축하고, 선별적으로 잊고 선별적으로 기억할 능력은 무한하다. 그러므로 카드 색이든 자전적 사건이든, 과거의 기억이 현재 경험이나 변하는 자기 서사의 요구에 따라 끊임없이 재구축된다면, '가짜' 기억이라는 것이 과연 있기는 한 걸까?

가짜 기억은 무엇인가

'가짜 기억'이라는 표현에 관련된 발상과 용어는 마구 뒤엉켜 있다. 정신의학에서는 억압된repressed 혹은 진압된suppressed 기억에 관한 성찰이 한창 맹위를 떨치고 있다. 정신의학은 20세기의 대부분을 프로이트적 사유에 지배되어오다가 20세기 후반 뇌과학이 등장한 뒤에야 그 지배에서 벗어났다. 우리는 기억 개념과 대립하는 억압된 기억이라는 개념을 열심히 배웠다. 진압된 기억이란 어떤 사람이 고의로 어떤 기억을 의식에서 밀어내는 것을 말하며, 억압된 기억이란 이것이 고의로 행해지지 않았을 때, 그러니까 그것이 무의식적 과정일 때를 말한다. 나는 사례연구회—개별 환자의 사례를 동료들이 모인 자리에서 토의하는 모임—에 여러 번 참석했는데, '가공된 것 vs. 진압된 것 vs. 억압된 것' 이슈는 지겹도록 등장했다. 환자가 '진정으로' 완전한 기억상실인가? 다른 목적 때문에 기억상실을 가장하는가? 혹시 집에 돌아가면 기다리고 있을 도박 빚을 피하려고? 사례연구회의 논의는 순환 논법이 되지 않을 수 없었다. 정신의학 문헌에 실린 사례에서 다루어지는 심인성 기억상실psychogenic amnesia은 보통 (환자의) 체면을 잃는 일 없이 기억 기능이 돌아오게 할 수 있다면 기억상실이 점차 해결된다는 논리다. 기억상실의 원인을 조사하는 것, 세일럼의 더러운 비밀, 가정 내 갈등, 은밀한 중독, 회피 등의 이유를 캐내는 것이 그 사연이 참인지 거짓인지를 알아내는 것보다 더 도움이 된다. 여기서 말해두자면, 나는 소위 '심인성' 기억상실이라는 증례를 한 번도 본 적이 없다.

억압되고 진압된 기억 및 그에 부수되는 거짓 기억에 관련된 혼란이라는 당혹스러운 개념들을 발명한 것이 프로이트다. 이 개념들은 아동의 성적 학대에 관한 그의 발상을 토대로 한다. 프로이트는 여성 신경증—정신적 건강 이상을 포괄적으로 서술하는 데 쓰이는 용어—이 유년 시절의 성적 학대로 인해 유발되었다는 이론에서 이것이 판타지라는 이론으로 옮겨갔다. 그는 영아기의 성이 여자아이들을 자기 아버지에게 이끌리게 만들었다는 논리를 세웠다. 또 어린 시절의 성적 학대는 실제로 일어난 사건이 아니라 여자아이들의 마음속에 있는 판타지라는 이론을 내세웠는데, 그 어법은 갈수록 모호해졌다. 1933년에 프로이트는 '판타지로 변형되는 기억'에 대해 썼는데, 여기서 판타지란 성적 학대라는 판타지다.[2] 프로이트는 기억이 판타지로 넘어간다는 벤틀리의 말을 자신이 차용하고 있음을 알고 있었을까, 아니면 그의 행동은 억압된 것이든 진압된 것이든 무의식적이었을까? 20세기 말엽의 몇십 년을 지나는 동안 근친상간과 아동 성 학대에 대한 사회적 부인은 무너졌다. 슬프게도 아동 성 학대가 흔히 자행되고 있다는 사실이 밝혀졌다. 그러다가 뭔가 아주 이상한 일이 발생했다. 그러더니 프로이트 이론, 프로이트의 최면술과 암시 기법이 이상하게 왜곡되어 어린 시절 학대의 기억을 '회복'하는 데 사용되었다. 그 과정에서 프로이트식으로 억압된 기억을 자극하는 기술을 사용하여 어린 시절 성 학대의 기억을 회복하는 방법이 또 다른 괴물로 발전했다. 심리 치료의 암시 기술이 과거 학대의 기억을 유도해냈다. 기억을 '봉인한' 채 살고 있던 환자들을 격려하여 생존자 모임에 나가게 하고 기억을 회복하도록 노력하게 만들거나 암시적인 책을 주는 방법을 쓴 것이다.

회복된 기억이 가짜인지 진짜인지에 대한 토론이 뒤따랐다. '회복된 기억 vs. 가짜 기억 vs. 진짜 기억'에 관한 토론은 바늘 끝에서 몇 명의 천사가 춤출 수 있는가에 대한 토론이나 마찬가지다. 엘리자베스 로프터스는 가짜 기억이라는 영역을 어느 정도 현실화하고 기억 조작의 기법을 주류 임상 실무에서 배제하는 중요한 문제를 다룬 주요 인물이었다. 소위 회복된 기억은 거의 모든 사법관할권 내에서 더 이상 법적 증거로 인정되지 않는다. 불행하게도 아동 성 학대의 희생자와 생존자들은 기억 자극 기술을 쓰지 않아도 유년 시절과 성장 과정의 기억, 남은 평생의 정신건강을 망가뜨린 추악한 사건들을 떠올리게 된다는 사실은 중요하지만 언급되지 않을 때가 많다.

가짜 기억의 신경학

심리학은 가짜 기억이라는 발상을 포기했지만, 신경학의 저술에는 여전히 하나의 용어로 남아 있다. 그 용어가 프로이트 이후 시대에 성적 학대의 제물이자 생존자였던 수많은 히스테리적 여성을 박해했다는 점을 고려하면 어떤 과목에서든 '가짜'라는 형용사가 '기억' 앞에 붙는다는 사실이 원망스럽지만, 가짜 기억의 신경학은 인간의 기억 시스템에 대해 방대한 잠재력을 가진 발견들이 매우 흥미롭게 모여 있는 분야다. 가짜 기억을 다루는 새로운 신경학은 조류藻類 생물학에서 시작된 것으로, 내 삶에서 조류는 익숙한 존재다.

내가 사는 곳은 호스라는 마을로, 더블린만의 북쪽 끝에서 본토와는 길 하나로만 연결되는 섬이다. 도시에서 호스로 가는 길은 해안선에 바싹 붙어서 한참 동안 바다를 따라가야 한다. 최근 몇 해 동안 여름에 날씨가 워낙 화창하여, 시내에서 집으로 운전하거나 자전거를 타고 돌아갈 때 보면 썰물 때의 바다는 형광 녹색의 조류가 폭발한 거대한 들판으로 변신해 있다. 바닷가에서 형광 녹색이 빛나는 광경을 처음 보자 도네가와 스스무利根川進가 행한 놀라운 과학적 실험의 기억이 떠올랐다. 도네가와는 여러 분야를 넘나들며 연구하는 과학자로, 면역학 연구로 노벨상을 수상했다.[3] 그의 이야기는 21세기의 위대한 발견이라 불리는 광유전학optogenetics° 연구 기법의 발달에서 시작한다.

° 빛과 유전공학 기술로 뇌신경세포 등 생체 세포의 활동을 조절하는 생물학적 기술을 말한다.—옮긴이

광유전학의 매우 특별한 과학적 사연을 초보적 수준으로라도 이해하려면 형광 녹색의 조류에서 출발해야 한다. 녹색은 조류 세포의 표면에 있는 로돕신이라는 색소 단백질에서 나온다. 로돕신 단백질은 사실 태양광이 세포에 들어가게 해주는 통로인데, 그렇게 들어온 빛 에너지는 조류가 움직이고 분열하게 해주는 세포 에너지로 변형된다. 이 과정은 잎사귀에서 엽록소가 하는 일, 즉 태양광을 세포 에너지로 바꾸는 일과 비슷하며, 눈에서 홍채 색소가 하는 일, 즉 빛 에너지를 전기적 신경전달물질로 바꾸는 일과도 비슷하다. 인간의 홍채는 여러 광 민감성 단백질 중 하나인 로돕신을 생성한다. 이 모든 사례에서 빛 에너지는 그것을 세포로 운반해오는 색소 분자를 통해 세포 에너지로 전환된다. 조류에서의 녹색 로돕신 분자든 잎사귀에 있는 녹색 엽록소 분자든 붉거나 푸르거나 녹색을 띠는 홍채 세포든 어떤 색소 분자라도 상관없다. 이것이 광유전학이라는 새로운 학문의 절반이다. 나머지 절반은 인간의 세포를 조작하여 로돕신 단백질을 만들어내는 유전공학에 관한 연구이며, 그래서 **광유전학**이라는 이름이 붙었다.

이는 어떻게 달성되었을까? 진화에 따라 로돕신은 이미 앞에서 지적했듯이 홍채 세포에서 생성된다. 로돕신 단백질은 눈에서만 생산되지만 로돕신 DNA는 모든 세포에 잠재적 형태로 들어 있다. 그 DNA는 두뇌 세포에 존재하지만 단백질로 생성되는 것은 오직 눈에서만 가능하다. 디트로이트의 과학자 판줘화潘卓華는 로돕신을 장님 생쥐의 손상된 홍채 세포에 주입하려고 오랫동안 시도해왔다. 결국 그는 로돕신 단백질의 유전자 암호를 담고 있는 미생물을 사용하여 이에 성공했다. 그 결과 장님 생쥐는 로돕신을 생성하기 시작했고, 빛이 들어와서 홍채를 활성화하고 생쥐는 시력을 회복할 수 있었다. 그와 동시에 협업 관계에 있던 미국과 독일의 과학자들이 두뇌의 해마 신경세포가 어떻게 조작되어 로돕신 단백질을 생산할 수 있는지, 그다음으로 어떻게 신경세포에 빛을 비추어 활성화될 수 있는지에 대한 연구 결과를 발표했다.[4] 광유전학 덕분에 신경학자들은 전자電子에 빛을 비추어 활성화시킬 수 있었다. 이 유전공학은 과학자들이 신경세포의 수준에서 기억 발생 과정을 실시간으로 보게 해준다.

도네가와는 이 기법을 이용하여 기억 형성 및 더 최근에는 그가 '가짜' 기억이라 부른 것을 살펴보았다. 보스턴에 있는 도네가와의 실험실에 있다가 최근에 내가 일하는 트리니티 칼리지 신경학연구소로 돌아온 토마스 라이언은 도네가와와 함께 직접 실험한 생생한 이야기를 들려주었다. 이 생쥐 실험에서 그들은 푸른 상자의 세포 조립 기억을 구성하는 해마 신경세포에 로돕신을 주입함으로써 대상물—평범하고 특이할 것 없는 푸른색 상자—의 기억에 라벨을 붙였다. 그런 다음 그들은 생쥐를 붉은 상자에 넣었다. 상자 속 생쥐는 바닥을 통해 전해지는 전기 충격을 받고 깜짝 놀란다. 그러고는 꼼짝 못하고 얼어붙는 전형적인 공포 반응을 보였다. 이제 생쥐는 푸른 상자에 대해서는 감정적으로 중립적인 기억, 붉은 상자에 대해서는 긴장된 기억을 갖게 된다. 실험의 다음 단계는 생쥐를 푸른 상자에 넣음과 **동시에** 빛을 비추어 붉은 상자 세포 조립을 활성화시키는 것이다. 원래는 감정적으로 중립이던 푸른 상자로 돌아온 생쥐는 공포감으로 얼어붙었다. 붉은 상자에서 푸른 상자로 공포감이 옮겨진 것이다. 그들은 푸른 상자에 어떤 감정의 꼬리표를 달아 그 상자의 기억을 조작했다.

정신과 의사인 내가 볼 때, 이 탁월한 실험에는 문제가 하나 있었다. 바로 "해마에서 가짜 기억을 만들어내기"라는 제목이었다.[5] 나는 어떤 감정을 감정적으로 중립적인 기억에 끼워 넣는 것이 가짜 기억을 만드는 것이라고는 생각하지 않기 때문에 그 제목에 흥미가 생겼다. 우리는 내내 그런 일을 하고 산다. 가령 어떤 부모는 평소에는 자녀를 온화하고 부드럽게 대하지만 술에 취할 때는 예외다. 변덕스럽게 공격적이고 통제 불능인 부모를 겪은 경험에서 생기는 공포감은 아이가 가진 부모에 대한 기억을 바꿔놓는다. 감정의 꼬리표가 그 기억에 달리는 것이다. 내가 제기할 수 있는 두 번째 이슈는, 인공적으로 만들어진 기억이 가짜 기억인가 하는 문제다. 기억이 어떤 식으로 유발되는지 관계없이, 생쥐 신경세포의 내적 자극을 통해서든 외수용적 지각을 통해서든 경험을 이루는 신경 물질이 형성된다. 환청이 사람의 외부에서 들려온다면, 환청으로 목소리를 듣는다고 해서 실제 사람이 말하는 것과 똑같은 실제 경험이 아니게 되는가? 그것이 공유되는 공통의 현실에서 일어난 일은 아니라고 할 수 있겠지만, 환청이든 실제 사람이 하는 말이든 듣는다는 경험은 둘 다 기억을 형성하는 신경 물질에 기초한다. 도네가와의 실험을 바탕으로 확실하게 말할 수 있는 것은 기억이 인위적 수단으로 수정될 수 있다는 것인데, 이는 그렇게 수정된 기억이 참인지 거짓인지의 문제보다 훨씬 더 매력적인 주제다.

인간 두뇌에 생긴 장애를 치료할 때 광유전학적 기법이 임상의학적으로 적용될 가능성은 많지만 아직은 실행 단계에 이르지 못했다. 광유전학적 기법은 가설상으로는 빛으로 활성화되는 심박조율기pacemaker처럼 빛으로 활성화되어 두뇌 기능을 수정하는 브레인 임플

란트brain implant°에 쓰일 수 있다. 이제 광유전학적 기법은 신경 활동을 잠재우는 데 쓰일 수도 있다. 런던대학교 신경학연구소에서 수행한 한 연구는 광유전학적 기법을 사용하여 쥐의 피질에서 간질 발작을 통제하는 데 성공했다. 간질은 세포의 무차별적 발화가 과도해지기 때문에 생기는데, 이 연구는 억제 신경세포가 빛에 노출될 때 발화되도록 유전자를 수정하여, 손상된 쥐 피질에서의 발화를 억제하게 만들었다. 의학은 1953년에 HM의 난치성 간질을 치료하기 위해 해마를 절제하던 단계에서 고작 50년 만인 2012년에 빛의 제어에 의해 간질 발작을 억제하는 단계로 나아갔다.

광유전학 적용의 또 다른 중요한 연구는 그 기법을 사용하여 기억 회로의 어떤 특정한 부분이 특정한 치료에 영향을 받는지 살펴보는 것이다. 손상된 해마 신경세포를 광유전학적으로 자극하면 우울증과 치매에 관련된 수선과 재생이 이루어질까? 언젠가는 손상된 기억 회로를 표적 치료 방식으로 재생하는 두뇌 클리닉에 가는 것이 가능해질까? 혹시 트라우마는? 광유전학에 관한 이야기는 독자적인 전문 분야—유전학, 물리학, 자연과학, 신경학, 광학, 의학, 생명공학—들이 지식 응용 면에서 경이로운 도약을 이룰 수 있음을 보여준다. 서로 연결된 월드와이드웹과 다학제 학문 협업의 새로운 시대에 이제는 이런 일이 가능해졌다.

° 다양한 방법으로 뇌신경을 자극하여 뇌기능을 높이려는 시도. 기억 및 인지 능력의 향상과 사지 마비, 파킨슨병 등 장애 치료법 개발에 쓰인다. 뇌심부 자극술, NESD 프로젝트, TNT 프로젝트 등이 연구되고 있다.—옮긴이

균형 잡힌 기억 억제에 관한 새로운 견해들

기억의 복구에 관련된 것으로 우리가 무엇을 기억하며 무엇을 잊는지를 탐구하는 새로운 학문이 있다. 감각 입력은 항상 상대적으로 안정되어 있는 뒤엉킨 시냅스 조직을 뚫고 길을 낸다. 공고해진 기존의 구조물과 현재 경험이 유발한 파열 사이의 역동적 관계는 현재 탐구되는 중으로, '경쟁적 보전competitive maintenance'이라 불린다. 신경학연구소에 있는 동료이자 친구인 마니 라마스와미는 기억의 자극과 억제의 역동적 관계에 대해 이야기했는데, 그는 흔한 과일 파리인 초파리를 소재로 이 동학의 분자 메커니즘을 연구한다. 나는 이제 초파리를 마구잡아 죽이지 않는다. 마니의 연구는 신경 억제neural inhibition가 감각 정보를 걸러내는 데서 능동적이고 필요한 과정이며, 그 과정이 없으면 감각이 과부하되어 혼란이 빚어지리라는 교훈을 주었다. 또 선별적 관심과 기억의 복잡한 과정이 두뇌 세포 수준에서, 심지어는 분자 수준에서 측정될 수 있다는 사실도 아주 흥미로웠다. 인간의 경험은 자기 인식과 내성을 통해 직관될 수 있고, 심리적으로 탐구되고 측정될 수 있으며, 측정하는 행동을 통해 훑어볼 수도 있지만, 그것은 언제나 세포 수준에서 일어나는 일이다. 설사 그렇게 하여 등장하는 것이 양전하와 음전하 수백만 건의 총합이라 해도 말이다.

신경학 연구에서의 어떤 질문이든 간에 대답하려고 노력할수록 더 많은 질문이 제기되는 것 같다. 그러다가 전혀 탐구된 적 없는 고도로 복잡한 시스템 전체가 드러나는 경우도 흔히 있다. 무엇이 기억되는지 점검하는 과정에서 억제적 균형inhibitory balance이라는 새로운 과정이 등장했다. 신경생리학에는 가능성이 얼마나 많은지, 신경 연결과 네트워크 형성이 낳을 결과물이 얼마나 많은지, 입이 딱 벌어질 정도다! 우리가 제대로 아는 것은 억제와 해제의 시냅스적 뒤엉킴 속에서, 회로 속에서, 네트워크 속에서 씨름하는 신호들을 운반하며 감각 통로를 지나 두뇌로 들어와서, 신경의 구조물에서 일시적 혹은 영구적 변화를 유발하기도 하는 직접적 감각 세계가 존재한다는 것이다. 신경 처리 과정 하나하나는 최종적으로 과학 법칙에 따라 결정되겠지만, 설사 우리가 이런 법칙을 이해한다고 해도 결과물은 항상 무한히 다양할 것이다. 어떻게 하면 기억이 실제로 벌어진 사건을 진실하게 담아낼 수 있을까?

잃어버린 영역

도네가와는 광유전학적 편도체 자극을 통해 행복한 기억을 재활성화하는 일이 언젠가는 가능할 것이라고 믿는다. 신경학은 이제 시간이라는 신경 동학neural dynamics of time을 포용하고 있지만, 도네가와가 꿈꾸는 프루스트의 잃어버린 시간, 과거의 행복한 기억을 찾는다는 꿈은 내 생각엔 망상이다.

현재의 손길이 닿지 않은, 시멘트 담으로 둘러싸인 것처럼 울타리 안에 들어 있는 기억이 하나라도 있는가? 개인의 기억 속에 거의 건드려지지 않고 남아 있는 뭔가가 있는 것처럼 느껴질지도 모른다. 존재하기는 해도 다시 들어갈 수는 없는 어떤 장소, 우리가 직관하는 어떤 장소, '사라진 사랑스러움', 잃어버린 영역 말이다. 20세기 프랑스 문학의 위대한 걸작 가운데 하나—20세기 초반, 프루스트의 《잃어버린 시간을 찾아서》와 같은 1910년대에 집필했다—가 《위대한 몬느》다. 영어로는 《잃어버린 영토The Lost Domain》라 번역된 그 작품은 숲속의 신비스러운 잃어버린 세계를 찾아 나서는 이야기다. 그 영토는 꿈 같은 의식 속에서 기억되는데, 그 의식에서 생생한 이미지들은 시간적으로 연결된 느낌이 거의 없이 움직이며, 어린 시절의 기억들이 성적 각성의 시초와 한데 합쳐진다. 몬느가 숲과 들판의 미로 어딘가에 있었던 것으로 회상하는 꿈 같은 이미지와 느낌들은 내가 볼 때는 가지돌기 연결의 뿌리가 이리저리 분기하여 이룬 숲속에…… 사라진 사랑스러움으로 기억되는 곳에 있다. 화자인 프란츠는 몬느에게 과거로 돌아갈 수 없다고 경고하지만 몬느는 이 사실을 깨닫지 못하고 비극적 결과를 맞는다. 잃어버린 시간과 잃어버린 영역을 찾는 노력은 절대 똑같은 경험을 허용하지 않는다. 하지만 젊은 절망적 낭만주의자들은 이 사실을 도무지 받아들일 수 없어 한다.

15장

가장 오래된 기억들

과거가 정말로 지나갔는가?

선조들의 영역은 이제 지나가버린 과거의 유물로서 성찰되는 것이 아니라

사건들과 관계와 현재의 주관성에 생명력을 부여하면서

끈질기게 남아 있는 에너지로 직관적으로 인식된다.

_앤 멀홀[°]

집단적 기억

우리가 세계를 이해하는 발상과 맥락을 타인들로부터 학습한다는 것은 확실하다. 집단적 기억은 대개 개념화되어 문화적 기억을 이루지만, 심층적 집단 기억의 많은 부분은 생물학적이기도 하다. 우리는 경험이 그 위에 각인되기를 기다리는 상대적인 백지상태로 태어나기는 하지만, 무엇보다 진화 과정에서 인간보다 앞섰던 생물체가 낳은 생물학적

° Anne Mulhall, 'Memory, Poetry, and Recovery: Paula Meehan's Transformational Aesthetics', *An Sionnach: A Journal of Literature, Culture, and the Arts*, Vol. 5, Nos. 1&2(spring and autumn 2009), p. 206.

산물이다. 지구상의 모든 생명 형태는 유전자 집합을 공유한다. 어떤 생물의 고유한 게놈은 자기 가족만이 아니라 조류에서 유인원에 이르기까지 유전적 선조들이 남긴 집단적 유전자 풀의 유전적 재료로 구성되어 있다.[1] 세포 덩어리에서 어떤 생명 종류가 출현할지를 결정하는 것은 한 유기체에 있는 세포 조직이다.

갈색곰과 모계의 기억

더블린 트리니티 칼리지 졸업생으로 많은 사랑을 받는 아일랜드 시인 폴라 미헌은 〈아르테미스의 위안〉이라는 시에서 생물학적 기억의 심층을 파고들었다. 미헌은 더블린 트리니티 칼리지와 옥스퍼드 및 펜실베이니아 주립대학이 함께한 협동 연구로서 집필된 아일랜드 갈색곰에 관한 학술 논문을 읽고 영감을 얻어 그 시를 썼다. 갈색곰은 약 2만 년에서 5만 년 전 사이의 빙하시대 이후 아일랜드에서 멸종했다. 이 갈색곰 암컷 한 마리의 유골이 1997년에 아일랜드 서부의 슬리고산맥에 있는 한 동굴에서 발견되었다. 슬리고산맥에서 갈색곰의 DNA가 발견된 것은 흥분할 만한 일이었지만 그보다 더 놀라운 것은 그 아일랜드 갈색곰 DNA의 특정 부분인 미토콘드리아 DNA가 북극권의 모든 북극곰에 존재한다는 사실이었다. 미토콘드리아는 모든 세포에 들어 있고 세포가 쓰는 에너지를 만든다. 미토콘드리아는 흔히 세포의 발전소라 불리며, 세포 내에서 그 자체의 고유한 DNA를 갖는 독자적인 작은 조직체로서 존재한다. 미토콘드리아 DNA 코드는 인간을 포함한 거의 모든 생물 종에서 어미로부터 수정되지 않고 고스란히 유전된다. 바로 모계 유전이다. 이는 아일랜드 갈색곰이 모든 북극곰의 선조라는 뜻이다. 아일랜드 갈색곰 암컷 몇 마리가 어떻게 해선지 북극권에 닿아—당시에는 북극과 유럽의 땅덩이가 이어져 있었다—북극의 토착 곰과 짝을 지었다. 아일랜드 서부에서 4만 년 동안 변함없이 전파된 미토콘드리아 DNA는 지금도 살아 있는 연료로 모든 암컷 북극곰의 세포를 발화시킨다. 폴라는 깊이 각인된 영원한 생물학적 암컷의 기억을 성찰하면서 그것을 기계의 아이들, 1세대 인터넷 세대의 피상적인 기억과 비교한다.

> 기억에 대한 그들의 이야기, 기억을 사고, 그것을 싸게 사들이려는 이야기.
> 그러나 나, 기억 지킴이를 직업으로 삼은 나는 금빛 벌집 같은 영원한 마음에 암호화되어 있는 시간을 훑어본다.
> 내 책을 태우고, 내 문서고 전체를 태운다.
> 작열하는 불꽃, 세포에서 세포로 불타오르는 시냅스.
>
> 거기서 기억은 내 저주받고 녹아버리는 벌집 방의 밀랍 육각형 속에서 잠든다.°

영원한 여성형 기억의 심층에 뭔가가 끈질기게 남아 존재한다. 아

° Paula Meehan, "The Solace of Artemis", *Imaginary Bonnets with Real Bees in Them*(University College Dublin Press, 2016), p. 30.

마 낭만적이고 모성적인 사랑이 (…) **동굴 입구에서 넓고 넓은 빙판을 건너 연인이 달려오는 것을 기다리며…… 동굴 주위에 있는 새끼들, 눈과 달콤한 망각의 냄새를 풍기는 내 사랑하는 것들을** 꿈꾸며.

한 번 더 비틀어 생각하면, 미토콘드리아 자체가 아마 과거에는 박테리아였다가 동물 세포 속에 들어왔고 그것을 집어삼킨 세포의 생존에 도움이 되는 방향으로 전환했을 것이다. 변신한 박테리아는 반독립적인 삶을 계속했고, 모든 인간의 세포 기계cellular machinery 속에 둥지를 틀었다. 바이러스는 인간에게서 DNA를 단백질로 통역해주는 부호 조합인 RNA와 동일한 구조를 가졌다. 바이러스 역시 인간 세포의 DNA 기계 속에 떨어진 틈입자인데, 우리가 그것들과 동일한 분자 생물학을 공유하지 않았더라면 바이러스는 우리에게 아무 영향도 미치지 못했을 것이다. 인간이 코로나에 걸리는 것은 COVID-19가 인간 세포를 속여 코비드 단백질을 생성하게 만들 수 있기 때문이다. 가끔은 이것을 우리에게 유리한 방향으로 이용할 수도 있다. 현재 바이러스는 병에 걸린 살아 있는 인간 세포에게서 DNA 생산을 변화시키기 위한 운반자로 사용된다. 우리는 또 진화상의 선배들을 기억과 감정적 경험 속에서 구현한다. 가령 지금껏 탐구해온 것처럼 인간은 냄새 기억에 감정적으로 즉각적인 반응을 보이도록 설정되어 있다. 이는 진화 계보에서 더 오래된 종들이 의식적인 성찰을 건너뛰고 자동으로 즉각 위험을 인식하고 반응할 필요가 있기 때문이다. 냄새에서 반응으로 가는 지름길 회로는 인간과 비교했을 때 상대적으로 거대한 후각 피질을 가진 쥐가 살아남게 해준다. 우리는 이 감정적 경험의 운 좋은 상속자다. 장소는 아마 인간 기억 시스템에서 중심 역할을 할 것이다. 포식자와 수

렵채집인에게는 먹을 것이 풍부한 장소를 다시 찾고 위험한 장소를 피하는 것이 중요하기 때문이다. 인간 두뇌의 완고한 연결 가운데에는 인간 세계가 아니라 계통발생적 선배들의 요구 때문에 존재하는 부분이 많다.

문화적 기억

심층 생물학적 기억이 배경에서 움직이는 한편, 문화적 기억은 우리가 새 기억을 구축하고 세계를 이해하기 위해 그것을 한데 조합하는 과정에서 전면에 나선다. 베를린의 막스 플랑크 연구소에 있는 파울 발테스와 타니아 싱거는 생물학적 기억과 문화적 기억이 서로 분리 불가능하게 개인의 기억 시스템에 미치는 공헌을 다음과 같이 요약했다.

> 상호작용하는 두 가지 영향 체계, 즉 내면의 유전적·생물학적 체계와 외면의 물질적·사회적·문화적 체계가 공동으로 쌓아올린 문화적 구조물이 마음이라는 점에 대해서는 대체로 합의가 이루어졌다. 두뇌는 이 두 상속 체계가 합동하여 이룬 결과물이다.[2]

그들은 생물학적 기억과 문화적 기억의 분리 불가능성을 인정하면서도 현대 세계에서는 사회적·문화적 영향이 더 우세하다고 결론지었다. 직접 보고 인지한 것들이 있으니, 나는 평균적 삶에서 우리가 관심을 갖고 기억하는 것으로 사회적·문화적 기억과의 삼투적 관계

osmotic relationship만큼 중요한 것은 없다고 믿게 되었다.

협동적 기억mémoire collective이라는 용어는 프랑스의 사회학자 모리스 알박스가 처음 만든 것이다. 알박스는 한 개인의 사적 기억은 집단적 기억의 프레임 속에 존재하며, 그런 집단적 기억의 프레임 없이는 사적 기억이 아무런 의미와 맥락을 지닐 수 없다는 것을 핵심 논제로 삼았다. "하지만 사람들이 정상적으로 각자의 기억을 얻는 것은 사회 내에서다. 그리고 그들이 기억을 회상하고 인식하고 한곳에 집중시키는 것 역시 사회 내에서다."° 그는 '프레임워크'라 부른 문화적 신념이나 기억의 조합이 사회가 변함에 따라 타인들에게 점차 점령당한다고 믿었다. 새로운 관념들의 조합이 점차 기존의 프레임워크 속으로 수용되는 것은 전체를 구성하는 관념들이 점차 바뀌어도 전체가 안정성을 유지할 수 있음을 의미한다. 이런 현상의 간단한 형태를 기독교 이전에 수행되던 제의가 기독교 시대로 넘어가서도 존속되고 이름이 바뀌는 것에서 볼 수 있다. 기독교 이전 시대에 동지를 축하하던 풍습이 기독교에서 크리스마스로 변한 것이 그런 보기의 원형이다.

아마 문화적 기억의 역학이 개인적 기억의 역학과 비슷하다는 것을 알아차렸을 것이다. 그것은 고정되거나 불변적이지 않고 현재에 의해 지속적으로 재구축되는 과정에 있다. 마치 조직을 위한 집단적 인간 피질 웹이 있고, 때로는 해체의 웹이 있는 것 같다. 그것은 느슨하게 고정되어 있지만 감각 입력 내용의 방대한 흐름에 의해 끊임없이 수정되고 있는 과정이다. 알박스가 주장했듯이, 과거는 보존되어 있지 않

° Maurice Halbwachs, *On Collective Memory*, ed. & trans., Lewis A. Coser(University of Chicago Press, 1992), p. 38.

고 현재의 신념에 의해 재구축된다. 이런 수정 과정에 대한 그의 서술은 개인 기억에 대한 서술과도 동일하다. 개인 기억에서 기억의 파열은 변동하는 자기 서사화 때문에 발생한다. "……우리는 회상의 저장고에서 선택한다. 그 순간의 우리 관념에 맞아들어가는 순서에 따라." 집단 기억의 깨지기 쉬운 저장고는 개인 기억의 저장고와 마찬가지로 변형 가능한 것으로 보인다.

아주 오래된 이야기들

그러나 끝없이 변하는 인류 문화의 파도 속에서도 변하지 않는 한 가지는 동화다. 동화는 아주 오래된 이야기이며, 보편적이지만 지역 속에 엮여 들어가고 수많은 세대에 걸쳐 이야기된 말을 통해 전해 내려온 것이다. 나도 우리 지역의 동화 문화와 함께 성장했다. 놀랍게 들릴지도 모르지만, 아일랜드 시골에서 자란 내 세대는 구전으로 이야기가 전해지는 전통과 아주 가까이 있었다. 그때나 지금이나 여전히 나는 동화가 가진 힘의 심층 기억에 뿌리내리고 있다. 동화 속에 숨겨진 출산 후 정신이상의 모티프를 내가 알아보기까지는 상당한 시간이 걸렸다. 나도 그랬지만 여러분도 이디스의 끔찍한 정신이상적 망상뿐만 아니라 그것이 문화적으로 친숙한 망령 들린 아기 혹은 아동의 이야기를 암시한다는 점에 충격받았을 것이다. 이디스의 경험이 내게는 할리우드 영화의 시끄럽게 울리는 음향보다 더 아득하고 친숙하게 느껴진다. 밑에서 그르렁거리는 저류에 더 가까운 울림이다.

아일랜드의 동화가 종이에 기록된 것은 유럽의 다른 지역 동화들과 비슷하게 일반적으로 20세기 초반에 들어서였다. 이 무렵 아일랜드에서 발전한 운동인 켈트의 여명Celtic Twilight은—2세기 전에 독일에서 그림grimm 형제가 이끈 것과 비슷하게—토착 민족 문화를 보존하려는 운동이었다.[3] 아일랜드 민담의 채록은 특별한 의미를 지녔다. 아일랜드의 언어와 역사와 종교가 영국의 통치하에서 불법화되어왔기 때문이다. 아일랜드어의 문법 구조에 영어 단어가 융합된 형태인 아일랜드식 영어가 전국 대부분 지역에서 사용되었다. 구어체의 아일랜드어는 서부, 북부, 남부 해안지역의 얼마 안 되는 지역에서 주 언어로 남아 있는데, 그 지역은 모두 동화를 들을 기회가 많은 곳이다. 간결한 아일랜드어는 상대적으로 단어 수가 적고, 그렇기 때문에 모호성이 더 크다. 그래서 간결한 동화에는 더욱 완벽한 언어다.

더글러스 하이드는 1890년에 아일랜드 민족의 '정확한 언어'를 사용하여 아일랜드 동화와 민담에 대한 최초의 가공되지 않은 문자 해설을 만들어냈다(예이츠의 설명에 따르면 그렇다). 하이드는 켈트의 여명에 속한 계몽주의 모임 지도자였는데, 예이츠나 하이드는 아니었지만 그 모임의 다른 회원 몇 명은 1916년의 봉기로 시작된 독립 전쟁에서 혁명가로 활약했다. 하이드는 자신이 들은 아일랜드어 이야기를 채록했고, 그 이야기를 영어로 번역하여 마주 보는 페이지에 실었다.° 지금 내 앞에는 하이드의 책 《화로 곁에서》의 초판본이 펼쳐져 있는데, 이 책은 내 이웃인 메리의 것으로, 그녀는 더글러스 하이드의 손자와 결혼했

° Douglas Hyde, *Beside the Fire: A Collection of Irish Gaelic Folk Stories*(David Nutt, 1890).

다. 더글러스 하이드는 두 개 언어로 쓰인 아일랜드 동화의 열정적인 집필자이며, 1938년에 새로 건국한 아일랜드 공화국의 초대 대통령이 되었다. 그러므로 내 어린 시절 상상 속에 동화가 그처럼 엮여 들어가 있다는 것은 별로 놀랄 일이 아니다.[4]

형제들과 나는 자랄 때 아일랜드 동화의 마법에 푹 빠져 살았다. 우리는 여름이면 외가가 여러 세대에 걸쳐 살아온 아일랜드 남서부 모퉁이에 있는 카운티 케리의 작은 농장 라토란에서 지냈다. 자라는 동안 이사를 여러 번 했지만 그곳에서 보내는 여름휴가는 언제나 변함없었다. 라트Rath라는 접두어—아일랜드 지명에 흔히 붙는다—는 나무, 주로 호랑가시나무로 둥글게 에워싸인 평평하고 고도가 높은 지형을 가리키는 아일랜드/게일어 단어다. 그런 지형에는 마법의 힘이 깃들어 있다고 알려져 있다. 라트 아래에 요정들이 살고 있다고 했다. 누이인 메이 이모와 함께 농장을 운영하는 외삼촌 짐은 한 이웃이 트랙터로 호랑가시나무를 파내려 했더니 나무들이 트랙터를 계속 떠밀어내더라는 이야기를 해주었다. 외삼촌은 트랙터를 갖고 있지 않았고, 말이 살아 있는 동안은 매일 아침 말과 수레로 우유 통을 낙농장으로 실어날랐다. 여름철에 내가 얻은 가장 귀중한 기억은 아침 일찍 일어나서 방을 조용히 빠져나가던 일이었다. 그렇게 해야 외삼촌이 형제 가운데 나만 수레 뒷자리에 앉히고 낙농장으로 갈 테니까. 애비필로 향하는 주도로와 농장을 잇는 비포장도로의 울퉁불퉁한 노면 때문에 다리가 덜컹거렸다.

'그저 삶일 뿐'

예이츠 역시 아일랜드 동화의 마법에 걸렸다. 그의 책 《아일랜드의 민담과 동화》의 서문에서 그는 더글러스 하이드의 작업을 "유머러스하지도 않고 비탄스럽지도 않다. 그저 삶일 뿐"이라고 설명한다. 예이츠의 유명한 짧은 시 〈잃어버린 아이〉는 아마 알 수 없는 이유로 아이들이 흔히 죽던 일과 관련돼 있을 것이다.

이리 와, 오 인간 아이야!
물로 그리고 황야로
요정과 손을 맞잡고
세상은 네가 이해할 수 있는 것보다 더 울음으로 가득하단다.

여기서 우리는 앞서 살펴본 이디스의 사연으로, 아기가 똑같이 생긴 복제물로 뒤바뀌었다는 정신병적 확신으로 돌아간다. 뒤바뀐 아이 모티프는 세계 어디에나 있다. 사람들은 뒤바뀐 아이를 데려온 것이 요정이며, 진짜 아이를 훔친 것도 요정이라고 믿는다. 예이츠가 채록한 아기 바꿔치기 동화의 한 버전에서는 설리번 부인이라는 여성이 요정의 도둑질로 자기 아이가 뒤바뀌었다고 믿는다. 전형적인 전개대로 그녀는 동네의 현명한 여성에게 조언을 구한다. 그 현자 여인은 큰 냄비에 달걀 껍데기를 넣고 끓이라고 조언한다. 껍데기를 끓이는 것은 어리석은 짓이다. 달걀을 삶지 껍데기를 삶지는 않으니까. 아기가 어떤 지식도 없이 순진한 아이라면 엄마가 달걀 껍데기를 끓여도 이상하다고 생각하지 않을 것이다. 영리한 뒤바뀐 아이라면 달걀 껍데기를 삶는 바보짓에 반응을 보일 것으로 예상된다. 설리번 부인이 달걀 껍데기를 끓이고 있을 때 뒤바뀐 아이가 "……아주 나이 든 노인의 목소리로, '뭘 하고 있어요, 엄마. 뭘 끓이고 있나요, 엄마?'"라고 묻는다. 말하는 재능이 "아이가 요정이 뒤바꾼 대리자임을 의문의 여지 없이 입증해주었다." 설리번 부인의 뒤바뀐 아이가 하는 말은 출산 후 정신이상을 겪는 여성이 듣는 환청을 암시한다. 그런 환청은 흔히 뒤바뀐 아이의 소리로 여겨진다. 그런 다음 아이를 죽이는 것은 여성 환자가 아니라 설리번 부인이다. 아기 살해는 출산 후 정신이상이 치료되지 않을 때 흔히 벌어지는 결과다.

민담에서 아기 바꿔치기로 알려진 것은 아마 정신과의 명명법으로는 대치 망상delusion of substitution일 것이다.[5] 출산 후 정신이상에서 대치 망상은 주위의 모든 사람이 대상이 될 수 있지만 가장 흔하게는 아기, 남편이나 동반자, 입원한 경우에는 의료진이 그 대상이다. 베들렘에서 일할 때 대치 망상을 하도 자주 보다 보니, 여성 환자가 폐쇄 상태에 빠지면 나는 그 견해를 매우 조심스럽게 다루면서, 사람이 바뀌었을지도 모른다는 의심이 그들이 앓는 병의 일부라고 설득하곤 했다. 지금도 기억이 나는 한 여성은 아기를 수태하던 날 밤에 남편이 악마와 뒤바뀌었다고 믿었다. 지금은 그가 다시 자기 남편이지만, 수태하던 날에는 악마가 그에게 빙의했다고 했다.

출산 후 정신이상 사례 가운데 환자가 이전에는 한 번도 정신이상을 보인 적이 없었고, 마치 마른하늘에 벼락이 치듯 타격이 온 경우가 전체의 절반 정도 된다. 가까운 사람들에게는 당혹스러운 경험이다.

동화에서는 출산한 여성이 보이는 극적인 변화가 산모가 똑같이 생긴 대리자로 뒤바뀌었기 때문이라고 설명되기도 한다. 그림 형제가 채록한 동화 중에 그런 대치를 묘사하는 이야기가 한 편 있다.

> 그 이듬해에 왕비가 예쁜 왕자를 낳았다. 왕이 사냥하러 나갔을 때 마녀가 시녀의 모습으로 나타나서 왕비가 산후조리를 하고 있던 방으로 들어갔다. (…) 마녀는 왕비를 데리고 욕실로 들어간 뒤 문을 잠갔다. 잔인하게도 안에는 뜨거운 불이 피워졌고 아름다운 왕비는 질식하여 죽었다. (…) 마녀에게는 딸이 하나 있었는데, 마녀는 딸을 왕비의 모습으로 바꾸고, 왕비 대신 침대에 눕혔다.

다른 버전에서는 최근에 출산한 어머니가 요정들에게 납치되어 아기 요정들에게 젖을 먹여야 했다. 아마 오랜 세월이 흐른 뒤가 되겠지만, 돌아온 어머니는 크게 변해 있는 경우가 많다. 또 다른 모티프는 출산한 뒤에 잠을 자지 못하게 된 여성의 이야기다. 어머니가 결국 지쳐서 눈을 감으면 기다리고 있던 요정들이 요람의 아기를 바꿔치기한다. 이것은 대치 망상 이전 단계인 정신증의 불면증을 반영하는 것일 수도 있다. 신탁을 내리는 여성 현자의 아일랜드식 버전인 요정 의사의 존재는 요정 민담의 또 하나의 중요한 특징인데, 요정 의사는 흔히 출산할 무렵 조언을 주곤 한다. 아일랜드의 한 작은 고장에서 요정 의사에 대한 글을 쓴 민담작가 에린 크라우스는 이렇게 적었다.

> 요정들이 사는 중간 세계는 시간의 경계 영역—해질녘이나 한밤중,

> 핼러윈이나 5월 1일 전날 밤 같은—에서, 혹은 장소의 경계 영역—마을 주변부, 간조 사이, 정원 끝자락 등—에서 언뜻 보일 수 있다. 이와 비슷하게 출산 때, 성적 성숙기, 죽음 같은 이행 상태 역시 요정 세계로 들어가는 것과 결부된다.[6]

지방의 동화에서 쓰이는 전통적인 구어口語는 월트 디즈니의 온전한 보편적 서사로 변형되었다. 그런 서사에서는 선이 이기고 죄 없는 자가 보상받으며 무능하고 게으른 자는 응분의 처벌을 받고, 악한 자는 소멸하거나 벌을 받는다. 이런 변형된 버전에서는 대체로 재구성되지 않은 삶의 이야기, 특히 여성의 삶의 이야기가 제대로 평가되지 않는데, 삭제되지 않은 원래 버전은 그런 것을 주제로 한다. 동화 연구자인 마리나 워너는 흥미로운 저서 《옛날 옛적에: 동화의 짧은 역사》(2014)에서 그림 형제가 독일의 대학 도시인 마르부르크의 한 병원을 찾아간 일에 대해 쓴다. 풍부한 민담 주머니를 가진 한 노파를 만나러 간 것이다. 그러나 노파는 형제들에게 이야기를 들려주기를 거절한다. 형제들은 어린 소녀를 꾀어 노파에게 청하게 하여 결국은 그녀로부터 이야기를 전해 듣는다. 그것이 신데렐라 이야기였다. 마르부르크의 노파는 소녀에게 이야기를 들려주었고, 그림 형제는 신데렐라 이야기를 소녀에게 듣고 채록했다.

워너는 "아마 그 노파는 여성들이 경험하는 복수의 비밀스러운 생각과 꿈을 엘리트 청년들이 들여다보는 것을 원치 않았는지도 모른다"고 쓴다.° 신데렐라의 원래 버전에서 '못생긴' 자매들은 자해한다. 여성의 완벽한 발이 있다고 하면, 그 발에 맞는 완벽한 신발에 맞추기 위해 자신들의 발뒤꿈치와 발가락을 자르는 것이다. 낭만적 사랑과 희망을 상징하는 비둘기는 복수심을 품은 신데렐라의 죽은 어머니 혼령이 들어 자매들의 눈을 쪼아댄다. 원래 동화의 주요 소재는 대개 잔인하지만, 텍스트 속에 주관적 감정이 설정되어 있지 않기 때문에 뭔가가 느껴지지는 않는다. 예이츠의 표현처럼 그것들은 **유머러스하지도, 슬픔에 잠겨 있지도** 않다. 아이들은 자식을 죽이는 부모에게서 쫓겨나고, 손녀를 잡아먹고 싶어하는 야생 늑대에게 할머니가 잡아먹히고, 아버지에게 강간당하지 않으려고 딸들이 염소로 변장하고, 아기와 아이들이 납치돼 여러 해 동안 갇혀 있고, 아이들은 잡아먹힌다. 그런데도 이야기의 과정에는 아무 감정이 드러나 있지 않다. 우리도 원래 버전을 읽으면서 어떠한 감정도 느끼지 않는다. 이야기는 아이가 이야기를 할 때처럼 그냥 한 사건에서 다음 사건으로 넘어간다.

내 생각에 이야기들이 이런 식으로 전달되는 것은 이야기가 담고 있는, 여성에게서 소녀에게로 전달되는 정보가 너무 중요한 나머지 주관적 느낌에 의해 왜곡되어서는 안 되기 때문인 것 같다. 중요한 것은 이야기의 해석이나 그것에 대해 어떻게 느끼느냐 혹은 뭔가가 옳은지 그른지가 아니다. 진짜 중요한 것은 근친상간, 강간, 살인, 성적 경쟁과 같은 일들이 실제로 존재하며, 소녀들은 이 사실을 알아야 하고 스스로 보호하는 법을 배워야 한다는 사실이다. 이야기들은 삶과 생존을 위해 너무 귀중한 것이어서 서사화에 의해 변형되어서는 안 된다. 이런 이야기를 여성들이 전달한다는 것, 이상화되지 않고 객관화된 여성의

◦ Marina Warner, *Once Upon a Time: A Short History of the Fairy Tale*(OUP, 2014).

날것 그대로의 현실감이 내게는 여성 집단적 기억의 진짜 심층, 어미이자 연인으로서 영원한 갈색곰의 어두운 측면이라고 여겨진다.

결론이 될 만한 몇 가지 생각

나는 의과대생들이 독립되고 기능적으로 규정된 통로로서의 두뇌에 대해 배우기 시작하면서, 정신의학이 감정-기억 회로의 블랙홀 어딘가에 처박혀 있다고 여기던 단계에서 연결된 두뇌에 대한 과학적 이해가 시작되는 단계로 넘어가던 세월을 살아왔다. 1980년대에는 신경학과가 없었고, 1990년대에도 아주 드물었다. 두뇌에 관한 이 모든 지식은 새로운 것이고 전체 역사를 두고 본다면 눈 깜짝할 새에 발전했다. 나는 그동안 계속해서 두뇌에 대해 배웠지만, 이 새로운 지식의 기준점이 되는 내 기초적 기억은 개인적 경험에, 또 내 환자들, 이제야 과학적으로 이해되기 시작하는 것을 직관했던 위대한 창조적 사상가들, 또 우리가 관련 과정들에 대해 아직 입에 올리지도 못할 때 이미 내적 성찰에 푹 잠겨 기억의 경험에 대한 글을 썼던 위대한 예술가들의 경험에 뿌리를 둔다. 모두가 그렇듯 나는 지식과 경험을 통해 배웠다. 근본적인 기억은 아마 기존의 과학적 지식이나 수정되지 않은 동화의 집단적 지혜 혹은 고도로 창조적인 관찰자들의 천재성을 토대로 할 것이다.

지식과 경험의 융합이 일어날 수 있는 것은 우리가 다층적인 두뇌 기억 시스템을 갖고 있기 때문이다. 그 시스템에서 새 경험은 기억 제작자인 가소적 해마에 보관되었다가 점진적으로 덜 가소적이고 더 고정되어 있는 피질 속으로 융합된다. 현재의 경험과 기억은 이야기꾼인 전두엽 피질의 복잡한 네트워크에 통합된다. 이 복잡성의 정점에서 기억은 상상 속에서 의식적으로 조종된다. 이 수준에서 기억은 외적 감각의 입력이 없어도 작업될 수 있다. 또 이 재능은 새로운 사고 패턴을 형성하고, 상상하고 창조하며, 세계에 대한 자신의 이해를 수정하는 데 사용될 수 있다. 우리가 자각을 그리고 같은 방식으로 자각하는 타인에 대한 이해를 발전시키는 것은 이 표상적 기억을 통해서다. 이를 통해 우리는 모두에게 공통되는 실존적 단독성과 타인과의 분리 불가능성이라는 고유한 인간의 상태를 받아들이게 된다. 타인을 거울에 비친 인간으로 보는 인식은 인정의 미덕에 대한 신경적인 기초다.

정신과 의학의 핵심 전문 분야는 경험을 이해하고 그것에 이름을 부여하는 데 있다. 정신병을 앓는 사람들이 신경학과 더 넓은 세계에 기억의 조직화와 관련된 과정에 대해 해줄 말이 무척 많은 것은 이 때문이다. 정신과적 질병에서는 아마 통합적 두뇌 과정integrative brain process에서의, 네트워크 두뇌 기능network brain function에서의 파열이 발생할 것이다. 우리는 네트워크 신경학과 연결체학을 통해 이제야 그 파열을 이해하기 시작했다. 이 학문이 발전하면서 정신과적 질병은 탐구의 주요 과녁이 될 것이며, 이것이 정신과적 질병에 대한 낙인을 종식하는 시작점이 될 것이라고 믿는다.

여기서 확실하게 경고해둬야 할 것은 환자 대부분은 그처럼 낙관적인 기분이 아니라는 사실이다. 그들은 정신병의 낙인에 면역력이 없다. 스스로 내면화된 낙인을 극복했을지라도 그로 인한 고통은 여전하며, 다른 사람들은 보통 그 낙인을 넘어서지 못했음을 알기 때문이다. 병이나 이별, 죽음, 실패 등 삶에서 피할 수 없는 고통이 있지만 어떤 고통은 피할 수 없는 것이 아니다. 아마 이것이 무엇보다 더 고통스러울 것이다.

베들렘 숲과 오소리 굴 시절, 오랜 세월이 흐르기 전인 당시에는 몰랐지만, 내가 진정으로 배운 것은 이디스의 플래시백 같은 어떤 사건의 기억 역시 경험적 사건이라는 사실이다. 작은 묘비를 처음 본 그녀의 경험은 묘비와 그와 관련된 공포감을 암호화한 특정한 신경세포적 각인으로 통역되었다. 묘비를 두 번째로 다시 보자 폭풍우가 칠 때 나무에 빛을 번쩍이는 번갯불처럼 신경세포의 수지상 돌기에 불이 붙어 새로운 경험이 만들어졌다. 이디스를 통해 나는 기억이 본질적으로 신경 암호로 표현된 경험임을 깨닫게 되었다. 이 경험은 극적인 재연을 통해 재활성화되어 감정적 불행을 유발하거나 묻혀 있던 과거의 폐품 가게에서 찾아낸 지하층의 직관을 일깨울 수도 있다.

신경학자들은 기억을 하나의 과정이라고 말할 수 있고, 정신과 의사들은 그것을 경험의 저장고라고 이야기할 수도 있으며, 신경과 의사들은 두뇌의 특정 구역에 병이 생겨 기억 기능의 특정한 결손을 유발한다고 할 수도 있다. 하지만 기억은 기억 네트워크와 상호작용하는 현재 경험의 광대하고 지배적인 연결 속에서 신경세포들이 씨름하고 발화하는 무한한 움직임으로부터 발생한다. 도깨비불처럼 번쩍이고 깜빡거리는 모든 미세한 시냅스 활동은 전체 두뇌 효과whole-brain effect를 발휘한다. 그 자체를 하나의 의식적 경험으로 현현하는 것이 바로 이 전체 두뇌 효과다. 이디스의 말을 빌리자면, "그 기억은 진짜"였고, 반박 불가능한 경험이었다. 발상은 왔다가 사라지고 문화적 시대정신의 바닷속에서 표류하지만, 하루가 끝날 때, 살아 있는 인간 경험은 발상보다 더 크다. 두뇌와 마찬가지로, 경험은 단순화할 수 없다.

후기

학술 논문을 끝맺을 때 필자들은 '미흡한 점'이라는 제목을 따로 달고 자신들의 연구에 어떤 결점이 있는지 밝힌다. 논문에서 찾아낸 내용이 정확하지 않은 원인이나 일반화할 수 없는 이유를 설명하는 소소한 세부 사항들이 지적된다. 그렇게 지적된 그들 연구의 한계를 이야기하면서 그 연구가 확립되려면 보완될 필요가 있다는 말로 결론을 짓는다. 이 모호성과 망설임은 학문 밖의 세계가 바라는 것과는 정반대다. 세상은 일반적으로 깔끔하게 정리된 단순한 정보를 원하며, 모호성을 참아주지 않는다. 그러나 의사들은 모호성을 포용해야 하며 경험을 바탕으로 수준 높은 추측을 던진다. 이런 일은 신체 시스템이 제대로 작동하거나 실패하는 다양한 단계를 정확하게 평가할 수 있는 기계가 나올 때까지 계속될 것이며, 우리는 각 질병에 맞춤으로 설계된 생물학적·약학적 요법을 개발해왔다. 이 지점에 가장 늦게 도달하는 분야가 정신의학일 것이다. 가장 복잡한 신체 기관의 가장 복잡한 면모를 다루기 때문이다. 그러므로 나는 이 책이 내가 글을 쓰고 있고 여러분이 책을 읽는 동안에도 발전하고 있는 지식의 현재 상태를 반영한다는 점을 강조하면서 주의 사항을 지적하는 것으로 이 글을 마무리하려 한다.

2018년의 이 아름다운 여름날에서 눈을 돌려 현실로 돌아오면 예견되는 사건들이 몇 가지 있다. 기억이 남아 있는 한 나는 아일랜드 국민투표의 기쁨에 뒤이은 이 덥고 길었던 여름을 잊지 않을 것이다. 호스에서 우리가 헤엄치고 놀던 북향의 만에는 절벽이 그림자를 드리우고 있고, 바다는 낮은 수온 덕분에 조류가 폭발적으로 증식하는 피해를 입지 않았다. 멀리 있는 부표까지 헤엄친 다음 나는 뜨겁게 데워진 바위 위에 드러누워 그해 여름의 행복을 이루어준 것들이 발화한 예지적 기억을 느끼곤 했다. 나는 바다에서 헤엄쳤고 동시에 기억 속을 헤엄쳤다.

따뜻한 바위, 강렬한 오렌지 장밋빛의 황혼을 받으며 늦은 저녁과 이른 아침의 고요하고 차가운 광채 속에서 헤엄치기, 함께 헤엄치는 사람들이 몸을 말리고 옷을 입으면서 늘어놓는 잡담, 너무 사소해서 굳이 묘사하기도 힘든 수영의 광경, 내 맏아이가 독립하기 전 집에서 보낸 마지막 여름에 있었던 이런저런 일에 대한 고조된 인식, 매일 쓰던 글. 이제 이런 기억에서 빠져나와 짧아지는 나날을 마주해야 한다. 가스통 바슐라르는 겨울은 "가장 오래된 계절이며 (…) 우리 기억에 시대를 더해주고, 먼 과거로 우리를 도로 데려간다"고 했다.

이 책을 일부분이라도 읽은 독자 모두에게 감사를 전한다. 읽는 동안 여러분도 내가 책을 쓰면서 느꼈던 즐거움을 조금이라도 맛보았기를 바란다.

감사의 말

함께한 기억들에 대해 에스터와 숀, 어머니와 아버지, 자매들, 조, 미라, 테레즈에게 감사한다. 특히 초고를 읽어주고 상세한 피드백을 해준 조에게 특별한 감사를 전한다.

내 첫 멘토이자 친구, 무딘 개념들을 깎아내어 내가 재구성할 수 있는 단편적인 정보들로 분해하여 배울 수 있게 해준 테드 디난.

두 번째 멘토이자 자기 자신의 질문을 따라가는 방법을 입증한 로빈 머리.

내 환자들. 너그럽게도 자신들의 사연을 사람들이 읽을 수 있게 해준 환자들에게 아주 큰 감사를 느낀다.

세상이 어떻게 작동하는지에 대해 명료하게 밝혀준 과학자들. 내가 언급하는 사람은 내가 좋아하는 몇 명뿐이며, 위대한 과학자들 가운데 일부에 불과하다. 트리니티 칼리지 신경학연구소에서 일하는 내 동료들에게 매우 감사한다. 신경학연구소에서는 심리학자, 신경학자, 실험실 과학자들이 행복하고 신나는 지식 공유의 분위기 속에서 협력하며 일한다. 특히 감사를 전하고 싶은 이는 신경학자이자 작가인 셰인 오마라인데, 그는 내게 출판의 세계를 소개해준 인물이다.

동료 정신과 의사들, 같은 직업에서 겪는 공통의 경험을 두고 그들과 나누는 교류와 이해는 비길 데 없는 연대감을 준다.

'멜랑콜리아와 두뇌Melancholia and the Brain'라는 신경-인문학 프로젝트에서 함께 연구했던 코스그로브 메리. '석회화된 이분법calcified dichotomies'에 대해 대화를 나누면서 내가 메리에게서 배운 것의 절반이라도 그녀가 내게서 배운 것이 있기를 바란다.

시인 폴라 미헌. 시대를 거슬러 올라 켈트 시대에도 아일랜드에서는 시인이 특별대우를 받았다. 폴라와 대화를 나눈 뒤 얻은 여러 깨우침 가운데 각 시대의 진정한 회고록 기록자가 되는 것이 시인의 소명이라는 말도 있었다. 프루스트처럼 폴라도 자신과 다른 사람들의 경험에 대한 관찰자라는 중심을 단단히 지킨다.

시각예술가 세실리 브레넌의 창조적 통찰은 그녀가 아니었더라면 내가 가지 않았을 장소로 나를 데려다주었다.

데어는 원본 삽화 구성을 맡았고, 패럴 소르카는 삽화를 그려주었으며 그녀의 남편 콜리 크리스는 초고를 읽는 수고를 마다하지 않았다.

좋고 나쁜 일, 트라우마와 기억들을 공유하며 웃음과 재미를 함께 누린 내 친구들, 내게 최고의 기쁨과 사랑으로 가득한 기억을 안겨준

시언과 로언, 현명하고 영리한 에이전트이자 부편집자인 빌 해밀턴, 그는 초고가 정리되기 이전 상태일 때 원고를 보고 내가 내 글을 스스로 이해할 수 있게 도와주었다.

내 편집자인 조지핀 그레이우드의 날카로운 눈과 귀가 없었더라면 이 책은 도통 이해할 수 없는 내용으로 가득했을지도 모른다.

함께 헤엄치는 사람들의 모임, 특히 매일 함께 평정심을 회복하게 해준 범고래 2에게 감사를 전한다.

주

1부

1장 깨어나기

1 기억의 전통적 분류법은 여럿 있지만 두 개의 주요 범주로 나뉜다. 하나는 시간을 근거로 하는 단기적·중기적·장기적 기억이다. 이런 구분은 기억 기능을 총괄적으로 평가하려 할 때 임상적으로 유용하다. 가령 단기 기억은 치매가 진행될 때 손상이 더 심한 반면, 장기 기억은 비교적 잘 보존된다. 아주 심한 두뇌 부상을 입은 경우, 장기 기억의 즉각적 손실이 있을 수도 있다. 또 다른 분류법은 기억의 유형을 이용하는 것으로, 일반적으로 암묵 기억(비선언적 기억)과 외현 기억(선언적 기억 또는 전기 기억)으로 나뉜다. 암묵 기억은 우리에게 자동적이라 느껴지는 것, 예를 들면 모터의 기능 같은 것을 말한다. 반면 외현 기억은 사건 기억처럼 의식적으로 불러와야 하는 것에 관련된다. 이런 구분이 비전문가들이 기억 형성과 환기에 관련된 공통된 가정을 이해하는 것을 더 어렵게 한다고 생각한다. 그리고 이러한 이유에서 나는 기억을 별개의 범주로 분류하지 않았다.

2장 감각: 기억의 원재료

1 샬럿 퍼킨스 길먼은 임신 중에, 또 1885년에 딸을 낳은 뒤 정신이상이 나타나 고통을 겪으면서도 1892년에 《누런 벽지》를 썼다. 그녀는 자기 병의 원인이 1884년에 한 불행한 결혼과 그 뒤 1885년에 딸 캐서린을 낳은 데 있다고 보았다. 1884년에서 1890년 사이의 6년간의 공백은 수수께끼로 남아 있었는데, 샬럿이 1887년에 사일러스 위어 미첼에게 '휴식 치료' 치료법에 대한 자문을 구하는 편지가 2005년에 발표되어 해명되었다. 샬럿은 죽을 때까지 비밀로 해온 이 편지에서 자신이 겪은 정신병적 우울증의 경험을 밝힌다.

위어 미첼은 신경성 무력증을 치료하던 유명한 신경학자였는데, 신경성 무력증이란 오늘날 출산 후 스트레스 장애라 부르는 증상, 우울증, 불안증, 양극성 성격장애를 포괄하는 용어다. 위어 미첼은 당대 미국 사회에서 인기 있는 인물이었고, 월트 휘트먼, 프랭클린 루스벨트 같은 저명인사를 치료했다. (Denise D. Knight, "'All the Facts of the Case': Gilman's Lost Letter to Dr. S. Weir Mitchell", *American Literary Realism*, 37:3 [2005, spring], pp. 259–277)

2 코페르니쿠스(1473~1543)는 16세기 초반 태양 중심 행성계라는 폭발적인 발상으로 과학혁명에 불을 붙였다. 코페르니쿠스가 세상을 떠나고 21년이 지난 후 태어난 갈릴레오 갈릴레이(1564~1642)는 그의 견해를 발전시켰다가 1615년에 로마 교회의 이단 재판에 회부되었고, 이단 판정을 받고 여생 동안 가택연금을 당했다. 코페르니쿠스와 갈릴레이는 자연의 법칙을 입증했는데, 이것들은 신의 법칙과 양립 불가능했다. 세계에 대한 과학적 설명을 따르고 탐구한 많지 않은 사람 대다수가 망명과 죽음의 운명을 겪었다.

3 자가면역질환은 흔한 현상으로, 거의 모든 신체 세포에서 발생한다. 관절(류머티즘성 관절염), 갑상선(갑상선염), 대장(크론병), 심장(심근병증cardiomyopathy) 등이 그런 신체 부위들이다. NMDA 뇌염은 여러 자가면역질환처럼 면역억제제 요법에 반응하며, 거의 모든 자가면역질환이 그렇듯 한 번으로 끝날 수도 있고 재발할 수도 있다.

4 이런 살롱의 멤버와 추종자들은 매우 대안적인 삶, 과학적·정치적으로 갓 출현하고 있던 새 질서의 탐구 열정으로 충만한 삶을 살았다. 여성들은 남성 파트너들과 함께 글을 쓰고 공부하고 토론했다. 그런 살롱 가운데 하나인 마담 엘베시우스가 이끄는 살롱은 앙시앵레짐이 점점 더 위협적인 존재로 경계하던 외부 지식인들이 참석하고 싶어한 피신처였다. 그녀는 《윤리학》의 저자인 클로드아드리앵 엘베시우스의 미망인이었다. 《윤리학》은 감각주의와 감수성을 한데 뭉뚱그린 이념들의 프랑스식 편집본이었으며,

그 속에서 클로드는 인종, 계급을 막론한 모든 마음의 평등성, 더 급진적으로는 여성과 남성의 평등성을 주장했다. 남편이 죽은 뒤 사교계에서 축출당하자 안 엘베시우스는 파리 근교인 오테유에 작은 택지를 구입하여 자유로운 여성의 삶을 살았다. 살롱의 몇몇 추종자는 그곳에서 계속 함께 살기도 했다. 흥미롭게도 벤저민 프랭클린은 그 살롱을 자주 방문했는데, 아마 그녀에게 반했던 것 같다. 그는 나중에 프랑스 계몽주의 이념을 미국으로 가져갔다. 프랑스의 이런 살롱에 몸담았던 사람들의 성격과 세계관을 뒤흔든 생생한 토론에 대해 더 알고 싶다면 조지 마카리의 저서《영혼 기계: 현대적 마음의 발명Soul Machine: The Invention of the Modern Mind》(New York, 2015)을 추천한다.

5 이 인용문은 아기들의 인지 발달을 살펴보기 위해 2005년에 맨체스터 대학교에 설립된 베이비랩Babylab의 실비아 사이러스의 글에서 가져온 것이다. 우리는 더블린 트리니티 칼리지에서 2014년에서 2015년 사이 더블린에 살며 임신 중 우울증에 걸린 여성과 걸리지 않은 여성들에게서 태어난 아기 100명을 대상으로, 임신 중 우울증이 아기의 신경 발달에 미치는 영향을 상세하게 조사하는 장기적 연구를 수행하고 있었다. 이 연구는 심리학과 내의 유아 및 아동 실험실에서 일하는 동료들과의 협업으로 진행되었다. 아기의 행동과 부모들 간의 상호작용이 세밀하게 분석되는 방식을 지켜보는 것은 매우 흥미로웠다. 심지어 힐끔 쳐다보는 행동까지 측정되었다. 폭넓게 밝혀진 내용은 어린 시절의 학대나 방치 경험이 임신한 여성들의 임신 중 우울증으로 이어질 확률이 높다는 것이었다. 이것이 아기의 발달 과정에 아무 해를 입히지 않는다 해도, 우울증이 되풀이되면 아기의 신경 발달 궤도가 빈약해지는 위험에 처한다. 세 살짜리 아기들에 대한 실험 관찰은 아직 끝나지 않았다.

3장 이해하기

1 MRI(자기공명영상magnetic resonance imaging)는 신체 구조 부피를 측정하는 데 쓰이는 영상 도구다. MRI 기계는 기본적으로 특정한 방식으로 회전하여 두뇌의 분자를 잡아당기고 3D 구조의 패턴을 부여하는 매우 강력한 자석이다. 이런 패턴은 두뇌 구조 부피의 표준적 두뇌 해부 지도와 대조하여 판독된다. MRI를 찍을 때는 분자 입자를 자석으로 자극할 때와 동일한 원리를 사용하여 단기간 두뇌 속 혈류 패턴을 부여한다. 이론적으로 혈액은 더 활동적인 영역으로 흘러가므로, 그 흐름은 특정 활동이 진행되고 있을 때 특정 영역이 사용되고 있음을 가리킨다. 여기서 인용된 빌링거의 연구에서 손가락이 움직였을 때 촉각 피질이 혈류를 증가시켰는데, 이는 손가락 운동이 촉각 혹은 감각 피질의 특정 구역에 의해 통제된다는 것을 가리킨다.

2 동료 신경학자인 피오나 뉴얼은 예전에는 한 영역에서의 감각 학습, 예를 들어 시각 학습이라 여겨져온 것이 실제로는 다른 감각 피질, 즉 시각적·청각적 피질 주위에 확산되어 있음을 보여주었다.

4장 해마 이야기

1 이정표 역할을 하는 다른 사상가들처럼 프로이트의 이론 작업은 그의 시대의 성 의식, 젠더주의, 인종주의적 편견을 벗어나지 못했다. 여성들이 남성이라는 성에 대해 억압된 보편적 질투를 느낀다는 프로이트의 가설은 당시 우세하던 여성혐오를 반영한다. 그러나 아동 충동에 대한 프로이트의 성애화는 당대의 통념을 넘어서는 것으로 보인다.

2 http://www.richardwebster.net/freudandhysteria.html. 이 사이트는 히스테리 역사에 대한 간명하고도 포괄적인 시야를 보여준다. 본질적으로 히스테리는 진단될 수 없는 신경증적이고 정신병적인 장애에 대한 포괄적인 진단명이었다. 히스테리를 다루는 가장 매력적이고 유명한 연구 가운데 하나는 엘리엇 슬레이터의 연구다. 그 연구에서 그는 1950년대 초반에서 중반까지 이 진단을 받은 중년 환자 85명을 진찰하고, 9년 동안 그들을 추적했다. 12명의 환자가 세상을 떠났고, 14명은 완전한 장애인이 되었으며, 12명은 부분적 장애를 얻었다. 이 환자 대부분은 신경증 장애로 고통받고 있으며, 히스테리라는 오진이 내려졌다. 슬레이터는 '히스테리'라는 진단은 무지의 위장이며, 임상적으로 많은 오류를 발생시키는 원인이라고 말했다.

3 히스테리 장애를 지칭하는 데 공통으로 쓰이는 용어는 '전환 장애conversion disorder'(심리적인 원인에 의해 운동기관이나 신경계의 감각 기능에 이상 증세가 나타나는 질환. 신체구조적 질병이 아닌 심리적 갈등 욕구가 원인이 되어 시력상실·마비·청력상실 등의 신체적 증상으로 발현되는 질환이다. 일반적으로 사춘기나 성인 초기에, 상대적으로 특히 여성에게서 많이 나타난다—옮긴이)다. 이것은 감정적 불편이나 갈등이 기억상실이나 마비 같은 신경학적 증후에서 전환되었을 수도 있다는 프로이트의 발상에서 나온 것이다. 전환 장애의 진단은 지금까지도 《정신질환의 진단 및 통계 편람》(제5판)에 포함되어 있으며, 계속해서 임상 실무에서 사용되고 있다. '기능적 장애functional disorder'라는 용어의 사용은 두뇌 속에서 그 기능에 관련된 두뇌 물질과 별도인 어떤 사건, 예를 들면 생각 같은 일이 발생한다는 것을 가정한다. 20세기 초반 이후 구조와 기능이 분자 수준에서도 분리될 수 없음이 알려졌다. 이 사실을 입증한 것은 1950년대의 크리스천 안핀슨인데, 그는 단백질 구조상의 변화가 단백질을 화학적으로 변형시켜 뭔가 다른 일을 하게 만들었음을 보여주었다. 구조 변화란 기능 변화를 의미한다. 그는 이 발견으로 1972

년 노벨 화학상을 수상했다. "구조란 기능을 의미한다"는 원리는 임상적 신경학을 포함한 모든 과학의 기본이다. 가령 우리는 두뇌 구조의 뇌 영상을 두뇌 기능을 가리키는 것으로, 또 희뿌연 흰색 연결 통로들은 빈약한 축 형성, 따라서 빈약한 연결성을 나타내는 것으로 해석한다. 심지어 두뇌 부위들의 크기도 중요한 것으로 해석된다. 영역이 작다는 것은 곧 기능이 약하다는 뜻이다. 치매를 확정적으로 진단하려면 두뇌의 위축을 보여주는 뇌 영상 스캔이 필요하다. 현미경 수준에서 수용체 수가 적으면 그 수용체와 상응하는 신경전달물질의 기능이 빈약함을 의미한다. 이런 것들이 알려져 있음에도 신경학적 영역과 기능적 영역은 여전히 분리되어 있다.

4 우울증·불안증에 걸린 생쥐 해마에서의 기억 형성에 분자 차원의 결함이 관련된다는 검토가 있다. 2019년에 한국에서 발표된 어느 연구는 굉장한 실험을 했다. 쥐의 '기억' 유전자를 변형시켰더니 쥐가 우울증에 걸렸다. 기억 유전자는 시냅스 형성과 관련되어 있으며, 그 유전자에 결손을 일으키면 생쥐의 해마 성장에 피해가 생긴다. 이 연구팀은 해마를 위축시켜 우울증에 걸린 생쥐를 만들 뿐만 아니라 생쥐에게 부족한 단백질을 제공하여 그 유전자를 '수리'하려고 시도했다. 이렇게 하여 시냅스 형성이 복구되고 우울증·불안증 행동이 치유되는 결과를 낳았다.

5 생물학적 기억 혹은 사건 기억은 전두엽 피질에 '저장'된다. 해마 역시 모든 사건-기억의 환기에 관련되는지는 알려져 있지 않다. 우리가 아는 것은 기억이 더 생생할수록 다른 피질 영역들이 더 많이 개입된다는 것이다. 가령 그 환기가 시각적으로 유달리 생생하다면 시각 피질은 십중팔구 전두엽 피질에 신호를 쏘아 보낼 것이고, 음향이나 감정이 기억의 일부라면 청각이나 감정적 피질이 개입된다는 식이다.

6 《이름 붙일 수 없는 자》는 그 문장 속의 단어들을 말하는 사람이 그들에게는 존재하는 것으로 보이지 않기 때문에 어떤 실존적 공포감을 창출하는 연결되지 않는 문장의 흐름이다. 화자는 사라졌고, 존재하지 않는 것으로 보이며 오직 단어에만 존재한다. 그리고 세계 속에 살아 있고 일관된 어떤 의미를 찾으려고 애쓰고 있다. 그것은 화자든 세상이든 인식하지 못하고 있던 트라우마에 의해 유발된 파편화된 마음 상태처럼 보인다. 세계 속에 존재하지 않는다는 이런 느낌은 정신증의 몇몇 특징과 닮았다. 베케트의 희곡 〈내가 아니야Not I〉는 《이름 붙일 수 없는 자》의 내용을 많은 부분 끌어왔다. 빌리 화이틀로는 마음을 사로잡았던 〈내가 아니야〉의 유명한 공연에서 까다로운 베케트의 개인 지도를 받았다. 이 공연은 인터넷에서 쉽게 찾아볼 수 있다.

5장 육감: 숨겨진 피질

1 윌리엄 스타이런은 양극성 장애로 짐작되는 심한 우울증을 앓았다. 극단적인 감정 상태에 익숙한 덕분에 그는 감정적 경험에 대한 비상하게 생생한 묘사를 할 수 있었는지도 모른다. "그는 누워 있던 장소 뒤쪽으로 내키지 않는 듯 눈길을 던지며 (…) 강물과 시더 나무 쪽도 슬쩍 보았다. 무엇 때문인지 마음이 편치 않았다. 아름다움이 사라졌거나 그저 어린 시절의 밝은 한순간의 느낌이 언제나 수수께끼처럼 눈에 보이지 않고 덧없는 시더 나무 냄새와 결부되어 있다는 느낌 때문인지도 몰랐다."

2 린다 벅과 리처드 액설은 인간에게 약 350개가 있다고 알려진 냄새 수용체에 대해, 각각의 냄새 수용체가 단 하나의 냄새만 인식한다는 것을 밝힌 공로로 2004년에 노벨 생리의학상을 수상했다. 냄새 기억은 계통발생적으로 인간보다 더 늦게 등장한 포유류에게서 훨씬 중요하다. 그리고 쥐에게서 냄새에 할애된 두뇌 물질의 부피는 인간보다 훨씬 크다. 쥐는 냄새를 통해 기억하며, 이차적으로 냄새를 인식하고 반응한다. 생쥐에게 있는 냄새 수용체의 종류는 대략 1000가지다.

3 또 다른 이론가인 카를 랑게는 대략 같은 시기에 감정에 대해 비슷한 설명을 제시했다(*On Emotions: A Psycho-Physiological Study*, 1885). 그러나 랑게의 이론은 덜 복잡한데, 신체 내의 실제 변화인 일차적 느낌이 감정이라고 주장했다. 이와 달리 제임스는 일차적 느낌으로부터 두뇌 내에서 발생한 이차적 느낌이 있다고 주장했다. 두 이론 모두 감정이 신체적인 것이라고 보는 점에서는 비슷하기 때문에 한데 합쳐져서 제임스-랑게설로 알려졌다. 세월이 흐르면서 제임스의 감정 이론은 축약되어, 감정이 생리학적 변화이며 그 대부분은 본능적인 것이라는 덜 복잡한 랑게의 정의와 일치하게 되었다. 제임스는 지금 우리가 알고 있는 것처럼 신체 느낌 상태가 인간의 복잡한 감정 상태의 일부에 불과하며, 신체 상태는 두뇌/기억 반응에 의해 수정된다는 사실을 꿰뚫어 보았다.

4 우리는 자율적이거나 본능적인 반응에 대한 통제력이 별로 없지만, 개인적으로는 다양한 심리적 기술과 집중적인 명상 활동을 통해 자율적이거나 본능적인 반응을 수정하는 법, 나아가서는 통제법까지도 배울 수 있다. 대니얼 골먼은 저서 《파괴적 감정 Destructive Emotions》에서 30년 이상 불교도로 살아온 오서와 함께 진행한 신경학 실험에 대해 서술한다. 오서는 티베트에서 위대한 불교 승려들에게서 배웠으며, 골먼과 달라이 라마와의 합동 연구에서 명상 수련을 하는 동안 MRI로 모니터링하는 데 동의했다. 명상 중이던 오서를 깜짝 놀라게 했더니 그에 대한 반응으로 혈압과 심박수가 증가하는 것이 아니라 그와 반대로 자율신경계 반응이 나타났다. 그러니까 혈압과 심박수가 줄어들었다는 것이다. 하지만 아주 열심히 수련하지 않는 한 자율신경계와 본능

적 반응은 우리 의지와는 무관하다.

5 교감신경계에서의 자율신경계 흥분도가 높아지면 그와 함께 발한이 증가한다. 땀이 나서 피부가 젖으면 피부가 전기적 흐름을 지휘하는 능력이 줄어든다. 이것이 거짓말 탐지에서 사용되는 피부전도도EDA 테스트의 생리학적 근거다. 피부전도도 테스트의 전도력 변화는 대상자가 거짓말을 숨기려고 노력하는 느낌을 반영할 수 있다. 우리 대부분은 감정이 없는 사람이 아닌 한 거짓말을 할 때 슬쩍 스치는 부정적 느낌, 미약한 흥분감을 느낄 수 있다. 표정에서는 감정을 의식적으로 위장할 수 있지만 자율적으로 중재되는 교감 자율신경계 활동은 증가하며, 발한은 그에 속한 활동 중 하나다. 이렇게 축축해지면 피부 전도도 테스트 전도력이 줄어든다. 자율신경계의 흥분 역시 심박수의 변화, 호흡률, 때로는 체온을 이용하여 측정될 수 있다. 사이코패스처럼 감정을 거의 느끼지 못하는 이들은 이런 자율신경계의 변화를 겪지 않고, 피부전도도 테스트에서도 변동이 없을 것이다.

7장 시간과 연속성의 경험

1 어떤 사람이 깨어 있고, 잠들고 깨어나는 주기도 정상이지만 환경에는 반응하지 않는 경우가 드물게나마 있다. 식물인간이나 갇힌 상태는 흔히 '자각' 의식awareness consciousness이라 불리는 비극적인 장애의 예다. 이 의식 단계는 깨어 있음wakefulness에서 점차 올라오는 의식 과정의 다음 순서로, 앞으로 다룰 예정이다.

2 이는 제임스 클러크 맥스웰의 시간을 초월한 귀중한 저작 《물질과 운동Matter and Motion》(1876)에서 따온 인용문이다. 그는 처음에는 자연철학 교수였다가 나중에는 케임브리지 대학교 물리학과와 수학과 교수로 재임했다. 그는 놀랄 만큼 폭넓은 사상가였고, 우리가 물리적 세계를 이해하고 그럼으로써 장소와 기억을 관찰하는 데서 두뇌의 역할을 배제할 수 없다고 보았다.

3 아동기의 성적 학대와 기억에 관한 프로이트의 복잡한 입장을 분명히 밝힐 필요가 있다. 1897년까지 프로이트는 대부분 여성인 환자들이 어린 시절 성적으로 학대받았기 때문에 신경증이나 히스테리를 앓게 되었다고 믿었다. 그는 자신의 임상적 관찰을 '유혹 이론'이라고 정리했다. 유혹 이론이라는 명칭은 아이 쪽에서 성인처럼 동의했다는 뜻을 함축하고 있지만, 근친상간이 격렬하게 부인되던 시대에 아버지가 딸들을 학대한다는 주장은 사회적 통념의 수용 범위를 한참 넘어서는 것이었다. 당시 주류 의학계는 유혹 이론에 분노했고, 프로이트는 1897년에 여성 환자들의 히스테리와 신경증의 원인에 대해 자신이 오판했다고 발표했으며, 그 원인을 자위와 과도한 생리혈 출혈 탓

으로 돌리기 시작했다. 그는 심지어 마법의 역할을 고려하기까지 했다. 유혹 이론을 포기한 뒤 프로이트는 소녀들의 성적 학대라는 발상이 판타지라는 주장에 집중했다. 프로이트의 입장 전환에 대해서는 아래 사이트를 참고하라. https://www.thatlantic.com/magazine/archive/1984/02/freud-and-the-seduction-theory/376313.

4 이 주제를 계속 더 파헤치고 싶다면 나는 다우어 드라이스마의 저서 《향수 공장: 기억, 시간, 나이 듦The Nostalgia Factory: Memory, Time and Aging》(New Haven, CT, 2013)을 추천한다. 책에서 필자는 사람이 나이가 들수록 시간 흐름이 빨라지는 느낌을 탐구한다.

5 숀 캐럴의 책 《빅 픽처The Big Picture: On the Origins of Life, Meaning and the Universe Itself》(New York, 2016)에서 저자는 자연 세계를 모든 것의 토대로 전제한다. 이 책을 읽으면 기분이 새로워진다. 물리학자들이 과거에 조사해온 내용 가운데서 두뇌 이야기를 끌어내기 때문이다. 양자물리학의 원리가 이제 분자미생물학 속으로 엮여 들었고, 나는 우리가 결국은 뉴런 행동의 기저에 깔려 있는 양자물리학적 원리를 이해하는 방향으로 나아갈 것이라고 믿는다.

6 해마에서 양방향 장소 세포가 처음 발견되었고, 다음에는 머리 쪽 방향 세포가 기억을 삼차원적 공간 수준으로 가져갔으며, 그런 다음 시간 세포가 발견되어 공간 기억과 통합된 상태에서 우리에게 사차원적 시공간 연속체를 제공한다.

"따라서 공간 그 자체, 시간 그 자체는 희미해져서 그림자가 될 운명에 처해 있다. 오로지 그 둘이 일종의 연합을 이루어야만 독자적인 실재가 유지될 것이다." 헤르만 민코프스키는 1908년에 개최한 획기적인 상대성 강의의 서두를 이 유명한 문장으로 열었다. 민코프스키는 자신보다 더 유명해진 아인슈타인의 수학 교수였다. 민코프스키는 주관적으로는 공간적 삼차원 세계를 나타내는 것으로 보이는 인간 감각의 입력물이 시간의 순간들의 분리 불가능한 전체 위에서 지도화되어 더 높은 사차원 실재(시공간)를 형성함을 깨달았다. 흥미롭게도, 아인슈타인은 민코프스키에게 동의하지 않았지만, 나중에는 민코프스키의 발상을 시간이 어떻게 공간과 엮이는지에 관한 자신의 이론과 통합시켰다. 아인슈타인은 시공간 상대성 이론의 유명인이고 대단히 많이 인용되는 인물이지만, 그의 연구는 모든 발전이 그렇듯이 다른 예언자적인 물리학자들의 연구를 바탕으로 하고 있다.

8장 스트레스: 기억하기와 잊기

1 CRH(부신피질자극호르몬방출호르몬)는 두뇌 아래쪽 앞부분 근처에 있는 시상하부에서 작은 혈관을 통해 그 바로 아래의 두뇌 외곽에 위치한 굴곡진 뼈에 자리잡고 있는 뇌하수체로 운반된다. 여기서 CRH는 ACTH(부신피질자극호르몬)의 분비를 자극한다. ACTH는 혈액 순환을 따라 운반되어 신장 맨 위에 자리잡고 있는 부신에서 코르티솔을 분비하게 한다. 코르티솔은 혈류 속으로 분비되어 신체의 여러 다른 기관으로 운반되며, 그런 기관들에서 세포 간 DNA 생산에 변화(개별 세포들에서)를 일으켜 이런 세포에서의 단백질 생산에 변화를 가져온다.

2 브루스 매큐언은 2020년 1월에 세상을 떠났다. 나는 2019년에 10년 넘게 존경해오던 그와 함께 우울증 환자의 해마 크기에 관한 MRI 논문에 대한 논평을 공동 집필하여 《생물학적 정신과의학Biological Psychiatry》에 싣는 최고의 기쁨을 누렸다. 그는 82세로 세상을 떠나기 직전까지 연구를 계속했다.

2부

9장 자기 인식: 자전적 기억의 출발

1 우리에 관한 모든 사실은 인간이 계통발생적 선조들을 어떻게 구현하는지를 보여준다. 이 증거는 태아의 발달 과정 동안 특히 대단한 방식으로 조금씩 드러난다. 인간의 배아가 선조들로부터 내려오는 계통발생적 발달 과정의 거울을 발전시키는 동안 태아 발달 과정에서의 핵심 지점, 하나의 구조물이 이론상으로는 여러 개의 상이한 종으로 발달할 수 있는 지점들이 있다. 가령 그 구조물은 생선의 아가미가 될 수도 있었고, 거대한 파충류의 부리가 될 수도 있었으며, 인간의 귀와 코와 목이 될 수도 있었다. 과학의 이 분야는 이보-디보evo-devo(evolutionary developmental biology, 진화생물학과 발생생물학의 합성어로, 두 분야의 통섭을 가리키는 용어—옮긴이)라 알려져 있고, 생명이 유전적으로 진화하는 동안 배아 단계에서 성인이 될 때까지 생명의 발달 과정을 점검한다.

2 두뇌에 있어서 가장 경이적인 것 중 하나는 앞쪽 뇌섬엽, 대상속, 두뇌의 앞쪽 가장자리인 극전두엽 피질extreme prefrontal cortex에만 존재하는 대형 뉴런의 존재다. 이 회로에 있는 뉴런은 그 기능적 중요성이 아직 전혀 알려지지 않았던 1929년에 콘스탄틴

폰 에코노모라는 정신과 의사이자 신경학자에 의해 처음 설명되었다. 그 뉴런은 특정적이고 아주 원시적인 설계—크고, 길고, 단순한 연결—로 이루어졌으며, 지금은 흔히 '방추' 뉴런spindle neuron이라 불린다. 이 폰 에코노모 뉴런VENs은 신체에서 오는 감정적 신호가 뇌섬엽에 지도화되어 마치 감정의 영사기처럼 실시간으로 통합적 전두엽두뇌에 투사될 수 있게 해준다. 폰 에코노모 뉴런은 전두엽의 통합적 두뇌에게 순간순간의 감정 상태를 알려준다.
폰 에코노모 뉴런이 인간으로서의 경험에서 갖는 중요성은 그것들이 몇 안 되는 젊은 생물종—인간, 몇몇 영장류, 코끼리, 몇몇 고래와 돌고래—에서만 존재하는데, 그런 종들은 모두 진보한 자각 형태를 갖고 있다는 데서 알아차릴 수 있다. 폰 에코노모 뉴런을 보유한 동물들은 거울 자기 인식 테스트를 통과한다. 폰 에코노모 뉴런은 임신 후반기가 되어서야 비로소 출현하여 아기가 자각 능력을 발달시키는 영아기에 성장한다. 이는 진화 발달 과정의 패턴을 반영하는 인간 아기 발달 과정의 패턴과 일치한다.

10장 생명의 나무: 수지상 분기와 솎아내기

1 베토벤이 삼사십대에 청각을 완전히 잃었는지는 확실하게 알려져 있지 않으며, 이는 그에게 매우 민감한 이슈다. 그는 청각이 손상되었음을 인정하지 않았지만, 그가 듣지 못했다는 것은 다른 사람들의 말과 자기 음악을 들을 때 겪은 어려움으로 보아 자명한 사실이다.
2 수초는 뉴런에 가까이 있으면서 뉴런을 위한 비계를 형성해주는 비뉴런 세포로부터 형성된다.
3 자가면역 질환의 한 예는 앞서 2장에서 논의된 바 있는 NMDA 뇌염이다. 사이토카인 cytokine(인체에 바이러스가 침투하면 면역체계가 가동되는데, 이 과정에서 분비되는 면역물질. 당단백질로 구성돼 있으며 면역, 감염병, 조혈 기능, 조직 회복, 세포의 발전과 성장 등에 중요한 역할을 한다—옮긴이) 같은 염증성 표지는 우울증 환자에게 아마 더 널리 퍼져 있을 것이다.

11장 자아 감각

1 서사적 의식이라는 표현은 니컬러스 데임스가 쓴 《기억상실적 자아: 향수, 망각, 영국 소설, 1810-1870Amnesiac Selves: Nostalgia, Forgetting, and British Fiction, 1810-1870》(Oxford, 2001)에서 가져온 것이다. 그는 컬럼비아 대학교의 시어도어 케이핸 인

문학 교수로서, 19세기 빅토리아 시대 소설에서 현대문학에 나타나는 현대 심리학의 발달에 대해 광범위한 집필 활동을 해왔다.

2 환각제는 현재 여러 정신이상 장애에 대한 치료제로 쓸 수 있는지 시험하는 단계를 거치고 있다. 우울증에서 케타민을 쓸 수 있다는 긍정적 증거가 있다. 다만 항우울제 효과가 개인 환자들에게서 지속될 수 있을지는 아직 확인되지 않았다. 나는 심한 우울증을 치료하기 위한 실로사이빈—독버섯에 들어 있는 향정신성 복합물—의 시험 사용에 관한 국제적인 1차 시도에 참여했다.

12장 성호르몬과 노래하는 새

1 에스트로겐과 프로게스테론이 두뇌의 신경전달물질 기능의 변화를 가져옴으로써 느낌 회로에 영향을 미칠 수도 있다는 이론이 있는데, 한마디 덧붙이자면 그 이론은 1990년대 초반에 내가 쓴 박사학위 논문의 주제이기도 하다. 우리는 에스트로겐과 프로게스테론이 세로토닌 기능에 끼칠 수 있는 영향에 관심을 두고 있었다. 우울증 치료에 쓰이는 약물이 세로토닌 기능을 강화하기 때문이다. 내 연구는 이제 시대에 뒤처졌지만 그 이론은 그 이후에도 더 정교한 방법으로 계속 탐구되어왔다. 코펜하겐의 한 연구팀은 방사성 분자를 사용하여 여성들의 세로토닌에 명찰을 붙인 다음 조영된 세로토닌의 패턴을 살펴보는 방법으로 두뇌 세로토닌 뇌 영상 기능을 측정하고 관찰했다. 그들은 에스트로겐 수준의 증감이 편도체와 해마 모두에게서 세로토닌으로 조정되는 회로에 변화를 유발했다고 보고했다.

2 에스트로겐이 감정 회로에 미치는 영향은 아마 에스트로겐 호르몬 수준에 기복이 있는 기간—사춘기, 임신 기간, 출산 후, 폐경기 동안—에 흔히 경험되는 감정 고조 증상의 기저에 깔려 있을 것이다. 이 영향은 여성 성호르몬에 기복이 있는 기간을 중심으로 나타나는 기분 장애에 반영된다.

3 전두엽 절제술은 백질 절제술이라고도 알려져 있으며 전두엽 피질과의 연결을 절단하는 신경외과 시술이다. 향정신성 약물이 발견되기 전인 1950년대에는 이것이 심한 정신병을 다루는 방법으로 아주 흔하게 시도되었다. 지금은 그런 수술이 매우 드물게만 사용된다.

14장 거짓 기억, 진짜 기억

1 벤틀리가 1899년에 발표한 논문의 전문은 여기서 읽을 수 있다. https://www.jstor.

org/stable/pdf/1412727 그의 논문에서 이론화된 많은 개념을 번역하면 심리학 잡지를 만들 수 있을 정도다. 언어는 바뀌었지만 오늘날의 신경학과 내에 존재하는 전문화의 구속에서 자유로웠기 때문에 그의 시대에 쓰인 원고에는 참신한 사유와 광활한 연구 범위가 돋보인다. 물리학자 제임스 클러크 맥스웰은 벤틀리의 논문이 나오기 20년 전에 이 점을 매우 잘 표현한 바 있다. "어떤 과목을 배우는 학생이든 그 주제에 관한 초기의 회고록을 읽으면 큰 도움이 된다. 과학은 언제나 갓 태어난 상태일 때 가장 완전하게 동화되기 때문이다." (〈전기와 자력에 관한 논문A Treatise on Electricity and Magnetism〉 서문, 1873)

2 다음의 인용문은 성적 학대가 회상된 기억이라는 견해에서 기억은 언제나 유아기의 성애를 근거로 하는 무의식적 판타지라는, 즉 아버지에 대한 딸의 매혹이라는 발상으로 프로이트의 입장이 바뀌는 과정을 서술한다.

> 신경증적 징후는 실제 사건에 직접 연결되지 않지만 희망적인 판타지와는 연결되며, 신경증에 관한 한 정신적 현실은 물질적 현실보다 더 중요하다. 나는 지금도 내가 유혹 판타지를 환자들에게 강요했다거나 암시했다고는 믿지 않는다. 나는 사실 오이디푸스 콤플렉스를 어쩌다 우연히 떠올렸는데, 나중에 그것이 너무나 압도적으로 중요해졌다. 하지만 그것이 판타지로 위장하고 있음을 알아보지 못했다. (…) 그 잘못이 시정되고 나자 아동의 성적 생활에 대한 연구로 나아가는 길이 열렸다. (*An Autobiographical Study*, 1925, http://www.mhweb.org/mpc_course/freud.pdf)

3 도네가와는 면역학에서 가장 어려운 퍼즐 가운데 하나인 면역 세포가 다수의 항체를 어떻게 만드는가 하는 문제를 풀었고, 이 발견으로 1987년 노벨 생리학상을 받았다. 두어 해 뒤인 1990년에 그는 전술을 바꾸어 신경학에서 가장 난문제인 '기억의 수수께끼'로 지칠 줄 모르는 예리한 정신을 집중시켰다. 한정된 수의 해마 세포가 어떻게 그토록 많은 기억을 만들고 저장하고 회상할 수 있는가는 면역 세포가 그토록 다양한 항체를 만들 수 있는가 하는 퍼즐과 많이 다른 문제는 아닐 것이다. 1970년대와 1980년대에 에덜먼이 이와 똑같이 면역학에서 신경학으로 전환했던 것을 기억할지도 모르겠다. 아마 이는 면역학이 세포 기억을 요구한다는 사실을 반영할 것이다.

4 채널로돕신(본문에서 내가 로돕신이라 부른 것)은 막스 플랑크 연구소의 게오르크 나겔의 실험실에서 최초로 분리되었다. 그곳의 과학자들은 단세포적 녹조류에서 빛의 흐

름을 유발하는 단백질을 찾고 있었다. 로돕신을 분리한 뒤 나겔은 에릭 보이든(당시 캘리포니아 스탠퍼드 대학 박사 과정 학생), 칼 다이서로스(역시 스탠퍼드 대학 소속)와 협력하여, 이 기법을 써서 뉴런 속의 잠복하는 유사 로돕신 DNA에 꼬리표를 붙여 채널로돕신을 만들었다. 놀랍게도 프랜시스 크릭—DNA의 숨어 있던 이중나선구조를 풀어낸 유명한 크릭과 왓슨의 크릭—은 1999년에 샌디에이고의 캘리포니아 대학에서 행한 일련의 강의에서 유전공학의 이 업적을 예고했다.

5 토마스 라이언 역시 이것이 거짓이 아니라 조작된 기억이라고 생각한다. 그 용어는 거짓 기억의 내용에 대한 일반적으로 혼란된 이해 범위 내에서 느슨하게 사용된다.

15장 가장 오래된 기억들

1 인간의 게놈 프로젝트는 인간 세포에 있는 모든 유전자를 펼쳐놓았다. 그 수는 3만 개가량으로, 그 전부를 집합적으로 게놈이라 부른다. 그 프로젝트는 그때까지 있었던 과학적 협업 가운데 최대 규모로, 1990년에 시작되어 예상 종료 시한보다 앞선 2003년에 완료되었다. 살아 있는 모든 유기체는 동일한 거대 DNA 분자를 사용하여 유전 정보를 저장하는 세포에서 유래했다. DNA는 복잡한 사다리 형태의 지퍼 구조, 자체의 축을 중심으로 꼬여 있으며 뭉뚱그려져 하나의 뭉치를 이루는 구조에 저장된다. 그것은 모두 생명의 암호를 담고 있는 네 가지 분자 A, C, G, T로 구성된다. 인간 게놈에는 이 글자들이 30억 개 있으며, 각 단백질에 대해 고유한 암호를 구성하는 순서대로 조직된다. 그리고 이 단백질 대부분은 모든 형태의 생명에 공통된다. 살아 있는 우리 DNA의 대략 99퍼센트는 침팬지의 DNA와 일치한다. 바나나와 우리 DNA는 60퍼센트 일치한다.

최근에 있었던 과학 이야기 가운데 가장 충격적인 것은 사람들의 내장에 붙어 있는 미생물군유전체microbiome라 불리는 미세유기체에 관한 것이다. 인간 내장에 있는 미생물군유전체가 어떻게 두뇌 기능에 영향을 미치는가 하는 문제에는 나와 함께 박사 과정을 마친 좋은 친구이며 코크 대학의 정신과 의사이자 두뇌 연구자인 테드 디난, 활발하고 영리한 과학자 존 크라이언이 관련되어 있다. 내장의 미생물군유전체는 신체와 공생 관계에서 작동하는 약 100조 개의 세포—인간 신체의 세포 수보다 대략 3배 많다—로 구성되어 있다. 인간은 이런 단순 미생물군유전체를 문자 그대로 변경 없이 통합했으며, 그것들은 인간의 다른 생리학적 시스템과 나란히 살아가는 인간의 살아 있는 생리학적 시스템으로 변형되었다.

2 "Plasticity and the Ageing Mind: An Exemplar of the Bio-cultural Orchestration of Brain and Behaviour", *European Review*, 9:1(2001), pp. 59-76.

3 나는 《그림 형제의 민담과 동화Brothers Grimm Folk and Fairy Tales》(Princeton, 2014)의 원판이 재발간되어 기뻤다. 이 짧은 이야기들은 아이들이 읽는 이야기들과는 충격이라 할 만큼 다르고, 확실히 성인들만 소화할 수 있는 내용이다. 이는 이런 이야기들이 멋진 판타지가 아니라 실제 삶을 반영한다는 사실을 보여준다. 프랑스에서 샤를 페로가 17세기 말엽에 편찬한 동화 선집은 구전 설화가 유럽에서 최초로 채록된 선집이며, 날것 그대로 번역되어 있다(Oxford, 2009). 악명 높은 연쇄 아내 살인범인 남자의 이야기(《푸른 수염》)도 그중 하나다. 근친상간과 영아 살해를 담은 이야기가 많다.

4 내가 어렸을 때 제일 좋아한 책 가운데 하나는 시니드 데벌레라가 쓴 동화 선집(*Irish Fairy Stories*, London, 1973)이었다. 데벌레라는 역시 독립전쟁에 참여한 혁명가인 아일랜드 3대 대통령 에이먼 데벌레라와 결혼했다.

5 대치 망상에는 특별한 명칭이 있다. 그것은 그 증상을 처음 확인한 프랑스 정신과 의사의 이름을 따서 카그라스 증후군이라 불린다. 그 증상은 출산 후 정신이상보다는 노년에 오는 인지 결함과 관련되는 경우가 더 많다.

6 이는 에린 크라우스의 책 《킬데어의 여성 현자Wise-woman of Kildare: Moll Anthony and Popular Tradition in the East of Ireland》(Dublin, 2017)에서 가져온 인용문이다. 책은 현명한 여성 혹은 아일랜드의 시골에 널리 알려져 있던 요정 의사들에 관한 내용을 다룬다.

찾아보기

인명

ㄱ

ㄷ

서명

기타

ㅊ

ㅋ

ㅌ

ㅍ

ㅎ

오래된 기억들의 방

우리 내면을 완성하는 기억과 뇌과학의 세계

1판 1쇄 발행 2022년 6월 28일
1판 5쇄 발행 2023년 1월 4일

지은이 베로니카 오킨
옮긴이 김병화

발행인 양원석 **편집장** 김건희 **책임편집** 곽우정
디자인 형태와내용사이
영업마케팅 조아라, 이지원, 박찬희, 정다은, 백승원

펴낸 곳 (주)알에이치코리아
주소 서울시 금천구 가산디지털2로 53, 20층 (가산동, 한라시그마밸리)
편집문의 02-6443-8932 **도서문의** 02-6443-8800
홈페이지 http://rhk.co.kr **등록** 2004년 1월 15일 제2-3726호

ISBN 978-89-255-7813-2 (03400)